典型机械机构ADAMS仿真应用

高广娣　编著

電子工業出版社
Publishing House of Electronics Industry
北京·BEIJING

内 容 简 介

本书主要介绍虚拟样机技术软件 ADAMS 在常用机械机构仿真分析中的应用，从 ADAMS 软件安装开始，介绍常用机构（铰链四杆机构、凸轮机构、齿轮机构等）的基本建模、仿真和分析方法。内容主要包括常用机构的虚拟样机建模及仿真、仿真结果后处理、函数的定义及应用、用户化设计，以及复杂机构仿真分析及机械原理中常见问题的求解等。

本书的特点是以典型的机械机构为对象，将基本的命令、操作贯穿于具体的实例当中，通过实例练习掌握 ADAMS 的基本操作；此外，本书涵盖的机构类型较多，读者在进行已有机构验证性学习的同时，可为创新性设计提供验证平台，实用性和可操作性强。

本书是作者结合多年的科研及教学经验编著而成的，可作为机械类及近机械类学生的学习用书，也可供机械设计人员参考。

图书在版编目（CIP）数据

典型机械机构 ADAMS 仿真应用 / 高广娣编著. —北京：电子工业出版社，2013.6
ISBN 978-7-121-20278-0

Ⅰ. ①典… Ⅱ. ①高… Ⅲ. ①机械工程－计算机仿真－应用软件 Ⅳ. ①TH-39

中国版本图书馆 CIP 数据核字（2013）第 087553 号

策划编辑：陈韦凯
责任编辑：康 霞
印 刷：北京盛通商印快线网络科技有限公司
装 订：北京盛通商印快线网络科技有限公司
出版发行：电子工业出版社
北京市海淀区万寿路 173 信箱 邮编 100036
开 本：787×1 092 1/16 印张：12 字数：307.2 千字
版 次：2013 年 6 月第 1 版
印 次：2023 年 7 月第 8 次印刷
定 价：39.00 元（含光盘 1 张）

凡所购买电子工业出版社图书有缺损问题，请向购买书店调换。若书店售缺，请与本社发行部联系，联系及邮购电话：（010）88254888，88258888。

质量投诉请发邮件至 zlts@phei.com.cn，盗版侵权举报请发邮件至 dbqq@phei.com.cn。

本书咨询联系方式：chenwk@phei.com.cn。

前　言

本科教学培养方案要求机械类专业学生在掌握二维绘图、三维建模等基本技能后，需要更进一步学习机构运动学及动力学分析、数据处理等操作，以便更全面地分析常用机构并进行创新设计。

本书以机械原理中的典型机构为对象，对其进行仿真分析与辅助实现，主要采用 ADAMS 软件。

ADAMS 是美国 MSC 公司开发的集建模、求解、可视化技术于一体的机械系统动力学自动分析软件，用户可以运用该软件非常方便地对虚拟机械系统进行静力学、运动学和动力学分析，输出位移、速度、加速度和反作用力等曲线，同时，由于 ADAMS 具有开放的程序结构和多种接口，可以成为用户根据需求进行特殊类型虚拟样机分析的二次开发工具平台。

本书主要以常用机构在 ADAMS 中的仿真分析为主线，从 ADAMS 软件安装开始，介绍采用虚拟样机技术进行常用机构基本建模、仿真和分析的方法。内容涉及常用机构的虚拟样机建模及仿真、仿真结果后处理、函数的定义及应用、用户化设计，以及复杂机构仿真分析及机械原理中常见问题的求解等。

本书的特点是将基本的命令、操作贯穿于具体实例中，通过实例操作熟练掌握 ADAMS 的基本操作，简洁易懂，方便学习。章节后的练习可在检验学习效果的同时提高应用所学知识灵活解决实际问题的能力。

本书是作者结合多年的实践经验和本科教学经验编著而成的，可作为高等工科院校机械类专业学生的学习用书。

由于作者水平和时间所限，书中疏漏在所难免，恳请读者批评指正！

编著者

目　　录

第1章　概　　述

1.1　虚拟样机技术简介

1. 虚拟样机技术的产生背景

机械设计的一般程序如图 1.1 所示。

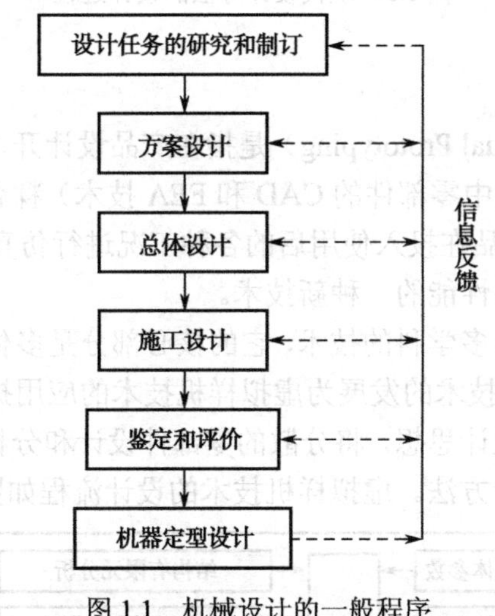

图 1.1　机械设计的一般程序

机械设计过程实际上是一个发现矛盾、分析矛盾和处理矛盾的过程，也是一个优化过程。传统的机械设计需经过图纸设计、样机制造、测试改进、定型生产等步骤，为了使产品满足设计要求，往往要多次制造样机，反复测试，费时费力，成本高昂，如图 1.2 所示。

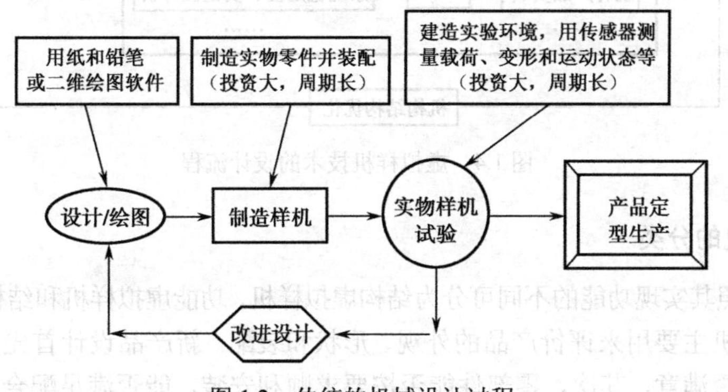

图 1.2　传统的机械设计过程

虚拟样机技术采用数字技术进行设计，从而改变了传统的设计方式，它能够在计算机上实现设计—试验—设计的反复过程，大大降低了研发周期和研发资本，能够快速响应市场，适应现代制造业对产品 T（Time）、Q（Quality）、C（Cost）、S（Services）、E（Environment）的要求，极大地促进了敏捷制造的发展，推动了制造业的数字化、网络化和智能化。图 1.3 所示为现代设计方法的设计过程。

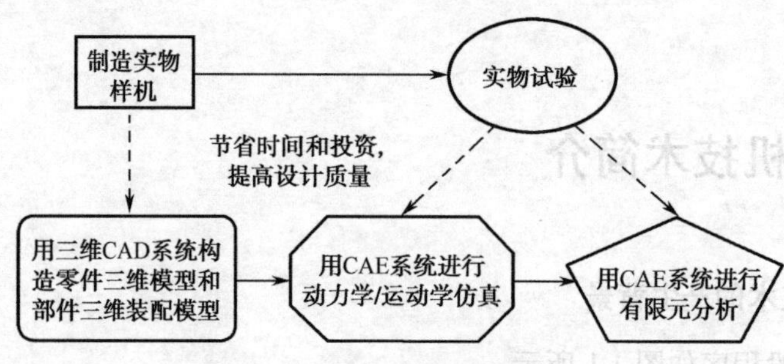

图 1.3　现代设计方法的设计过程

2．虚拟样机技术的定义

虚拟样机技术（VP，Virtual Prototyping）是指在产品设计开发过程中，将分散的零部件设计和分析技术（指在某一系统中零部件的 CAD 和 FEA 技术）糅合在一起，在计算机中建造出产品的整体模型，并针对该产品在投入使用后的各种工况进行仿真分析，预测产品的整体性能，进而改进产品设计，提高产品性能的一种新技术。

虚拟样机技术是一门综合多学科的技术，它的核心部分是多体系统运动学与动力学建模理论及其技术实现。CAD/FEA 技术的发展为虚拟样机技术的应用提供了技术环境和技术支撑。虚拟样机技术改变了传统的设计思想，将分散的零部件设计和分析技术集成于一体，提供了一种全新的研发机械产品的设计方法。虚拟样机技术的设计流程如图 1.4 所示。

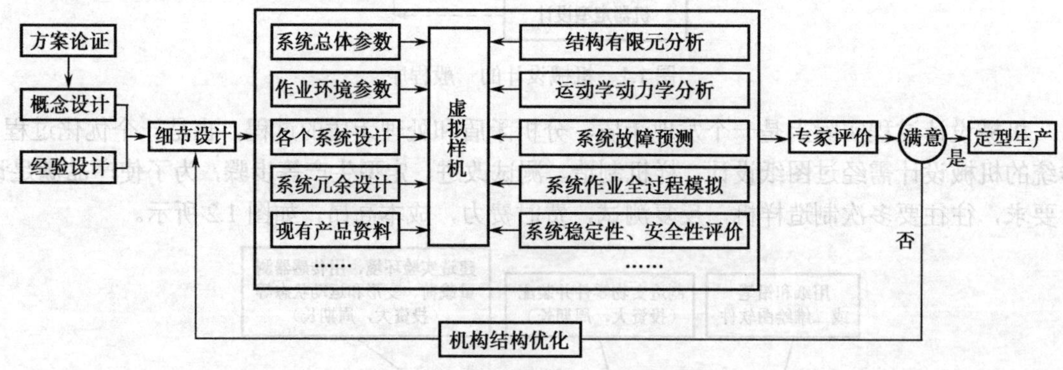

图 1.4　虚拟样机技术的设计流程

3．虚拟样机的分类

虚拟样机按照其实现功能的不同可分为结构虚拟样机、功能虚拟样机和结构与功能虚拟样机。

结构虚拟样机主要用来评价产品的外观、形状和装配。新产品设计首先表现出来的就是产品的外观形状是否满意，其次，零部件能否按要求顺利安装，能否满足配合要求，这些都是在产品的虚拟样机中得到检验和评价的。

功能虚拟样机主要用于验证产品的工作原理，如机构运动学仿真和动力学仿真。新产品在满足了外观形状的要求以后，就要检验产品整体上是否符合基于物理学的功能原理。这一过程往往要求能实时仿真，但基于物理学功能分析计算量很大，与实时性要求经常冲突。

结构与功能虚拟样机主要用来综合检查新产品试制或生产过程中潜在的各种问题。这是将结构虚拟样机和功能虚拟样机结合在一起的一种完备型虚拟样机。它将结构检验目标和功能检验目标有机结合在一起，提供全方位的产品组装测试和检验评价，实现真正意义上的虚拟样机系统。这种完备型虚拟样机是目前虚拟样机领域研究的主要方向。

4. 虚拟样机技术的特点

虚拟样机技术具有以下特点。

1）新的研发模式

传统的研发方法是一个串行过程，而虚拟样机技术真正地实现了系统角度的产品优化。它基于并行工程使产品在概念设计阶段就可以迅速地分析、比较多种设计方案，确定影响性能的敏感参数，并通过可视化技术设计产品，预测产品在真实工况下的特征，以及所具有的响应，直至获得最优的工作性能。

2）更低的研发成本、更短的研发周期、更高的产品质量

通过计算机技术建立产品的数字化模型，可以完成无数次物理样机无法进行的虚拟试验，从而无须制造及试验物理样机就可获得最优方案，不但减少了物理样机的数量，而且缩短了研发周期，提高了产品质量。

3）实现动态联盟的重要手段

动态联盟是为了适应快速变化的全球市场，克服单个企业资源的局限性而出现的在一定时间内通过互联网临时缔结的一种虚拟企业。为实现并行设计和制造，参盟企业之间产品信息的交流尤显重要，而虚拟样机是一种数字化模型，通过网络输送产品信息，具有传递快速、反馈及时的特点，进而使动态联盟的活动具有高度的并行性。

5. 虚拟样机的功能组成

虚拟样机技术的实现所必备的 3 个相关技术领域是 CAD 技术、计算机仿真技术和以虚拟现实（Virtual Reality）为最终目标的人机交互技术。

虚拟样机技术生成的前提是虚拟部件的“制造”。成熟的 CAD 三维几何造型软件能快速、便捷地设计和生成三维造型。虚拟部件必须包含颜色、材质、外表纹理等外在特征以显示真实的外观，同时还必须包含质量、重心位置、转动惯量等内在特征，用来进行精确的机械系统动力学仿真运算。

CAD 生成的三维造型数据只有在导入虚拟环境中能测量和装配，在显示出三维外观造型后成为真正意义上的虚拟部件。CAD 三维造型也是实现从虚拟部件“制造”到现实部件制造的基础。

虚拟样机是代替物理样机进行检测的数学模型。它的内核是包含组成整机的不同学科子系统的大模型，即 Digital Mock-UP，简称 DMU。由于 DMU 同时包含了产品设计的所有学科所提供的多个视角，并对产品的外形、功能等方面进行了科学、连贯的评价，因此通过虚拟样机，能进行产品综合性能评测。传统设计方法注意力集中于单学科，重视子系统细节而忽视了整机性能就是因为该方法无法同时从多视角对产品综合性能进行评定。

虚拟样机必须具备交互的功能。设计师通过交户界面对参数化“软模型”进行控制，实现虚拟样机原型的多样化。而虚拟样机反过来通过动画、曲线和图表等方式向设计师提供产品感知和性能评价。最好的交互手段是虚拟现实技术。除了应用上述传统方式之外，设计师还能通过数据手段修改虚拟部件的参数，对虚拟部件重新装配，生成新的虚拟样机。虚拟样机仿真模型通过力反馈操纵杆等传感装置，向设计师传递虚拟样机操纵力感，通过立体眼镜向设计师提供实时的立体图像，有了这些人类对产品的直观感知，就能使设计师产生强烈的“虚拟现实”沉浸感，协助设计师和用户对产品性能做出评价。

计算机网络、计算机支持的协同工作技术（CSCW，Computer Supported Cooperative Work）、产品数据管理（PDM）和知识管理等是虚拟样机技术实现的重要低层次技术支撑。通过这些技术将产品的各个设计、分析小组人员联系在一起，共同完成新产品从概念设计、初步设计、详细设计到方案评估的整个开发过程。

6. 虚拟样机的生产流程

生成虚拟样机的具体流程如图 1.5 所示。

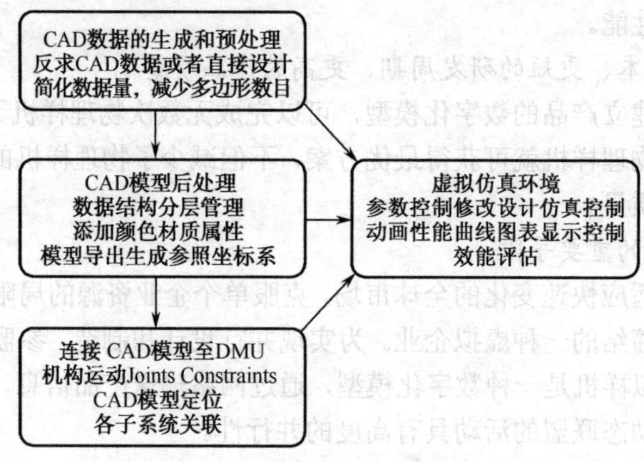

图 1.5　虚拟样机的生产流程

在第 1 阶段，描述虚拟部件的 CAD 数据必须产生，并且做针对实时应用的预处理。CAD 数据的产生可以采用反求工程方法，从现有产品上获取或直接由 CAD 三维造型软件设计产生。

第 2 阶段针对 DMU 仿真的需要对 CAD 几何造型进行后处理。首先是对模型的几何部分进行分层管理，以支持对每个零件的交互访问，实现参数修改。这一点在常用的三维造型软件中都能做到；其次是给零件添加颜色、材质等属性，赋予虚拟部件的真实外观；最后为 CAD 几何造型能准确导入到虚拟样机仿真环境中进行处理，建立参照坐标系。

第 3 阶段是将处理好的 CAD 三维模型连接到虚拟样机内核上，使之与定义好的运动联结（Joints）、运动约束（Constraints）的机构系统及其他子系统有机联系在一起，最后在虚拟样机仿真环境下生成虚拟样机。

7. 虚拟样机技术的研究情况

美国 Iowa 大学与 Caterpillar 公司合作开发了装载机专用仿真软件 IDS（Iowa Driving Simulator）。装载机专用仿真软件 IDS 的开发经历了 3 个阶段，介绍如下。

IDS 开发的第 1 阶段：在考虑了轮胎和液压系统作用的前提下，建立装载机开环模型、仿真装载机行驶过程中的操作性能，以及仿真装载机行走过程中和工作过程中驾驶员的运动。

IDS 开发的第 2 阶段：开发了图形用户界面，建立矿山路面和矿山场景的装载机虚拟仿真环境。图形用户界面能够修改装载机仿真模型的参数，包括底盘参数、传动系统参数、液压系统参数和轮胎参数。修改所需要研究的参数后，仿真软件在虚拟环境中快速改变设计参数，装载机按照修改后的参数重新装配，精确性较高，实时性较强。

IDS 开发的第 3 阶段：考虑到装载机发动机的驱动液压马达在仿真模型中连接了液压系统与传动系统，对装载机底盘和工作装置模型进行细化，进一步提高了仿真精度。模型仿真工作装置的工作过程研究解决了机械系统与液压系统的协调性能。

瑞典 Volvo 公司与瑞典 Linkŏping 大学、瑞典 Royal Institute of Technology 等合作，为解决复杂工程车辆多学科仿真问题、发展多学科仿真集成软件技术合作制定了 VISP 研究项目。VISP 目标针对工程人员采用合适的方法，开发界面友好的动力学分析研究软件平台，进行复杂工程车辆的建模和准确的仿真。VISP 以装载机为研究对象，仿真内容包含装载机整车机械系统、控制系统和液压系统。

国外的虚拟样机技术已走向商业化，目前比较有影响力的软件有美国机械动力学公司（Mechanical Dynamics Inc.）的 ADAMS（Automatic Dynamic Analysis of Mechanical System）机械系统自动动力学分析软件、CADSI 的 DADS（Dynamic Analysis and Design System）动力学分析和设计系统软件、德国航天局的 SIMPACK。其中，美国机械动力学公司的 ADAMS 占据了 50%以上的市场，其他的软件还有 Working Model、Flow3D、IDEAS、ANSYS 等。

国内的企业在虚拟样机技术的应用上主要集成现成的国外软件，如 PRO/E、ADAMS、MATLAB、ANSYS 等。对国外软件的依赖性强，单位投资大。有些单位采用对市场上现有软件进行二次开发的方式来满足设计分析的需要。

关于虚拟样机技术的研究主要依托专业研究机构及高校研究机构，清华大学、北京航空航天大学、国防科技大学、天津大学、中国农业大学、西南交通大学等高校都针对不同的领域有各自的研究成果。北京航空航天大学、国防科技大学等单位很早就投入了虚拟样机技术的研究和应用，在开发系统仿真平台、协同环境研究、使用并行工程等方面都取得了一定的研究成果，并提出了设计—分析—仿真一体化设计方法。国内有些高校正试图针对专业领域开发实用化软件，力求开发出国产的商业化软件。在技术方面，对可视化的研究已经较为成熟，但在分析方面仍比较欠缺。

由于虚拟样机技术涉及多领域知识的综合应用，不同的研究机构，在建模仿真、动力学分析、热特性分析等方面各有优势，在大型复杂系统的开发中，常采用多个机构合作的方式，在协同设计、复杂产品的开发方法等方面仍有待研究。我国已有单位在着手开发复杂产品的虚拟系统，寻找研究方法和思路，已经取得了阶段性的成果，建立了研究框架，但仍需要长时间的研究和努力。

8．虚拟样机技术的应用

在美国、德国等发达国家，虚拟样机技术已被广泛应用，应用的领域涉及汽车制造、机械工程、航空航天、军事国防、医学等各个领域，涉及的产品由简单的照相机快门到庞大的工程机械。虚拟样机技术使高效率、高质量的设计生产成为可能。

美国波音飞机公司的波音 777 飞机是世界上首架以无图纸方式研发及制造的飞机，其设计、装配、性能评价及分析均采用了虚拟样机技术，这不但使研发周期大大缩短（其中制造周期缩短 50%）、研发成本大大降低（减少设计更改费用 94%），而且确保了最终产品的一次接装成功。通用动力公司 1997 年建成了第一个全数字化机车虚拟样机，并行地进行产品的设计、分析、制造及夹具、模具工装设计和可维修性设计。日产汽车公司利用虚拟样机进行概念设计、包装设计、覆盖件设计、整车仿真设计等。Caterpillar 公司采用了虚拟样机技术，从根本上改进了设计和试验步骤，实现了快速虚拟试验多种设计方案，从而使其产品成本降低，性能却更加优越。John Deere 公司利用虚拟样机技术找到了工程机械在高速行驶时的蛇行现象及在重载下自激振动问题的原因，提出了改进方案，且在虚拟样机上得到了验证。美国海军的 NAVAIR/APL 项目利用虚拟样机技术，实现多领域、多学科的设计并行和协同，形成了协同虚拟样机技术（Collaborative Virtual Prototyping），他们研究发现，协同虚拟样机技术不仅使得产品的上市时间缩短，还使得产品的成本减少了至少 20%。

我国虚拟样机技术最早应用于军事、航空领域，如飞行器动力学设计、武器制造、导弹动力学分析等。随着计算机技术的发展，虚拟样机技术已经广泛应用到机械工程、汽车制造、航空航天、军事国防等各个领域，在很多具体机械产品的设计制造中发挥了作用，如复杂高精度数控机床的设计优化、机构的几何造型、运动仿真、碰撞检测、运动特性分析、机构优化设计、热特性和热变形分析、液压系统设计等。在虚拟造型设计、虚拟加工、虚拟装配、虚拟测试、虚拟现实技术培训、虚拟试验、虚拟工艺等方面都取得了相应的成果。例如，将虚拟样机技术应用于机车车辆这样复杂产品的研发中，将传统经验与虚拟样机技术相结合，使动力学计算、结构强度分析、空气动力学计算、疲劳可靠性分析等问题得到更好的解决，为铁路机车车辆虚拟样机的国产化提供了一条有效的解决途径。在机构设计中，采用虚拟样机技术对机构进行动力学仿真，分析机构的精度和可靠性。虚拟样机技术应用在重型载货汽车的平顺性研究上，可以有效评价汽车的平顺性，虚拟样机技术还可以对复杂零件进行虚拟加工，检验零件的加工工艺性，为物理样机研制提供保障。虚拟样机技术应用于内燃机系统动力学研究，为内燃机的改进设计提供依据。

9. 虚拟样机技术的局限性

1）虚拟样机技术复杂，应用难度大

虚拟样机技术是对计算机技术、CAD 技术、数学方法等多学科技术的综合应用，这对设计者提出了很高的要求。设计者想要得心应手地应用虚拟样机技术就必须具有广泛的知识面，尤其是对计算机技术、CAD 技术、数学方法要非常熟悉，并能够将专业领域的知识综合应用到虚拟样机中。产品的复杂性、各学科的难度、知识的综合及设计者本身知识的不全面给虚拟样机技术的应用带来相当大的难度，任何知识的欠缺都将影响虚拟结果的正确性。

复杂产品涉及的学科领域多，开发过程复杂，涉及团队、管理、技术诸多要素的集成和优化，涉及信息流、工作流、物流的集成和优化。传统设计方法的重点主要在几何信息的描述上，对其他信息的描述较弱，很难在系统层次上进行统一的描述。虚拟样机技术采用分布的、并行的方法来建立产品模型，要求能够一致地、有效地描述、组织、管理和协同运行这些模型。要给用户提供逻辑上一致的、可描述的、与产品全生命周期相关的各类信息，并且支持各类信息的共享、集成与协同运行，能够从系统的层面上模拟产品的外观、功能、行为，支持不同领域人员从不同的角度对同一产品并行地进行测试、分析、评估。目前对虚拟样机的研究很多都集中在复杂产品的开发上，技术上非常复杂，开发难度相当大。

2）限制虚拟样机发展的因素

有些技术本身的不成熟及方法的不完善限制了虚拟样机的发展。虚拟样机技术是比较前沿的技术，其中应用到的很多技术本身并不够成熟，有些方法本身也不完善。对于复杂的问题，无法得到精确的解，多是将误差控制在允许的范围内。例如，有限元方法是利用离散的简单图形去逼近实际的连续域，图像处理中的延迟时间、数值计算中得到的近似解等这些方法上的不精确会影响最终结果的精确性。再如，设计和分析软件之间的数据交换存在信息丢失的问题。由于各个软件信息格式和语法的不同，使得数据交换存在同构和异构两种数据交换，同构数据交换中信息丢失比较少，但异构数据交换中信息丢失比较严重，例如，几何模型转化为分析模型时信息丢失的现象。目前，设计软件与分析软件之间没有完全无缝的接口，通常是将几何模型数据转化为中间的文件格式（如 IGES、STEP 格式等）再导入分析软件，但由于商业软件对这些格式的支持程度不同，这些中间格式本身也存在不完善之处，仍存在一定程度的信息丢失。有的单位在研究采用模型间的映射方法来解决异构应用间的数据交换问题，但并未完全解决信息丢失的问题。由此可见，虚拟样机技术的发展还依赖于相关技术和方法的发展。

3）*虚拟样机无法完全取代物理样机*

对产品进行建模时，很难建立理想的、准确的、完整的模型。由于模型的建立多有近似之处，尤其是分析模型。即使是建立了精确的几何模型，分析时受知识、技术的限制，常要对模型进行简化，尤其是复杂系统模型。分析模型通常是在忽略次要因素的基础上进行简化得到的近似模型，这些被忽略掉的信息对产品性能的影响无法考虑进去，影响分析的精度。在建立数学模型时，由于问题过于复杂，受知识和方法的限制，无法将所有因素都考虑进去，忽略了一些次要因素，因此得到的分析结果多是些近似的解，并不能完全反映现实情况。

在复杂产品的开发中，虚拟样机技术能够为产品开发提供技术支持，但不能取代物理样机，而应与物理样机相结合，虚拟样机的分析结果可以指导物理样机的制造，物理样机的试验数据可以指导虚拟样机模型的修改，两者相互结合可有效缩短开发周期，提高开发效率。

1.2 ADAMS 简介

目前常用的虚拟样机技术软件是 ADAMS。ADAMS 是 Automatic Dynamics Analysis of Mechanical System 的缩写，为原 MDI 公司开发的著名虚拟样机软件。1973 年 Mr. Michael E. Korybalski 取得密歇根大学安娜堡分校（University of Michigan，Ann Arbor）机械工程硕士学位后，受雇于福特汽车公司，担任产品工程师，四年后（1977 年），他与别人在美国密执安州安娜堡镇创立 MDI 公司（Mechanical Dynamics Inc.）。密歇根大学与 ADAMS 的发展有密不可分的联系，在 ADAMS 未成熟前，MDI 与密歇根大学研究学者开发出 2D 机构分析软件 DRAMS，直到 1980 年开发出第一套 3D 机构运动分析系统商品化软件，称为 ADAMS。2002 年 3 月 18 日，MSC.Software 公司并购 MDI 公司，自此 ADAMS 并入 MSC 产品线，名称改为 MSC.ADAMS（本文仍简称 ADAMS）。ADMAS 软件由若干模块组成，分为核心模块、功能扩展模块、专业模块、接口模块、工具箱 5 类，其中核心模块为 ADAMS/View——用户界面模块、ADAMS/Solver——求解器和 ADAMS/Postprocessor——专用后处理模块。

ADAMS/View 是以用户为中心的交互式图形环境，采用 PARASOLID 作为实体建模的内核，给用户提供了丰富的零件几何图形库，并且支持布尔运算。同时模块还提供了完整的约束库和力/力矩库，建模工作快速。函数编辑器支持 FORTRAN/77、FORTRAN/90 中所有函数及 ADAMS 独有的 240 余种各类函数。使用 ADAMS/View 能方便地编辑模型数据，并将模型参数化；用户能方便地进行灵敏度分析和优化设计。ADAMS/View 有自己的高级编程语言，具有强大的二次开发功能，用户可以实现操作界面的定制。

ADAMS/Solver 是 ADAMS 产品系列中处于心脏地位的仿真"发动机"，能自动形成机械系统模型的动力学方程，提供静力学、运动学和动力学的解算结果。ADAMS/Solver 有各种建模和求解选项，可有效解决各种工程应用问题，对由刚体和柔性体组成的柔性机械系统进行各种仿真分析。除输出软件定义的位移、速度、加速度和约束反力外，还可输出用户定义的数据。ADAMS/Solver 具有强大的碰撞求解功能及强大的二次开发功能，可按用户需求定制求解器，极大地满足了用户的不同需要。

ADAMS/Postprocessor 模块主要用来输出高性能的动画和各种数据曲线，使用户可以方便而快捷地观察、研究 ADAMS 的仿真结果。该模块既可以在 ADAMS / View 环境中运行，也可脱离 ADAMS / View 环境独立运行。

ADAMS 是世界上应用广泛且最具有权威性的机械系统动力学仿真分析软件，其全球市场占有率一直保持在 50%以上。工程师、设计人员利用 ADAMS 软件能够建立和测试虚拟样机，实现在计算机上仿真分析复杂机械系统的运动学和动力学性能。

利用 ADAMS 软件，用户可以快速、方便地创建完全参数化的机械系统几何模型。既可以是在 ADAMS 软件中直接建造的几何模型，也可以是从其他 CAD 软件中传过来的造型逼真的几何模型。然后，在几何模型上施加力、力矩和运动激励。最后执行一组与实际状况十分接近的运动仿真测试，所得的测试结果就是机械系统工作过程的实际运动情况。过去需要几星期、甚至几个月才能完成的建造和测试物理样机的工作，现在利用 ADAMS 软件仅需几个小时就可以完成，并在物理样机建造前就可以知道各种设计方案的样机是如何工作的。

1.3 ADAMS 的安装

当前使用较多的 ADAMS 版本为 R3 版，安装过程如下。

运行 setup.exe DemoShield Multi... InstallShield Se...，如图 1.6 所示。

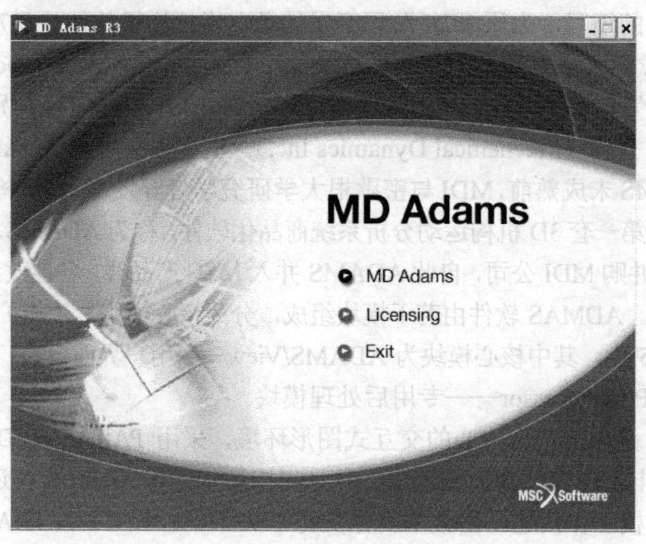

图 1.6 安装启动界面

ADAMS 安装分为两个部分，即 MD Adams 和 Licensing，首先安装 MD Adams，对于机械原理中常用机构的仿真，不必安装 ADAMS 中的所有模块，故而在安装类型中选择 User Selectable，安装路径一般选择默认，若需要更改则单击"Browse"重新选择安装路径，如图 1.7 所示。

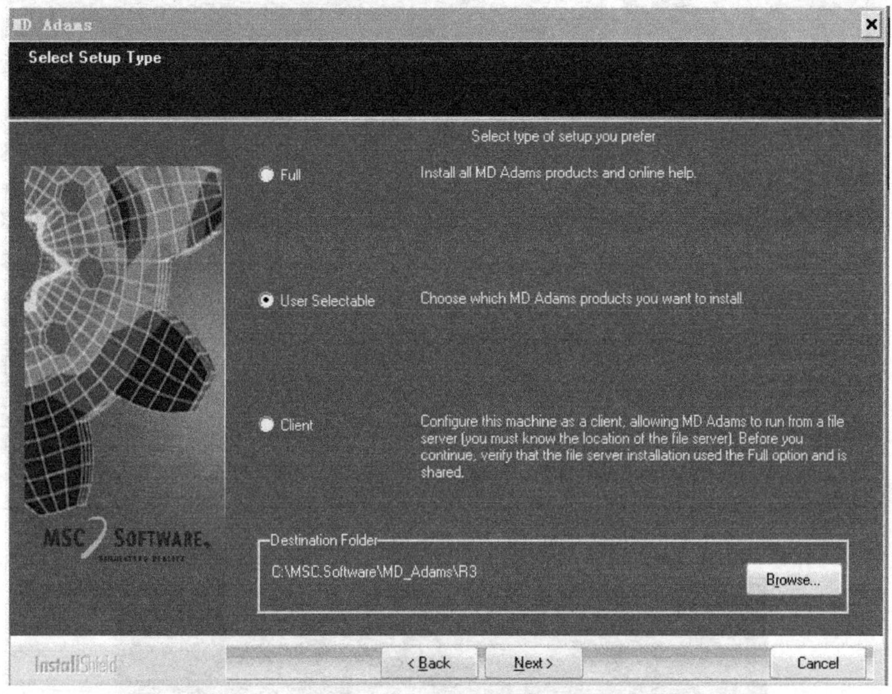

图 1.7　选择安装类型和路径

安装过程中需要计算机主机名，获取主机名的方法是：桌面→右键单击"我的电脑"→选择"属性"→计算机名，如图 1.8 所示。

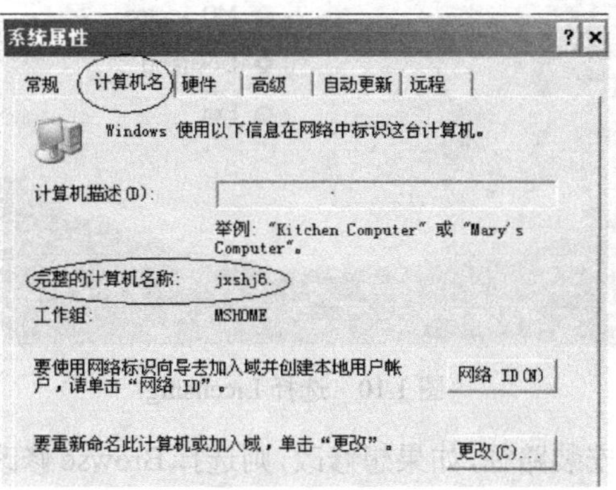

图 1.8　获取主机名

安装过程中，选择创建桌面图标，选择 Adams/PostProcessor、Adams/Solver、Adams/View 三项，如图 1.9 所示。

然后选择系统默认设置，完成 ADAMS 的部分安装，之后安装 Licensing 部分，在 setup.exe 中，选择 Licensing，如图 1.10 所示。

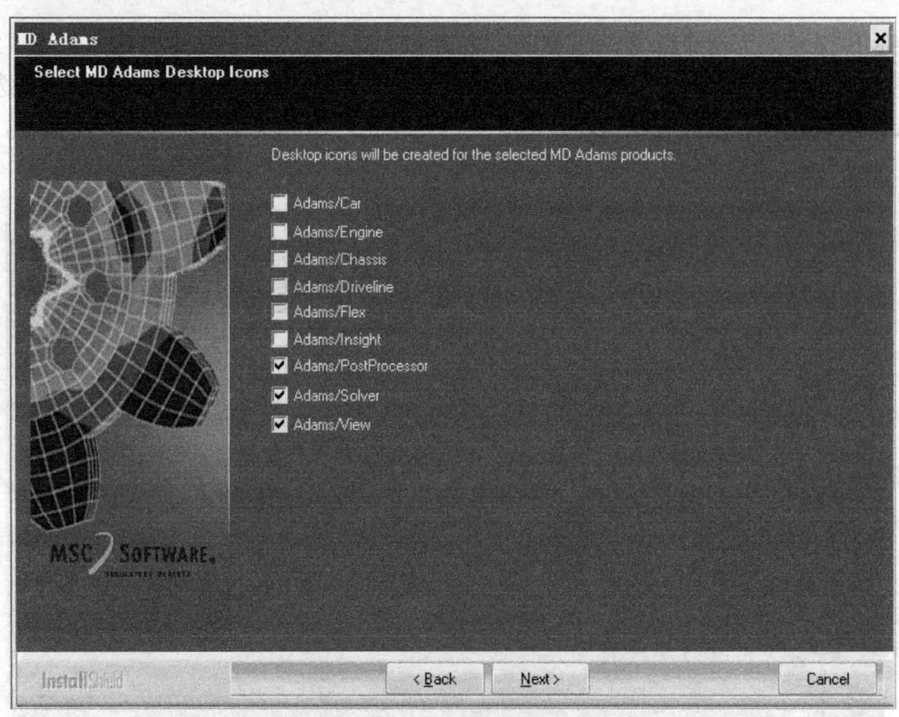

图 1.9　安装选项对话框

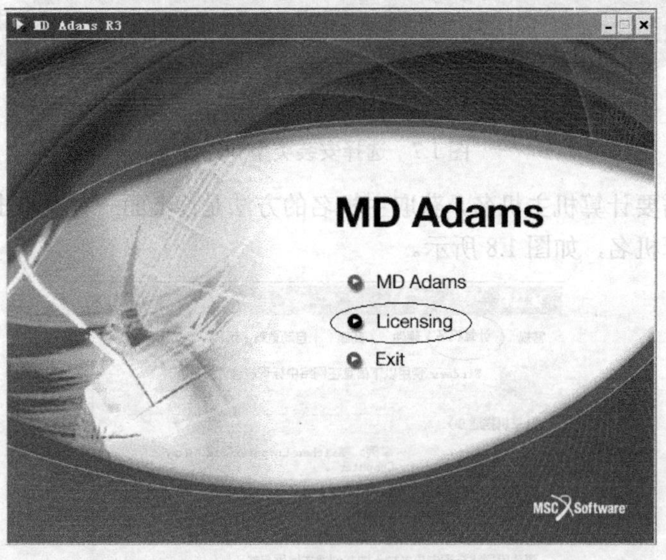

图 1.10　选择 Licensing

一般情况下使用默认安装路径，如果想修改，则选择 Browse 修改，但必须与前述 MD Adams 的安装路径一致。

单击“Finish”完成安装，退出安装程序，如图 1.11 所示。

此时，在桌面上出现了三个图标，如图 1.12 所示。

双击 Adams-View MD R3 即可进入应用程序界面，或者通过开始→所有程序→MSC.software→MD Adams R3→AView→Adams-View 进入，如图 1.13 所示。

ADAMS 欢迎界面如图 1.14 所示。

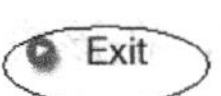

图 1.11　完成安装退出选择

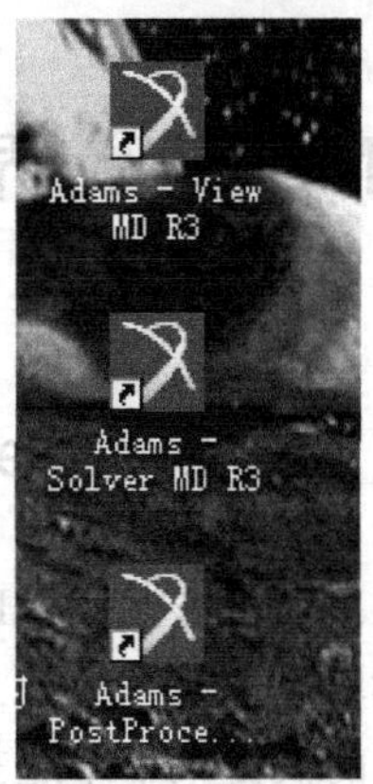

图 1.12　桌面图标

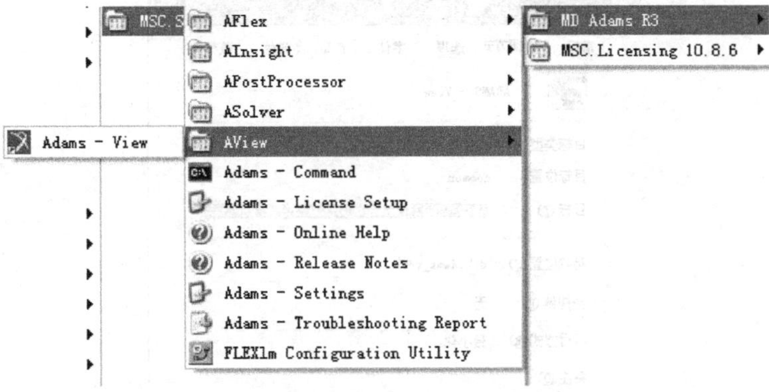

图 1.13　启动 ADAMS 路径

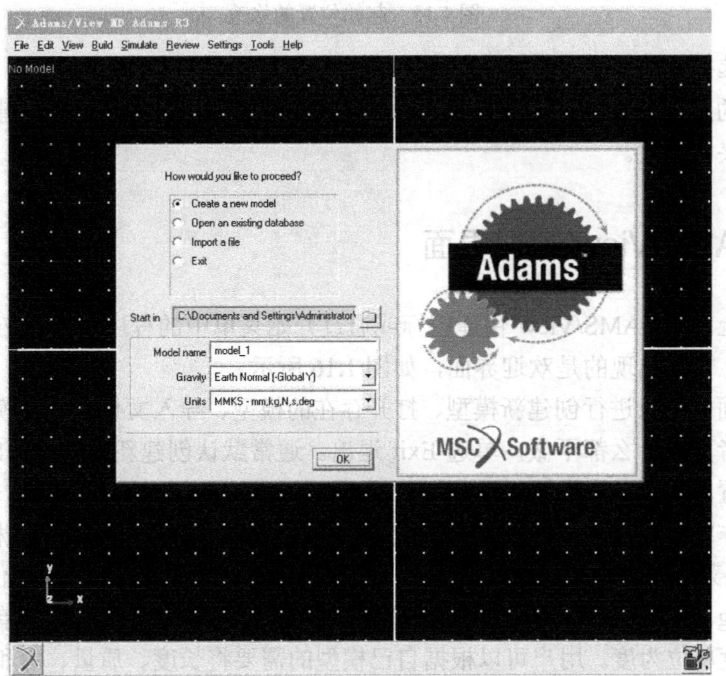

图 1.14　ADAMS 欢迎界面

1.4 ADAMS/View 界面

1.4.1 设置 ADAMS/View 的工作路径

在新建项目或者新安装了 ADAMS 后，最好新建一个工作路径，将相关的文件放到该路径下，可以方便读取。如果在桌面上有 ADAMS/View 的快捷方式，在该快捷方式上单击鼠标右键，然后在弹出的快捷菜单中选择“属性”项，在属性对话框中选择“快捷方式”页，然后在“起始位置”的输入框中输入已经建立好的工作路径，如图 1.15 所示。

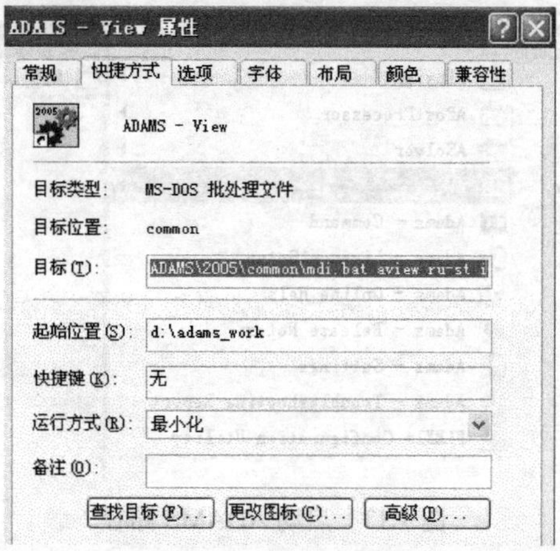

图 1.15 起始位置的修改

注意：在选择工作路径时，不要选择有空格和中文的路径。

这样设置的工作路径不必每次启动 ADAMS/View 来设置工作路径，所建立的新文件都可以到这个文件夹中寻找。

1.4.2 ADAMS/View 欢迎界面

双击桌面上的 ADAMS/View 快捷图标或通过开始菜单中的程序找到【View】就可以启动 ADAMS/View，首先出现的是欢迎界面，如图 1.16 所示。

在欢迎界面中可以进行创建新模型、打开存在的模型、导入文件（几何模型文件或命令文件）操作，或者可以什么都不做，单选 Exit 退出。通常默认创建新的模型。Start in 即为前节设置的起始位置，亦即工作路径。可以在 Model name 中输入新建模型的名称也可以不做修改，在后续保存操作中命名。Gravity[-Global Y]为设置重力加速度的方向沿总体坐标系的负 *Y* 方向，也可单击下拉菜单选择无重力或其他情况。Units 确定系统使用的单位制，默认的为 MMKS-mm，kg，N，s，deg，即长度单位为毫米，质量单位为千克，力的单位为牛顿，时间单位为秒，角度单位为度。用户可以根据自己模型的需要将长度、质量、力和角度的单位设置成相应的单位即可，单击下拉按钮，如图 1.17 所示，根据需要选择四种单位制中的一种即可。

图 1.16 ADAMS/View 欢迎界面　　　图 1.17 单位制设置选项

1.4.3 ADAMS/View 界面

ADAMS/View 界面如图 1.18 所示。

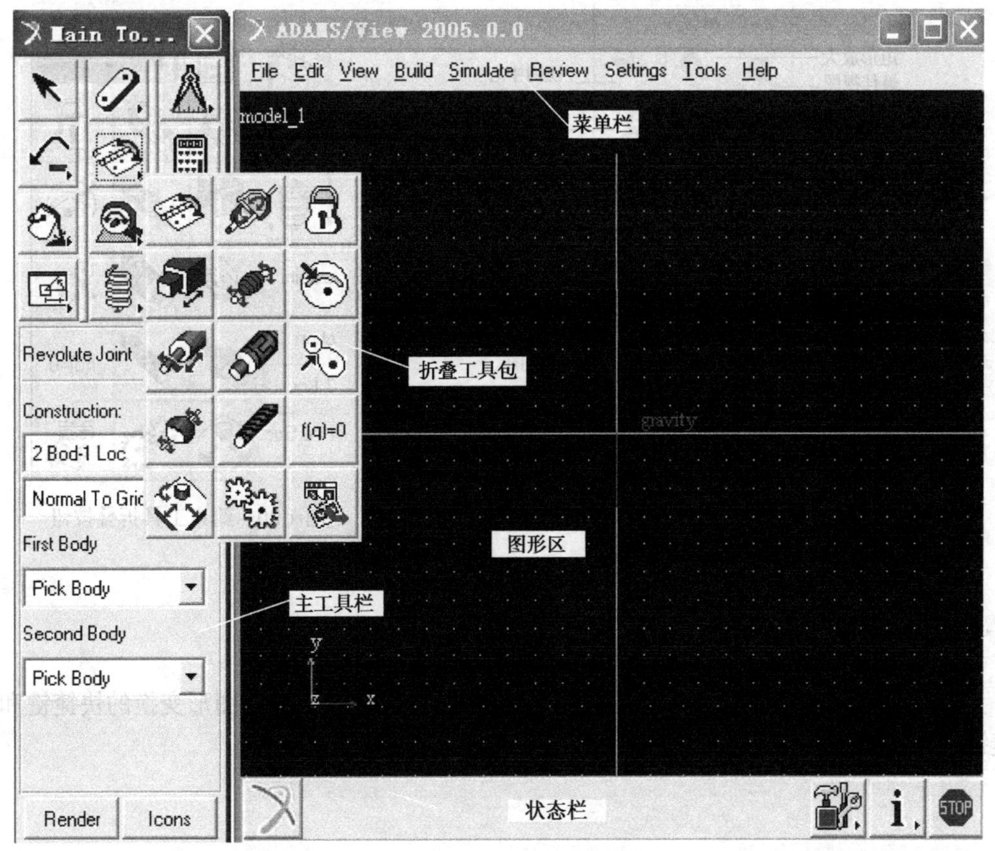

图 1.18 ADAMS/View 界面

ADAMS/View 用户界面主要由菜单栏、主工具栏、图形区和状态栏组成，其菜单栏包含下拉式菜单，主工具栏中还有折叠工具包。建立模型的过程主要是使用主工具栏、工具包、菜单和一些对话框的过程，另外用户还可以通过直接输入命令来代替相应的操作，使用工具栏或菜单等操作实际上也是引发一定的命令来修改数据库的过程。

主工具栏中包含几何模型工具包、运动副工具包、载荷工具包、测量工具包、仿真按钮、动画按钮、颜色工具包和后处理按钮等。若主工具栏没有打开，可以通过菜单【View】→【Toolbox and Toolbars】打开主工具栏，然后选中"Main Toolbox"。

主工具栏如图 1.19 所示。

在主工具栏上有些工具按钮的右下角有个小三角形，表示这个按钮是折叠按钮，有些功能类似的按钮被"隐藏"起来，只要在这些按钮上单击鼠标右键，就可以将这些按钮显示出来，如图 1.20 所示。

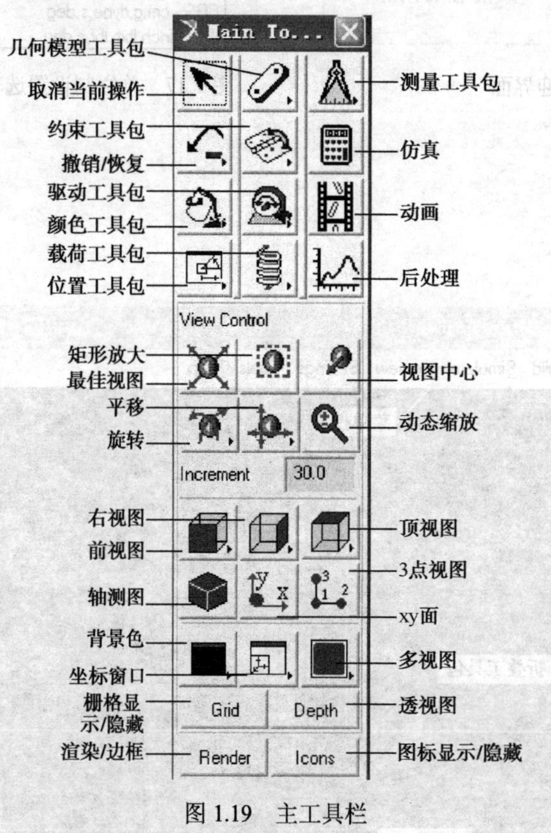

图 1.19 主工具栏

图 1.20 约束工具折叠按钮

1.4.4 界面上的快捷键

为方便操作，可以使用 ADAMS/View 提供的一些快捷键，包括图形变换的快捷键和菜单快捷键，分别如表 1.1 及表 1.2 所示。

表 1.1 图形变换快捷键

快 捷 键	功 能	快 捷 键	功 能
T 键+鼠标左键	平动模型	C 键+鼠标左键	定制旋转中心
R 键+鼠标左键	旋转模型	E 键+鼠标左键	将某构件的 *XY* 平面作为观察面
Z 键+鼠标左键	动态缩放模型	G 键	切换工作栅格的隐藏与显示
F 键或 Ctrl+F	以最大比列全面显示模型	V 键	切换图标的隐藏与显示
S 键+鼠标左键	沿垂直于屏幕的轴线旋转	M 键	打开信息窗口
W 键+鼠标左键	将屏幕的一部分放大	Esc 键	结束当前的操作

表 1.2 菜单快捷键

快 捷 键	功 能	快 捷 键	功 能
Ctrl+N	新建数据库	Ctrl+C	复制一个元素
Ctrl+O	打开数据库	Ctrl+X	删除一个元素
Ctrl+S	保存数据库	F1	根据当前的状态，打开相应的帮助
Ctrl+P	打印	F2	打开读取命令文件的对话框
Ctrl+Q	退出 ADAMS/View	F3	打开命令输入窗口
Ctrl+Z	取消上一步操作	F4	打开坐标窗口
Ctrl+Shift+Z	恢复上一步的撤销操作	F8	进入后处理模块
Ctrl+E	编辑一个元素		

1.5 工作环境设置

1.5.1 设置坐标系

在 ADAMS 的左下角有一个原点不动但可以随模型旋转的坐标系，该坐标系用于显示系统的总体坐标系，默认为笛卡儿坐标系，另外在每个刚体的质心处系统会固定一个坐标系，成为连体坐标系（局部坐标系，在 ADAMS/View 中称为 Marker），通过描述连体坐标系在总体坐标系中的方位可以完全描述刚体在总体坐标系中的方位。图 1.21 所示为一个模型中的总体坐标系和连体坐标系。

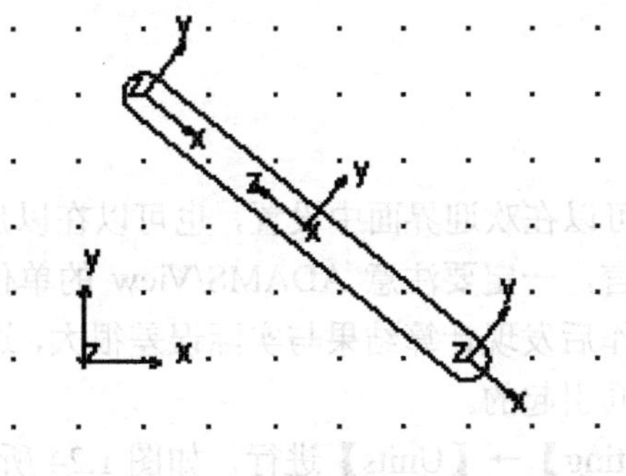

图 1.21 模型中的总体坐标系和连体坐标系

ADAMS/View 中有 3 种坐标系，分别为笛卡儿坐标系（Cartesian）、柱坐标系（Cylindrical）和球坐标系（Spherical）。他们之间有一定的换算关系，可以通过【Setting】→【Coordinate System】设置。通常取默认的笛卡儿坐标系即可，如图 1.22 所示。

1.5.2 设置工作栅格

在建立几何模型、坐标系或者铰链时，系统会自动捕捉到工作栅格上，可以修改栅格的形式、颜色和方位等。通常修改较多的是 Size 和 Spacing，Size 中的 x 和 y 坐标表征栅格覆盖区域的大小。Spacing 中的 x 和 y 表示栅格间距的大小。另外常用到的是 Set Orientation，可以将栅格放在其他工作面上，如图 1.23 所示。

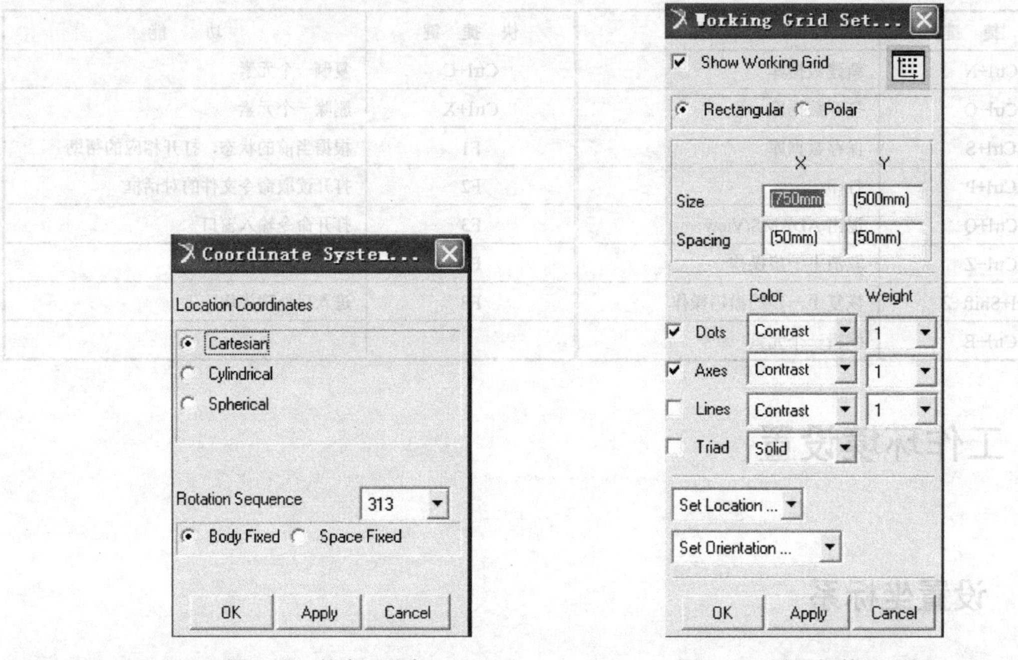

图 1.22　笛卡儿坐标　　　　图 1.23　设置栅格对话框

可以通过 Rectangular 将栅格设置为矩形，也可以通过 Polar 设置成圆形，常用的为矩形，且栅格可以以点或者线的形式显示，通过 Dots、Axes、Lines、Triad 来设置。

若使用 ADAMS/View 提供的几何模型工具包进行建模，则熟练地移动和旋转栅格就显得尤为必要。

1.5.3 设置单位制

如前所述，单位制设置可以在欢迎界面中设置，也可以在以后根据需要进行设置。单位制设置很重要，对于初学者而言，一定要注意 ADAMS/View 的单位制，常常发生因为没有注意系统单位制而在做了大量工作后发现计算结果与实际误差很大，这很可能就是因为系统的单位制与用户所使用的单位制不同引起的。

单位制设置可通过【Setting】→【Units】进行，如图 1.24 所示。

MMKS、MKS、CGS 和 IPS 分别为系统定义好的几个单位制组合，单击相关按钮，对应的单位制则会发生相应变化。

1.5.4 设置重力加速度

当刚体系统的自由度与驱动的数目相同时，系统会进行机构运动仿真，此时系统构件的位置、速度和加速度与重力加速度无关，完全由模型上定义的运动副和驱动决定，而当系统的自由度大于驱动的数目时，系统的位形还不能完全确定，系统对于还不能完全确定的自由度就会在重力的作用下进行动力学计算，因此需要设置重力加速度。重力加速度的设置可通过【Setting】→【Gravity】进行，如图 1.25 所示。

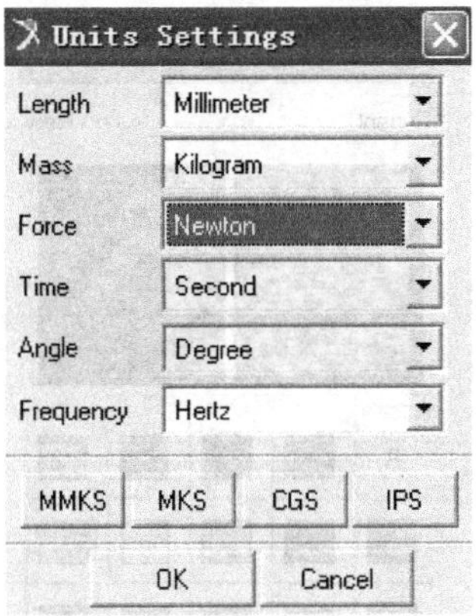

图 1.24 设置单位制对话框

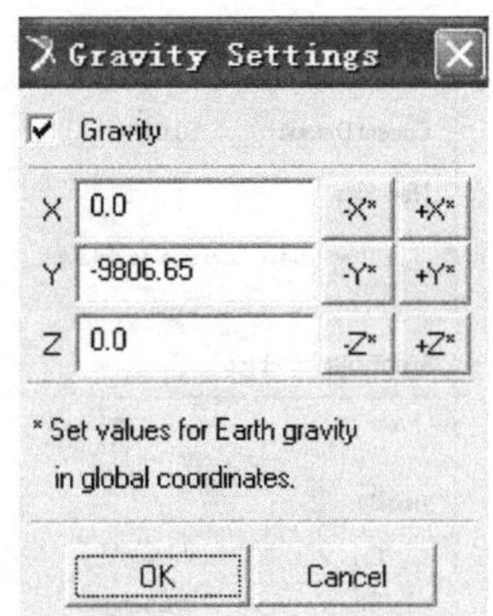

图 1.25 设置重力加速度对话框

可输入重力加速度矢量在总体坐标系的三个坐标轴上的分量，系统默认为沿着 Y 轴的负方向，大小为 9806.65，单位为 mm/s^2，在输入加速度值时一定要注意当前使用的单位制。有时根据需要会改变重力加速度为沿着 X 轴、Z 轴或其他方向。

1.5.5 设置图标

图标是指在图形区中显示的，以一种形象的外观符号表示模型中元素的标识，如坐标系、重力加速度、载荷、几何点等。如果模型很复杂可以将图标隐藏起来，在创建模型元素，如运动副时，需要选择坐标系，此时应该将图标显示出来。可通过在 New Value 后的下拉列表中选择 On 或 Off 将所有的图标显示或隐藏起来，或单击主工具栏上的 Icons 也可控制所用的图标显示或隐藏。若单独隐藏或显示某个图标，则可在该图标处单击右键，将该图标的透明度修改为 100 即可。

单击菜单【Setting】→【Icons】后弹出图标设置对话框，如图 1.26 所示。

另外一个对图标常用的修改为尺寸修改，Current Default 中显示的为当前所有图标的大小，可在 New Size 中输入数据来变大或变小当前图标。在 Specify Attributes for 下的下拉列表中选择相应的某类模型元素，可以单独设置这类元素的可见性、颜色和尺寸等。

1.5.6 设置图形区的背景色

有时为了某种特殊需要，如抓图插入 Word 文档时，需要将背景色设置成白色，以便清楚地显示图形区模型。该需求可以通过改变图形区背景色来实现，单击菜单【Setting】→【View Background Color】后弹出背景颜色对话框，如图 1.27 所示。

可以选择已存在的颜色，也可以拖动红、绿、蓝三基色的滑动条来确定新的背景颜色。

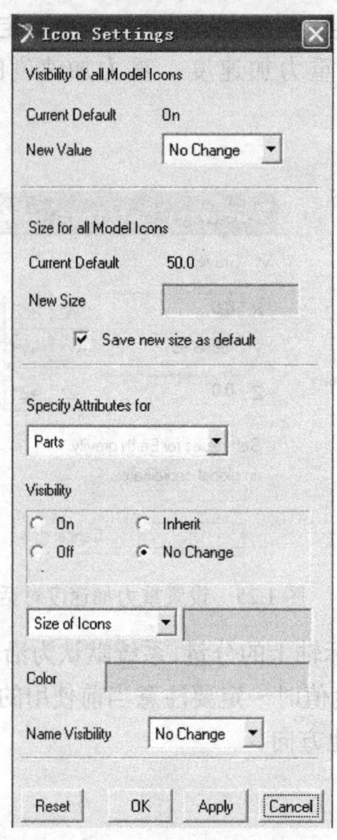

图 1.26 图标设置对话框

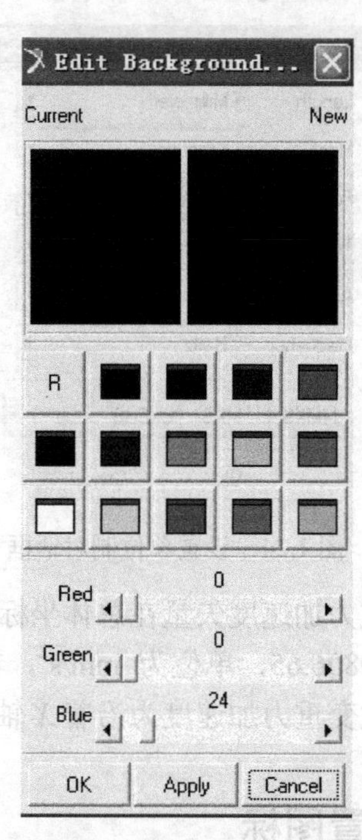

图 1.27 设置背景色对话框

另外，在【Setting】菜单中还有如名称、字体、灯光等的设置，一般机构仿真中用得较少，在此就不做详细介绍了，读者可通过单击【Setting】中的相应命令来熟悉其操作和功能。

习 题 1

1.1 什么是虚拟样机技术？

1.2 ADAMS 代表什么含义？

1.3 试完成以下工作网格的设置。

（1）矩形，长 200mm，宽 200mm，间距 10mm，如图 1.28 所示。

（2）圆形，半径 240mm，间距 15mm，如图 1.29 所示。

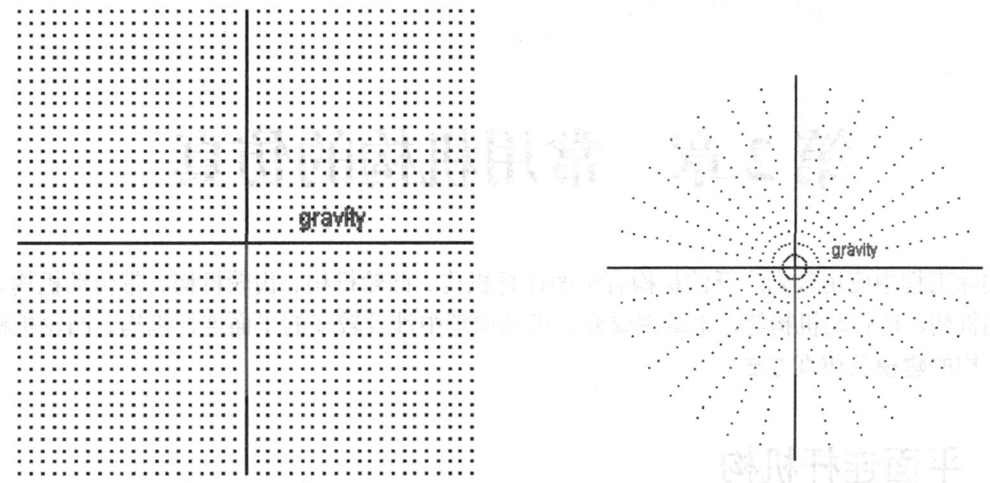

图 1.28　题 1.3 图　　　　图 1.29　题 1.3 图

1.4　将单位制设置为 MKS 格式，即长度单位为米、质量单位为千克、力的单位为牛顿、时间单位为秒、角度单位为度、频率单位为赫兹。

1.5　将当前工作图标大小放大为原来尺寸的 2 倍。

1.6　将主工作区的背景由黑色换为白色，如图 1.30 所示。

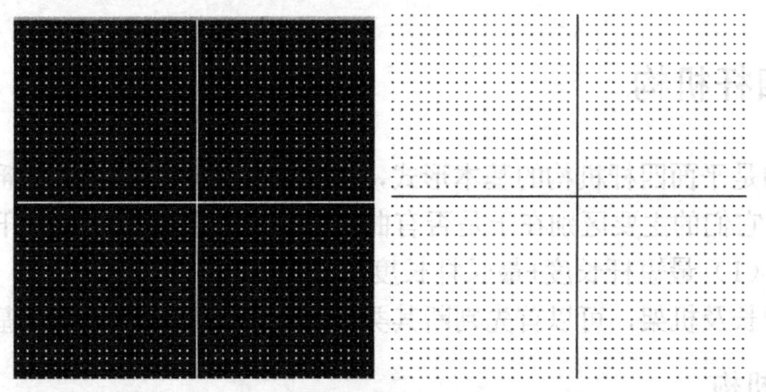

图 1.30　题 1.6 图

第 2 章　常用机构的仿真

实际工程中应用较为广泛的机构有平面连杆机构、凸轮机构、齿轮机构、带传动机构、蜗杆传动机构、链传动机构等，本章主要介绍机械原理中涉及较多的平面连杆机构、凸轮机构和齿轮机构的建模及仿真方法。

2.1　平面连杆机构

连杆机构在众多工农业机械和工程机械中都得到广泛应用，根据连杆机构中各构件间的相对运动为平面运动还是空间运动，连杆机构可分为平面连杆机构和空间连杆机构两大类，在一般机械中应用最多的是平面连杆机构。连杆机构常根据其所含杆件数命名，如四杆机构、六杆机构等，其中平面四杆机构不仅应用广泛，而且是多杆机构的基础。

2.1.1　铰链四杆机构

铰链四杆机构是平面四杆机构的基本形式，常见的有 3 种类型：曲柄摇杆机构、双曲柄机构及双摇杆机构，它们的主要区别在于是否有曲柄、有几个曲柄。铰链四杆机构有曲柄必须满足以下两个条件：（1）最短杆长度+最长杆长度≤其余两杆长度之和；（2）最短杆为连架杆或机架。已知各杆杆长及机架，可以首先判断其类型，为后续建模仿真奠定基础。

1．曲柄摇杆机构

例 1　如图 2.1 所示为雷达天线俯仰搜索机构，各杆尺寸为 $AB = 280\times40\times20$ mm，$BC = 520\times40\times20$ mm，$CD = 500\times40\times20$ mm，$AD = 720\times40\times20$ mm。已知主动曲柄角速度 $\omega = 30$（°）/s，试建立该机构的虚拟样机模型并分析摇杆的运动。

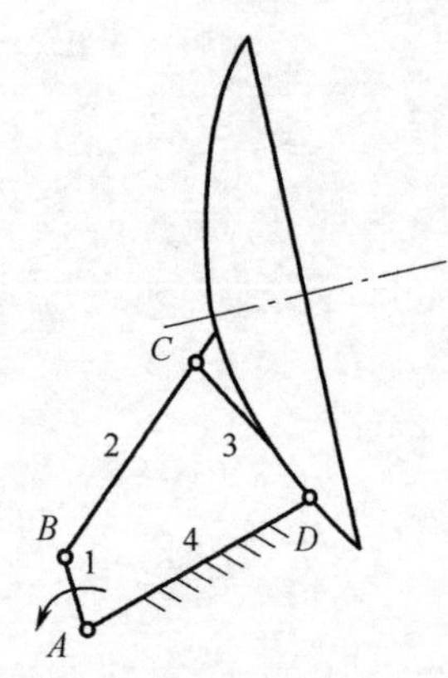

图 2.1　雷达天线俯仰搜索机构

通过曲柄存在的条件可以判断出该机构为曲柄摇杆机构。建模及仿真步骤如下：

（1）参考 1.4.1 节的内容，将存储位置设置为：F:\adams_examples。

（2）双击桌面图标 Adams/View MD R3 或者通过开始→所有程序→MSC.software→MD Adams R3→AView→Adams/View 进入 ADAMS 欢迎界面，在 Model name 中输入：crank_rocker，如图 2.2 所示，单击“OK”按钮进入 ADAMS 主界面。

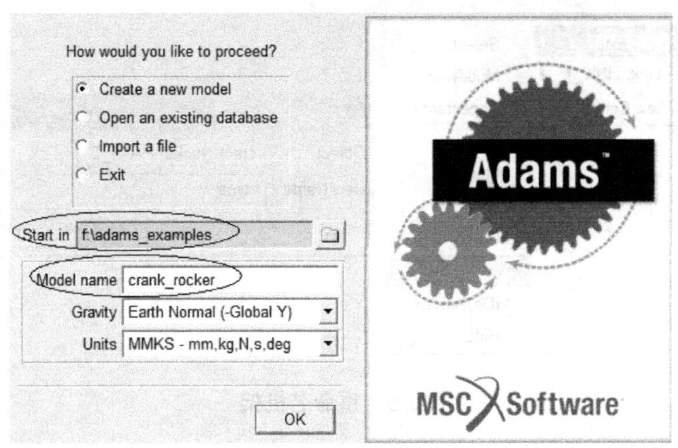

图 2.2　欢迎界面

（3）按照给定的各杆长度建立机构模型，通常使用如下两种方法。

① 特殊位置法。

利用某时刻各杆形成的特殊形状关系来确定其位置，如本例中取曲柄和机架共线之一的位置，如图 2.3 所示。

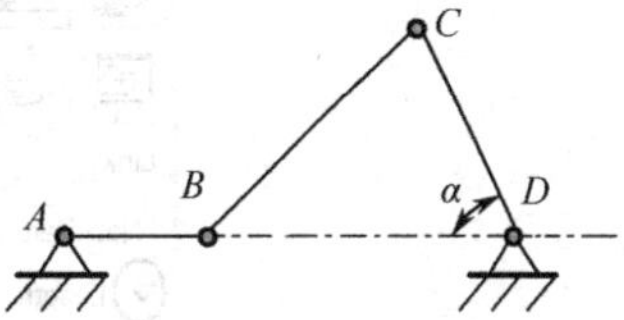

此时，可利用余弦定理来求解三角形 BCD 的位置。BD 边的长度为：

图 2.3　曲柄和机架的共线位置

$$BD = AD - AB = 720 - 280 = 440\,\text{mm}$$

根据余弦定理可求得：

$$\cos\alpha = \frac{BD^2 + CD^2 - BC^2}{2BD \cdot CD} = \frac{440^2 + 500^2 - 520^2}{2\times 440\times 500} = 0.3936\text{，得}\alpha = 66.82^\circ$$

获得特殊位置角后，按下述步骤进行建模：

- 单击主工具栏图标，在参数设置中输入题目给定的机架尺寸，创建机架，如图 2.4 所示。

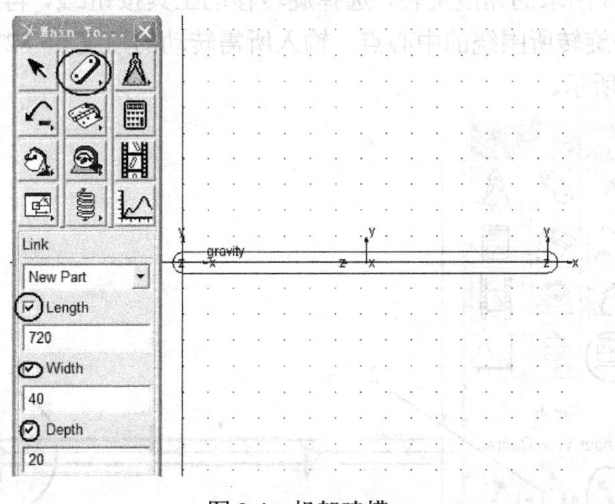

图 2.4　机架建模

- 选中机架单击右键，按图 2.5 所示的步骤将其重命名为 frame。
- 按照同样的方法在机架右端创建给定尺寸的摇杆，如图 2.6 所示，将其命名为 rocker。右击摇杆选择 Part：rocker，如图 2.6 所示。

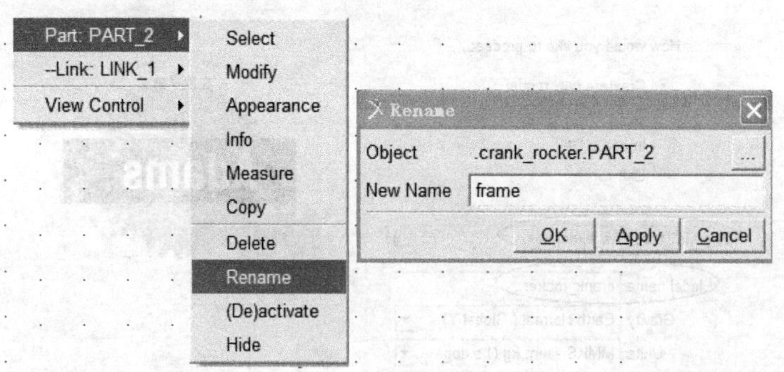

图 2.5　重命名机架

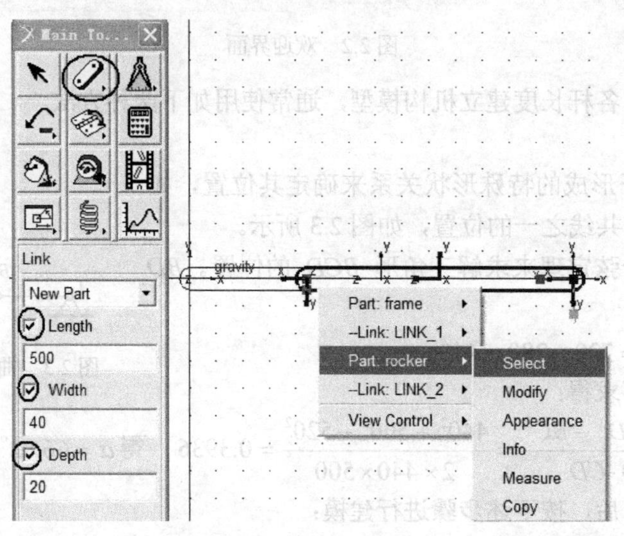

图 2.6　摇杆建模

- 将摇杆按图 2.3 所求的角度旋转，选择旋转移动工具按钮，再选择旋转中心，在主工作区选择摇杆旋转所围绕的中心点，输入所需转动的角度 66.82°，选择顺时针旋转按钮，如图 2.7 所示。

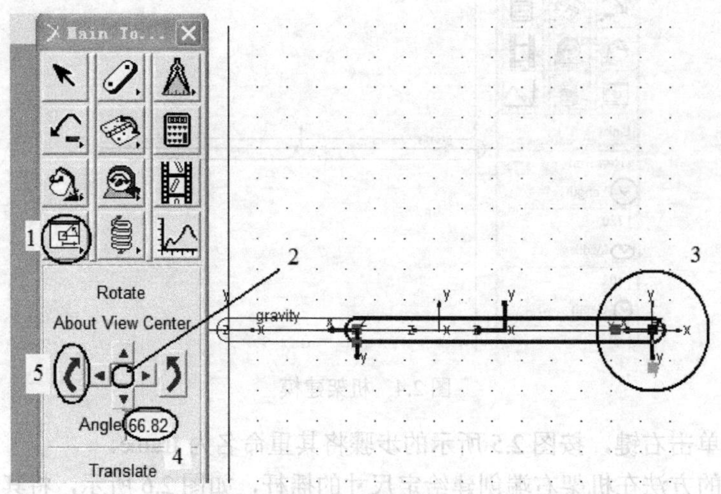

图 2.7　摇杆的旋转

旋转后的摇杆如图 2.8 所示。

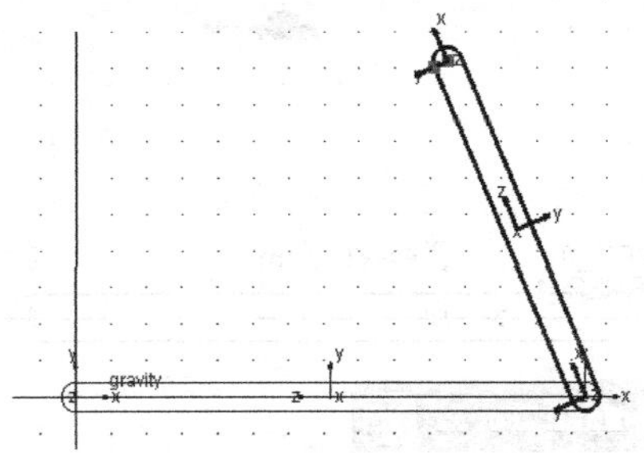

图 2.8　旋转后的摇杆位置

- 创建曲柄，并命名为 crank，如图 2.9 所示。
- 创建连杆并命名为 link，如图 2.10 所示。

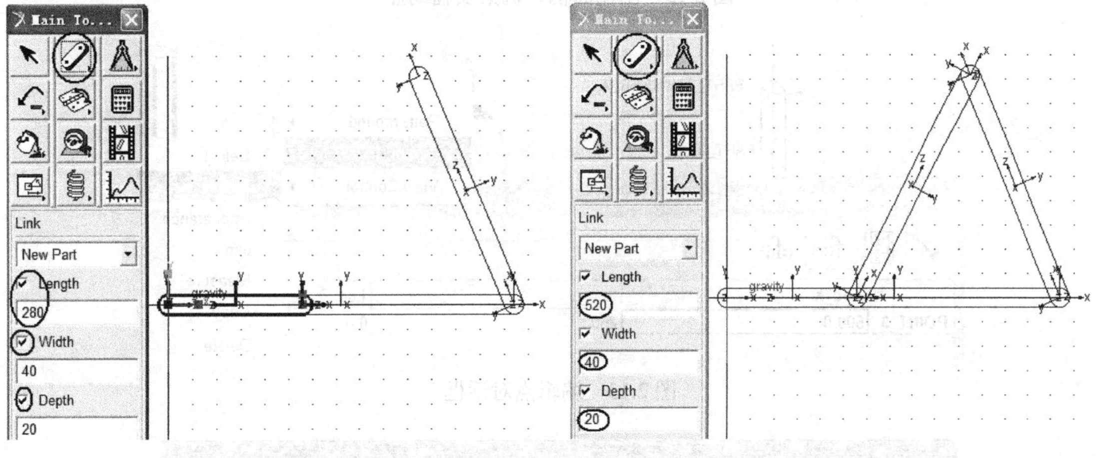

图 2.9　创建曲柄　　图 2.10　创建连杆

通过以上步骤完成了曲柄摇杆机构的几何模型创建。

② 辅助点法。

已知各杆长度，可通过二维软件，如 CAD、CAXA 求得某辅助点的坐标，如图 2.11 所示。先作出 AB、AD，然后分别以 B、D 为圆心，BC、CD 为半径作圆弧，则两圆弧交于一点 C'，则有 $BC' = BC$，$C'D = CD$，量出 C'点的坐标（x，y）。

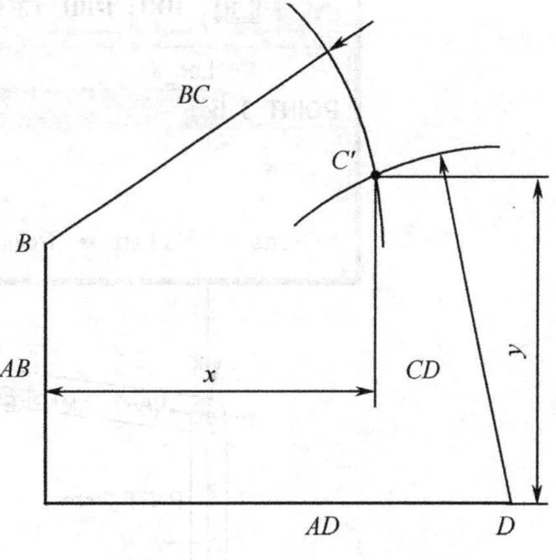

图 2.11　用辅助点法求坐标

借助 ADAMS 中的点操作进行建模，首先按题目给定的尺寸要求建立曲柄、机架（起始点一定要位于坐标原点），然后右击几何建模折叠工具包打开创建点工具按钮，点选工作区域任意位置，如图 2.12 所示。

右键单击点，在弹出菜单中选择 Modify，进入 Table Editor for Points 对话框，如图 2.13 所示。

在该对话框中有点的三个坐标，将图 2.11 所获得的点坐标 x、y 输入 Loc_X、Loc_Y 中，如图 2.14 所示，则点的坐标发生了变化，连接各点即可完成建模。

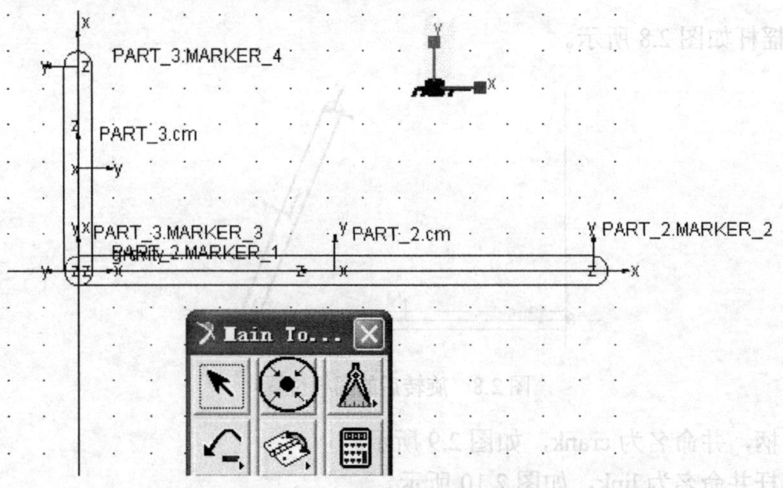

图 2.12　创建曲柄、机架及辅助点

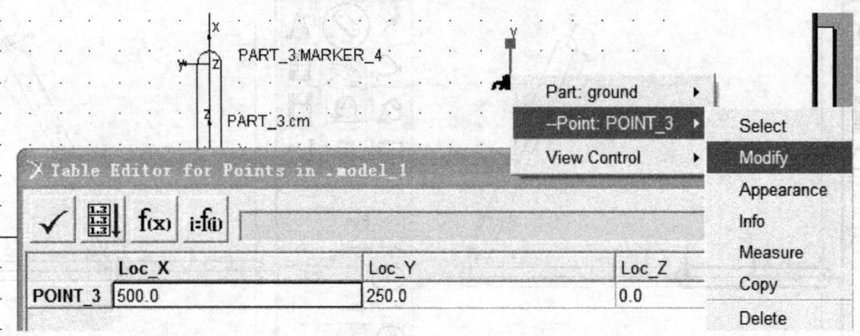

图 2.13　编辑点对话框

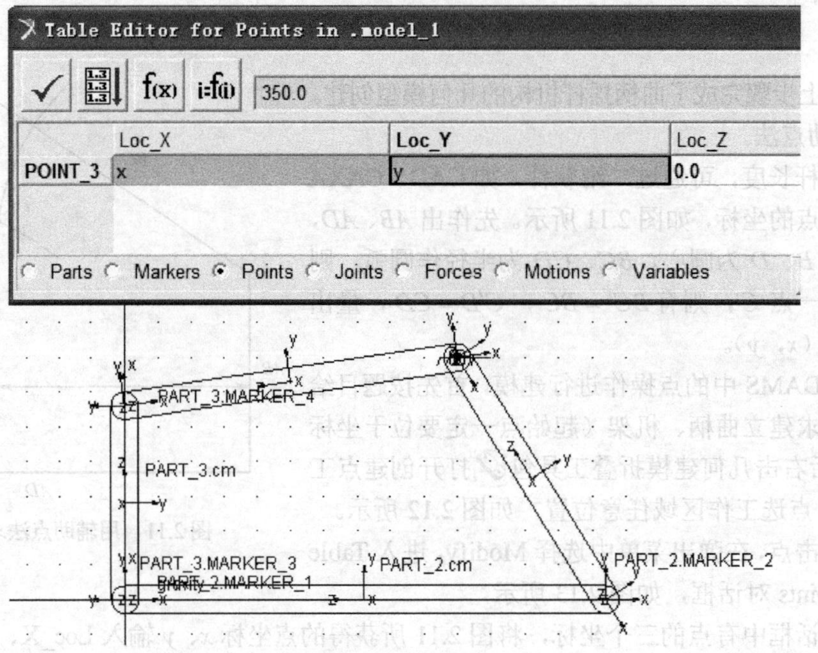

图 2.14　机构模型

注：*修改点的坐标时，需要在空白区域单击左键一次使坐标变蓝，才可以完成新坐标的修改。*

辅助点法的使用参见本书后续章节中有关双曲柄机构的建模及仿真。

完成几何建模后，则可进一步添加约束。

（4）添加约束。

本例中，曲柄和机架之间、曲柄和连杆之间、连杆和摇杆之间，以及摇杆和机架之间均为转动副，添加转动副的步骤如下：

- 单击约束工具按钮。
- 根据命令栏里的提示，右键单击曲柄，在弹出的对话框中选择 crank。
- 右键单击机架，在弹出的对话框中选择 frame。
- 单击两构件间需要添加转动副的位置，则在曲柄和机架间添加了转动副，如图 2.15 所示。

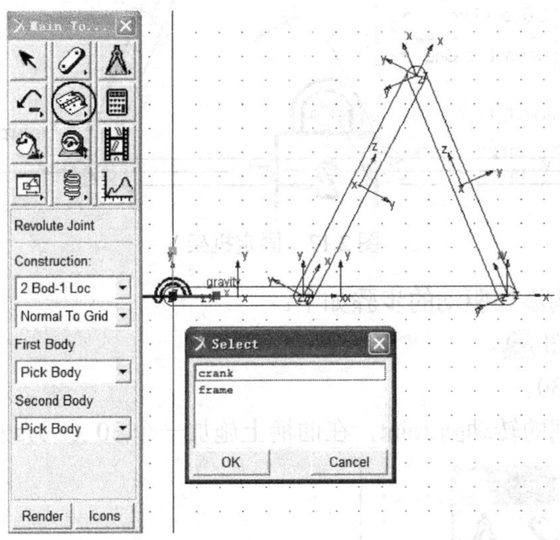

图 2.15　添加曲柄和机架间的转动副

采用同样的方法在曲柄和连杆间添加铰链。

注：*以上是当两构件重合时添加约束的方法。因为两构件重合时用单击左键的方法往往选不中预要选择的构件，所以需要借助单击右键弹出 Select 来辅助选择。*

通常在两构件间添加约束的方法很简单，如在连杆和摇杆间添加转动铰链的步骤如下：

- 单击约束工具按钮。
- 根据命令栏里的提示，单击连杆。
- 单击摇杆。
- 单击两构件间需要添加转动副的位置，则在连杆和摇杆间添加了转动副，同样可添加摇杆和机架间的转动铰链，如图 2.16 所示。

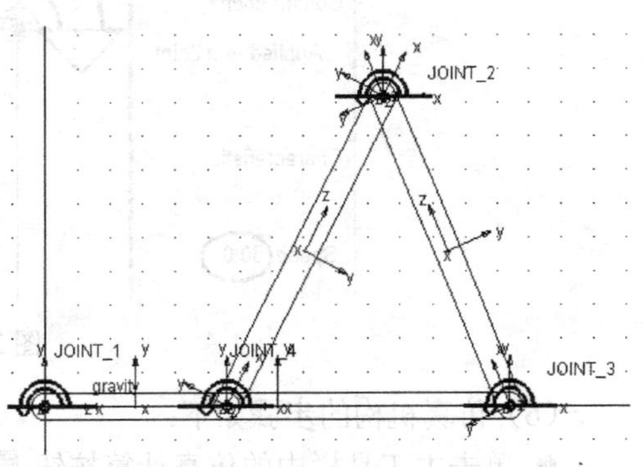

图 2.16　添加其他转动副

在工作区，构件以外的区域均默认为机架，本例中因有构件作为机架，所以需要将该构件绑定在默认机架上，即在构件 frame 和工作区域间施加一个固定约束，步骤如下：

- 打开几何建模折叠工具包，选择按钮。

- 选择构件 frame。
- 选择工作区域栅格，完成固定副的创建，如图 2.17 所示。

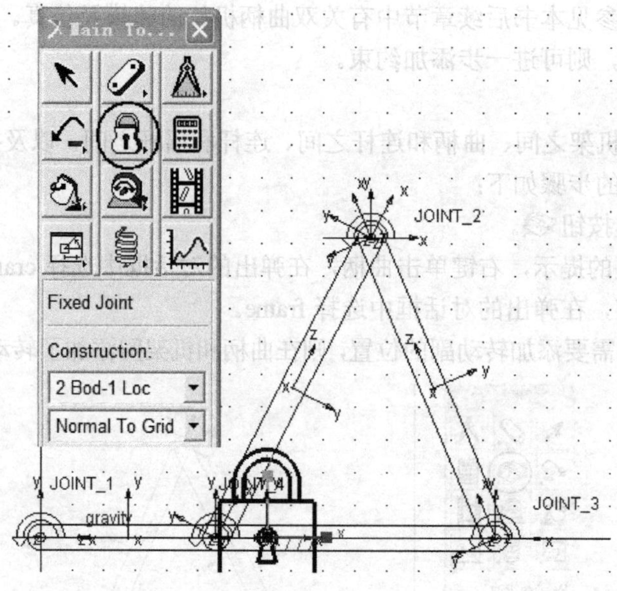

图 2.17　固定机架

（5）为曲柄摇杆机构添加驱动的步骤如下：

- 单击驱动工具按钮。
- 在 Speed 中输入 30。
- 单击曲柄和机架间的转动副 Joint，在曲柄上施加一个 30（°）/s 的驱动，如图 2.18 所示。

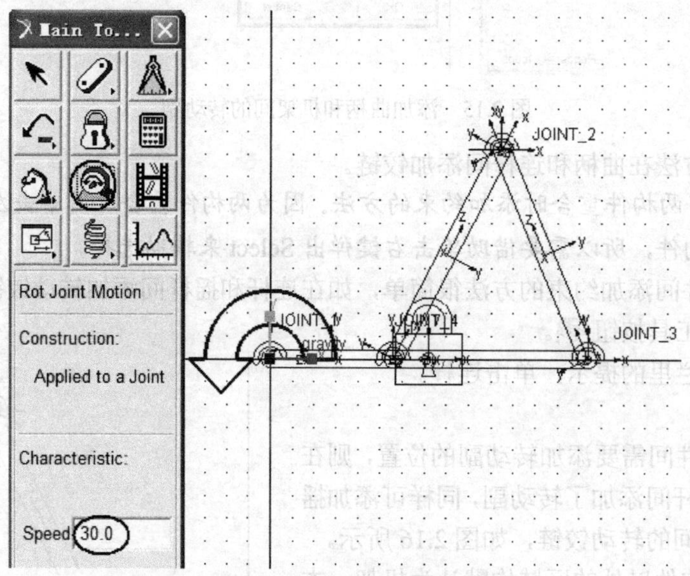

图 2.18　施加驱动

（6）仿真机构的步骤如下：

- 单击主工具栏中的仿真计算按钮。
- 在 End Time 中输入 12（即角速度为 30（°）/s 时曲柄旋转一周需要 12s 的时间）。

● 在 Steps 中输入 100，如图 2.19 所示。

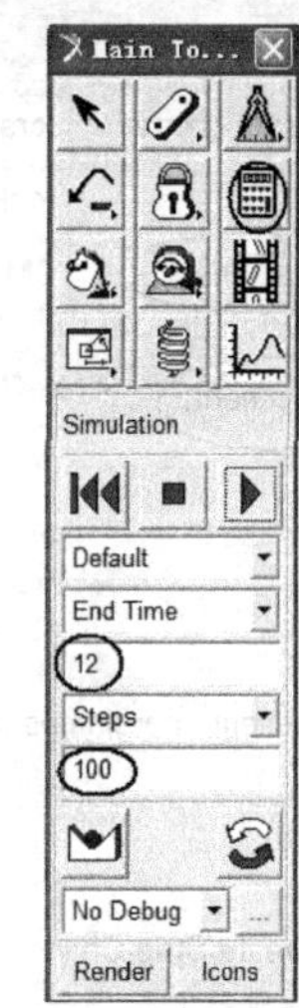

图 2.19　设置仿真参数

在 Simulation 参数设置中，▶是进行仿真计算，■是终止仿真计算，⏮是返回到设置仿真的起始位置。Default 是仿真类型的一种，选择该类型，系统会根据模型的自由度而决定进行动力学计算还是运动学计算。其他类型有 Dynamic（动力学计算）、Kinematic（运动学计算），以及 Static（静平衡计算）。通常选择 Default 即可。End Time 也是仿真时间的一种，End Time 是终止时间，即输入时间即为仿真持续时长。另外，Duration Time（持续时间）是指仿真结束后，再次单击仿真计算按钮▶，则会从上次仿真计算结束的时间开始继续进行仿真。在这里我们选择 End Time，因为角速度是 30（°）/s，则曲柄转一周的时间是 12s，输入 12s 则转一周，如若想让曲柄多转几周，则输入 12 的倍数即可。Steps 是仿真计算的步长或步数，可以通过输入数据来设置仿真步数，系统会根据仿真的时间和步数计算出仿真的间隔，另外还可以选择 Step Size，则需要输入仿真计算的时间间隔。

单击▶按钮进行仿真，可以看到曲柄摇杆机构在一个周期内的运动过程。

（7）获取摇杆的运动特性

获得摇杆运动特性的方法有以下两种。

① 测量。

步骤如下：

● 单击右键，选择摇杆 Part：rocker，选择 Measure 选项，如图 2.20 所示。

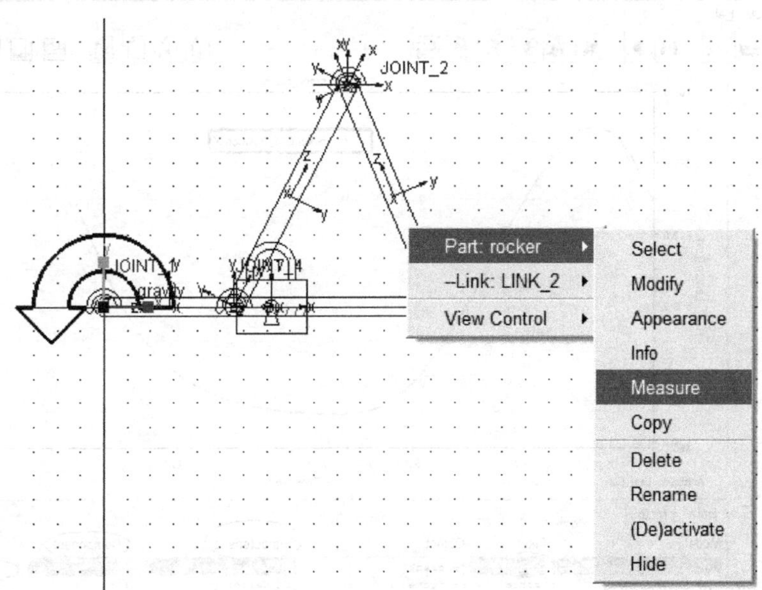

图 2.20　测量选择的下拉菜单

● 在弹出的对话框中选择需要测量的参数及其分量，单击 Apply 则可以获得所需的运动特性，如本例中若需要获取摇杆沿着 x 方向的位移，则按图 2.21 所标识的部分进行选择添加。若想获得其他参数，则通过选择 Characteristic 后的下拉选项进行选择，所获取的位移曲线如图 2.22 所示。

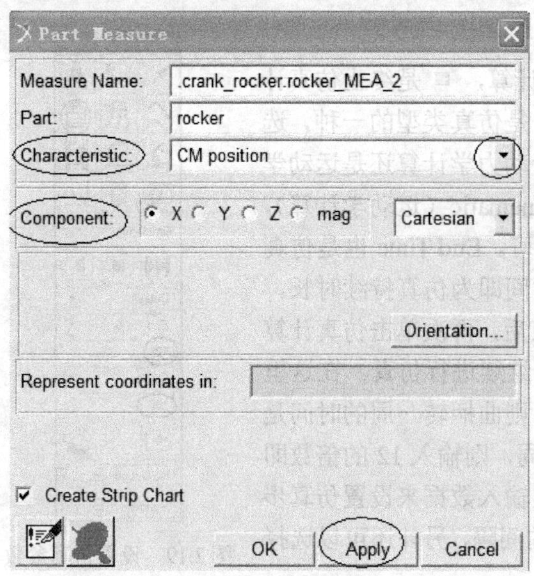

图 2.21　测量特性的选择

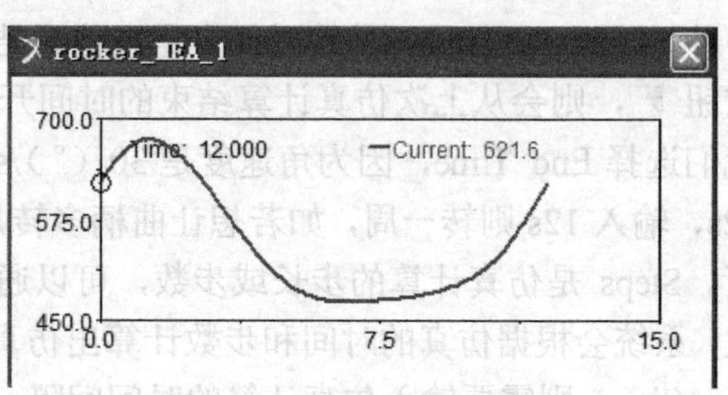

图 2.22　摇杆位移曲线

② 后处理。

步骤如下：

- 点选后处理按钮，进入后处理模块。
- 按图 2.23 所示的标识自左向右选择添加所需构件的运动参数。

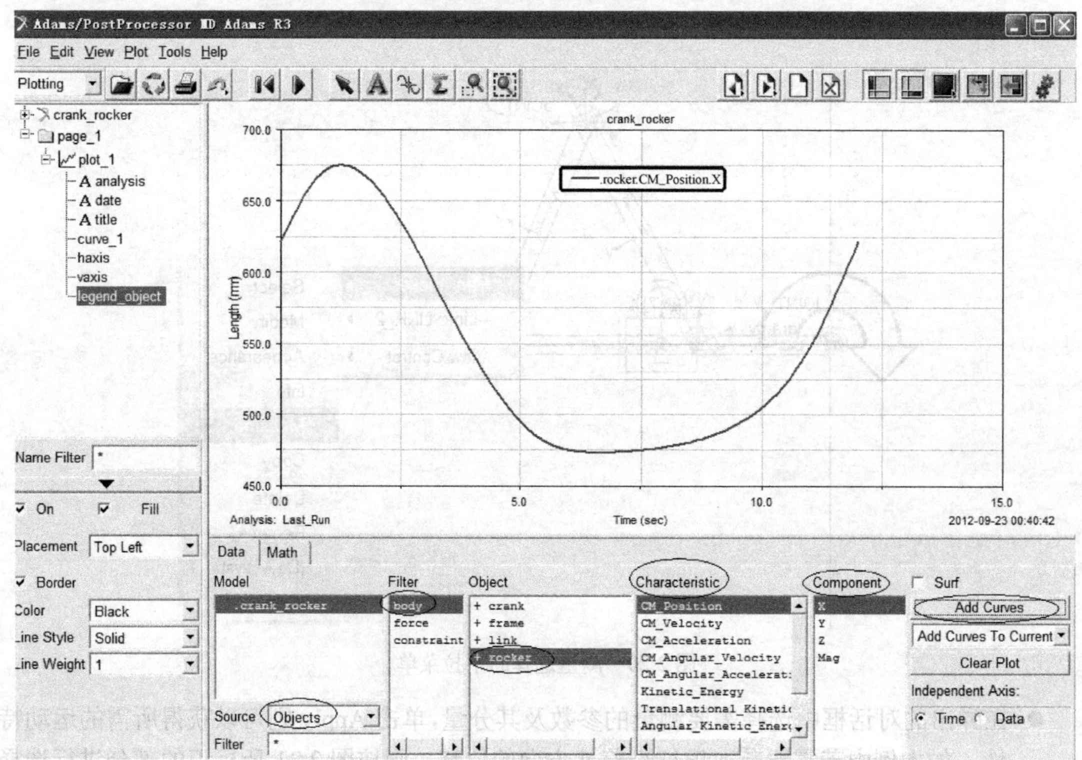

图 2.23　后处理界面

自此，曲柄摇杆机构仿真完毕。

2. 双曲柄机构

例 2 已知某双曲柄机构如图 2.24（a）所示，各杆尺寸为 $AB = 720 \times 40 \times 20$ mm，$BC = 500 \times 40 \times 20$ mm，$CD = 520 \times 40 \times 20$ mm，$AD = 280 \times 40 \times 20$ mm。已知主动曲柄角速度 $\omega = 30$（°）/s，试建立该机构的虚拟样机模型并分析从动曲柄的运动。

双曲柄机构的建模与仿真过程如下。

（1）打开 AtuoCAD，按照图 2.11 所描述的方法获得辅助点的坐标，如图 2.24（b）所示。

（2）打开 Adams-View 进入欢迎界面，输入模型名称：double_crank，如图 2.25 所示。

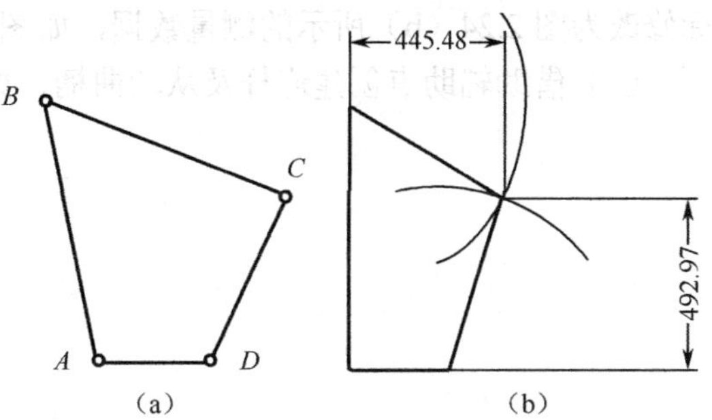

图 2.24　辅助点坐标求解

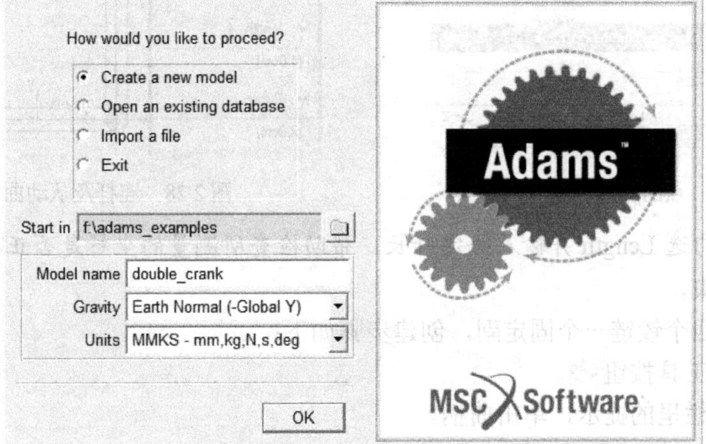

图 2.25　ADAMS 欢迎界面

（3）按照题目给定的尺寸，建立 *AB* 杆及 *AD* 杆，如图 2.26 所示。

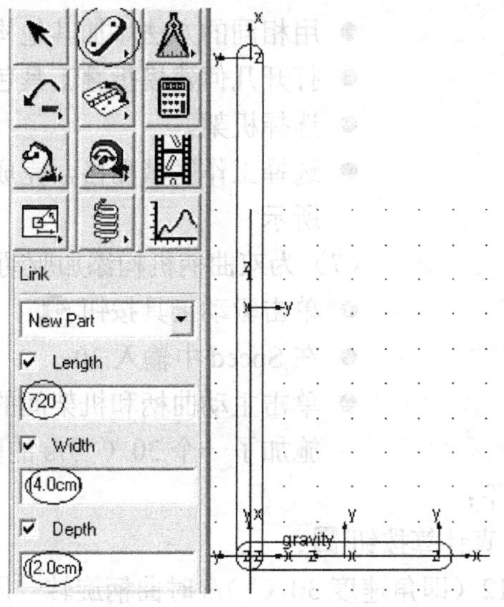

图 2.26　*AB* 杆及 *AD* 杆的创建

（4）打开几何建模折叠工具包中的创建点工具按钮，点选工作区域内的任意位置，创建一个点，右键单击该点，在弹出菜单中选择 Modify，进入 Table Editor for Points，将点坐标修改为图 2.24（b）所示的测量数据，如图 2.27 所示。

（5）借助辅助点创建连杆及从动曲柄，如图 2.28 所示。

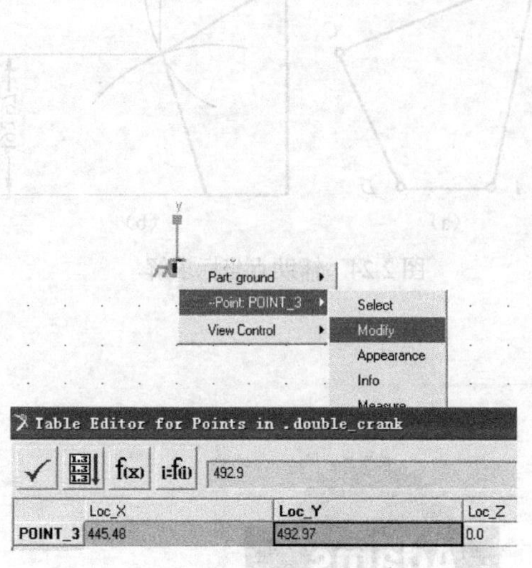

图 2.27　点的坐标修改

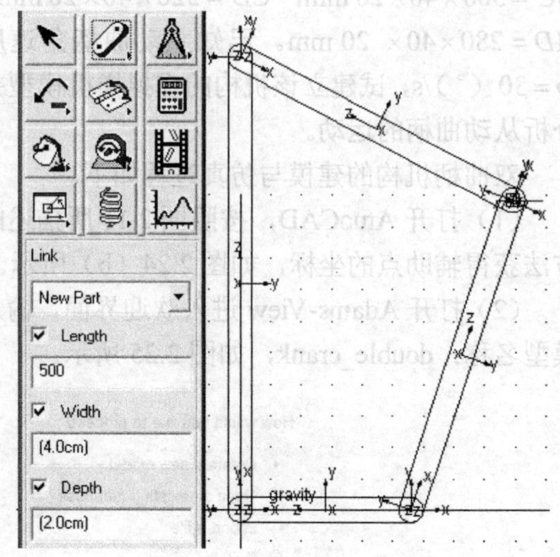

图 2.28　连杆及从动曲柄的创建

注：此时可勾选 Length 并输入给定杆长，帮助检查所测量的坐标是否正确。

（6）创建约束。

本例中共有四个铰链一个固定副，创建步骤如下：

- 单击约束工具按钮。
- 根据命令栏里的提示，单击曲柄。
- 单击连杆。

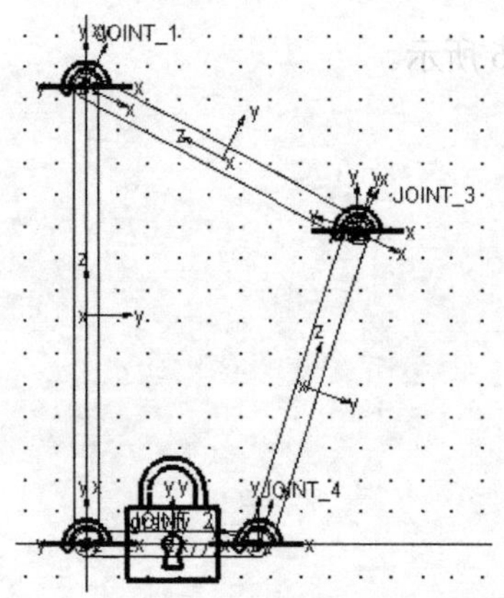

图 2.29　添加约束

- 单击两构件间需要添加转动副的位置，在主动曲柄和连杆间添加了转动副。
- 用相同的方法添加其他构件间的转动铰链。
- 打开几何建模折叠工具包，选择按钮。
- 选择机架。
- 选择工作区域栅格，完成固定副的创建，如图 2.29 所示。

（7）为双曲柄机构添加驱动的步骤如下：

- 单击驱动工具按钮；
- 在 Speed 中输入 30；
- 单击主动曲柄和机架间的转动副 Joint，则在曲柄上施加了一个 30（°）/s 的驱动，如图 2.30 所示。

（8）仿真机构的步骤如下：

- 单击主工具栏中的仿真计算按钮；
- 在 End Time 中输入 12（即角速度 30（°）/s 时曲柄旋转一周需要 12s 的时间）；
- 在 Steps 中输入 100，如图 2.31 所示。

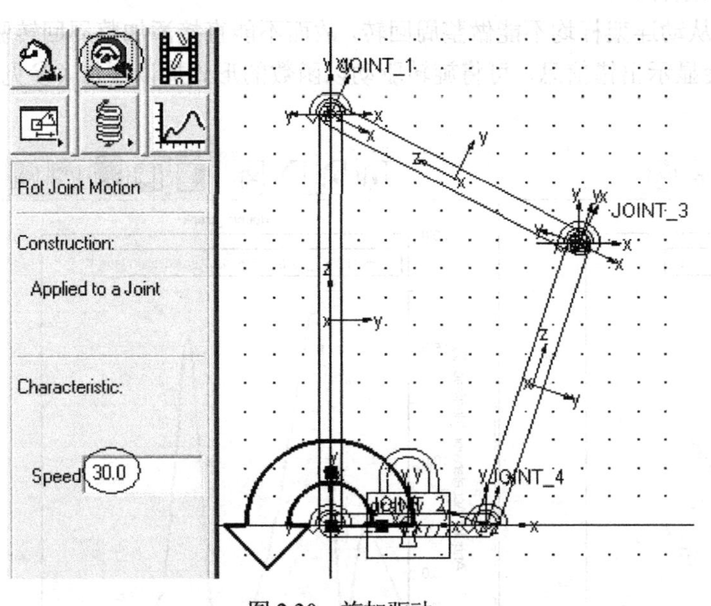

图 2.30　施加驱动

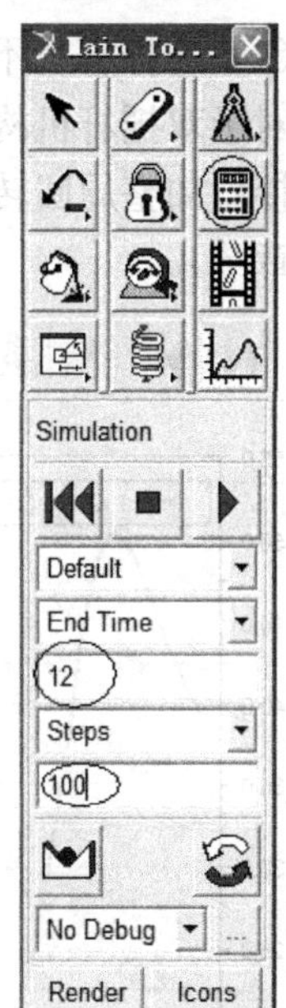

图 2.31　仿真参数设置

- 单击▶，则双曲柄机构回转一周，如图 2.32（a）所示。

(9) 获取从动曲柄的运动特性。

- 右键单击从动曲柄，获得从动曲柄的名称：PART_5（本例中未重命名），如图 2.32（b）所示。

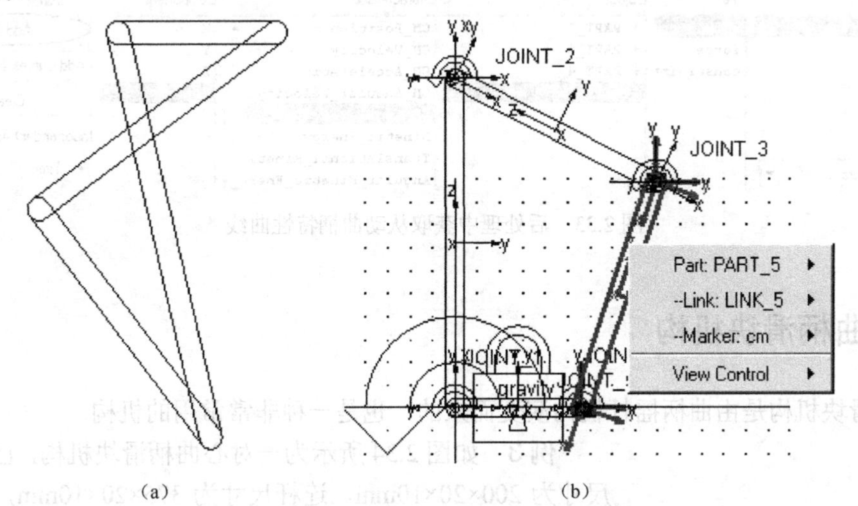

（a）　（b）

图 2.32　仿真过程及获取构件名称

- 在后处理中获取从动曲柄的角速度及角加速度，如图 2.33 所示。

3. 双摇杆机构

铰链四杆机构成为双摇杆机构的两种情况为：

（1）各杆杆长满足杆长条件，即最短杆长+最长杆长≤其他两杆杆长之和时，取最短杆的对边为机架；

（2）各杆杆长不满足杆长条件。

对于双摇杆机构，因主、从动连架杆均不能做整周回转，故而不能直接添加整周回转驱动，若直接添加整周回转驱动则会显示出错信息，可将旋转驱动以函数的形式加以添加（参见后续相应章节）。

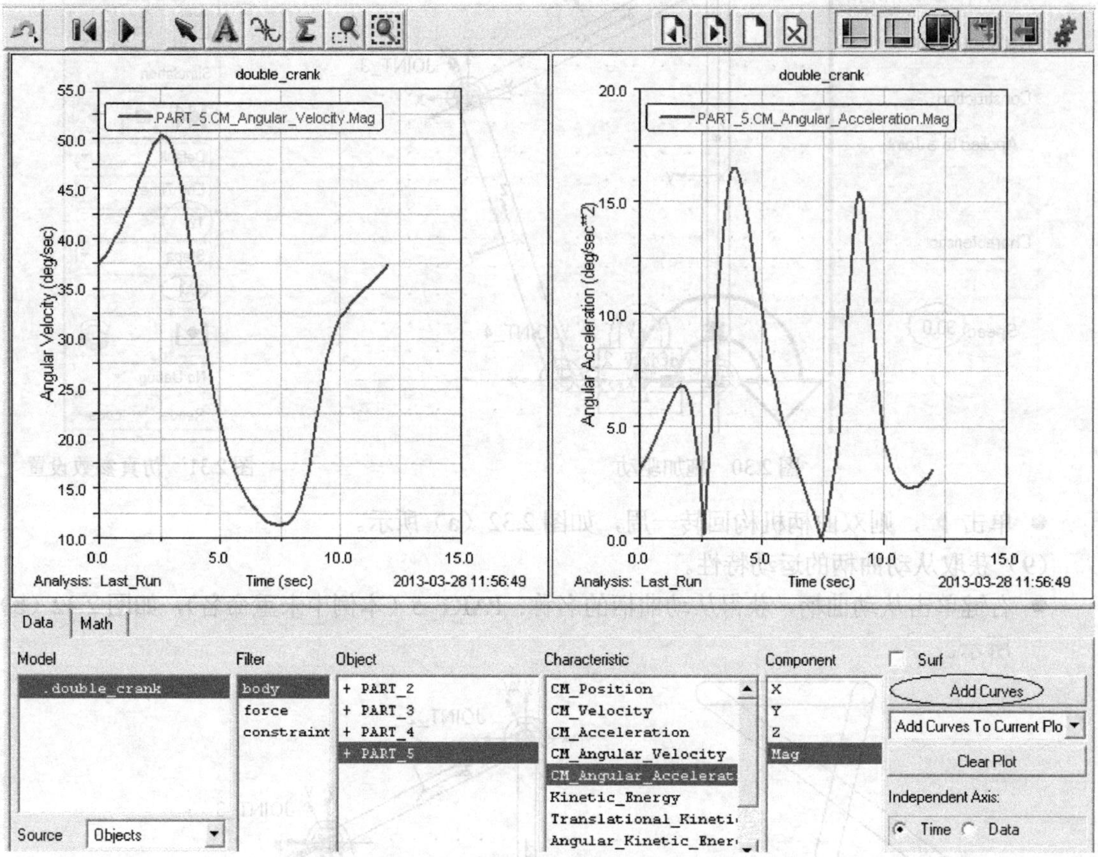

图 2.33　后处理中获取从动曲柄特性曲线

2.1.2　曲柄滑块机构

曲柄滑块机构是由曲柄摇杆机构演变而来的，也是一种非常常用的机构。

例 3　如图 2.34 所示为一对心曲柄滑块机构，已知曲柄的尺寸为 200×20×10mm，连杆尺寸为 375×20×10mm，滑块尺寸为 100mm×100mm×100mm 的正方体，主动曲柄以ω_1=60（°）/s 的角速度匀速转动。试建立该机构的虚拟样机模型并仿真滑块在一个周期内沿 *x* 方向的位移、速度及加速度。

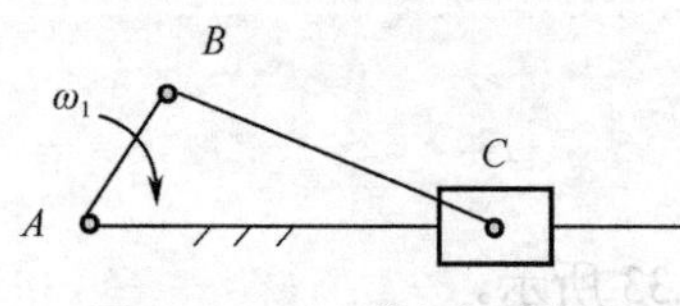

图 2.34　对心曲柄滑块机构

对心曲柄滑块机构的建模及仿真过程如下。

（1）确定连杆和导轨间的夹角，如图 2.35 所示，$\sin\alpha=\dfrac{AB}{BC}=\dfrac{200}{375}=0.533$，则$\alpha$=32.23°。

（2）单击几何建模工具包按钮，建立曲柄和连杆，如图 2.36 所示。

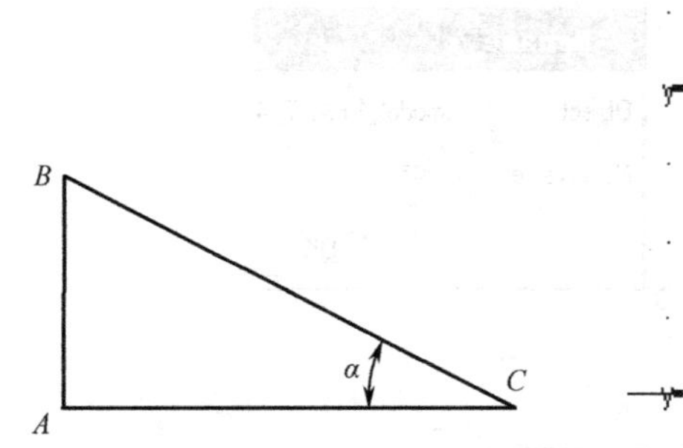

图 2.35　各构件间的几何关系确定

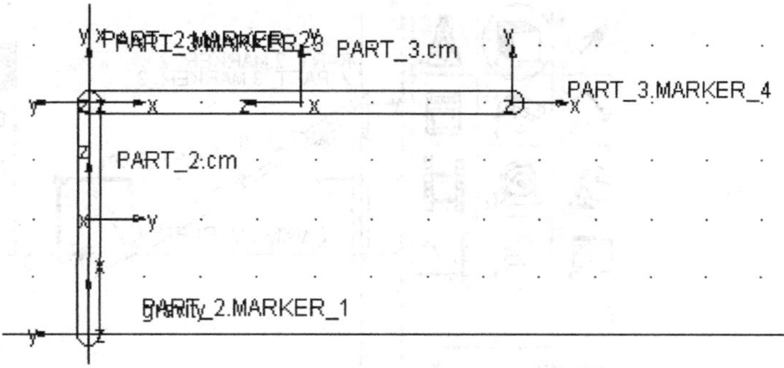

图 2.36　创建曲柄和连杆

（3）旋转连杆使之满足尺寸要求，步骤如下：

- 单击旋转移动工具按钮；
- 选择连杆；
- 选择旋转中心；
- 在 Angle 中输入 32.23°；
- 单击顺时针旋转按钮完成旋转，如图 2.37 所示。

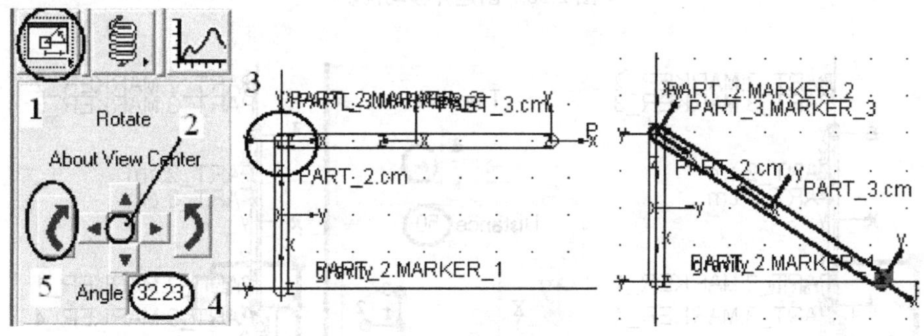

图 2.37　连杆的旋转

（4）创建滑块，步骤如下：

- 右键单击几何建模图标，打开折叠工具包，选择按钮建立滑块；
- 在随之弹出的主工具栏下的对话框中勾选 Length、Height、Depth 并输入滑块的长、高、深尺寸；
- 使滑块左下角与连杆端部重合；
- 将滑块向下及向左分别移动 50mm，使其中心与连杆端部重合；
- 右击滑块选择 Modify→Rename，将滑块重命名为 slider，如图 2.38 所示。

选择视图工具按钮查看机构右视图，如图 2.39 所示，滑块关于栅格平面未对称，故需要调整移动，步骤如下：

- 单击位置工具包；
- 选择滑块；
- 在 Distance 中输入 50；
- 单击按钮，完成滑块的移动，如图 2.39 所示。

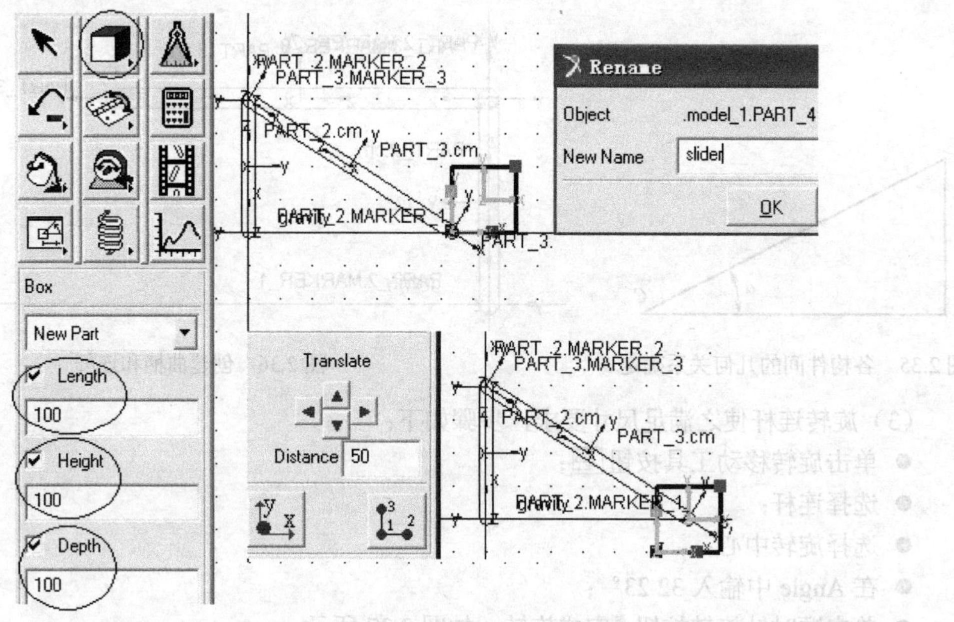

图 2.38 创建并移动滑块

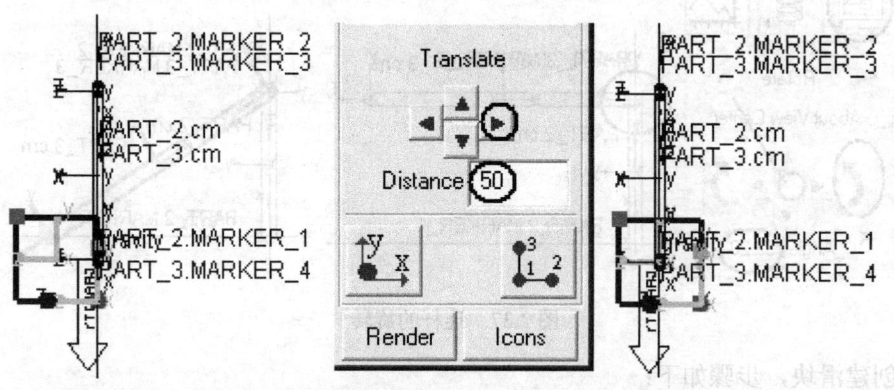

图 2.39 查看机构右视图并调整滑块位姿

（5）创建约束。

本例中，曲柄和机架间、曲柄和连杆间、连杆和滑块间为转动副，滑块和机架间为移动副。创建上述约束的步骤如下：

- 打开约束工具包；
- 先选择曲柄再选择机架；
- 点选铰链所在位置，则曲柄和机架间的铰链被创建；
- 同理，创建曲柄和连杆间、连杆和滑块间的铰链；
- 打开约束工具包的折叠按钮，选择；
- 先选择滑块再选择机架；
- 点选移动副所在位置；
- 移动鼠标，使得移动副方向的箭头沿着导轨方向（本例中为水平方向，如图 2.40（b）所示），则移动副被创建。

图 2.40（a）所示为添加约束后的曲柄滑块机构。

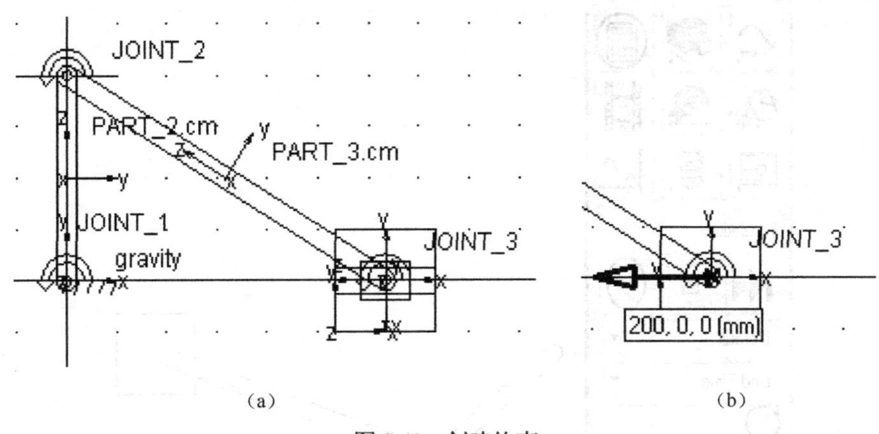

(a)　　(b)

图 2.40　创建约束

（6）施加驱动。

施加驱动的步骤如下：

- 单击驱动按钮；
- 在 Speed 中输入 60；
- 选择曲柄和机架间的转动副 Joint_1，添加驱动完成，如图 2.41 所示。

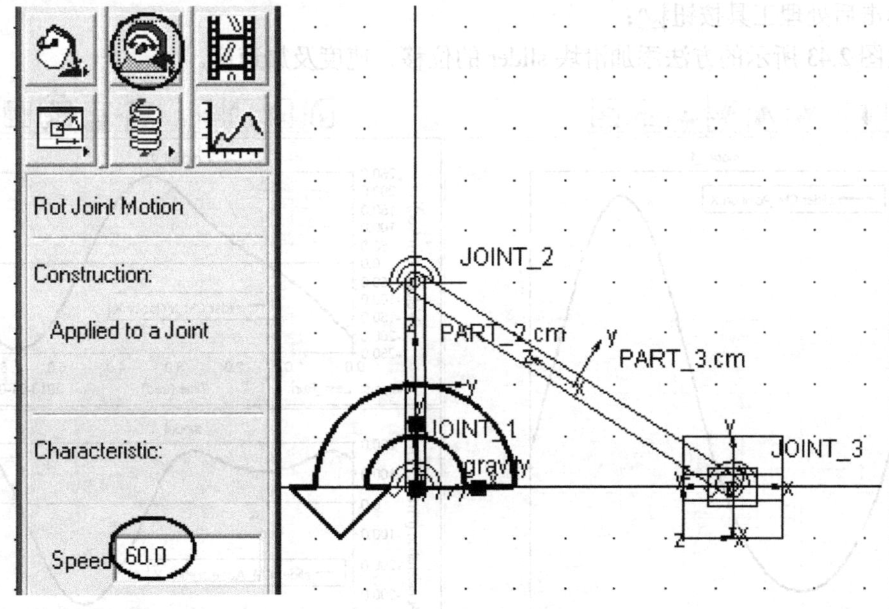

图 2.41　施加驱动

（7）仿真机构。

仿真该机构的步骤如下：

- 单击仿真工具按钮；
- 在 End Time 中输入 6；
- 在 Steps 中输入 100；
- 单击仿真起始按钮，开始仿真，如图 2.42 所示。

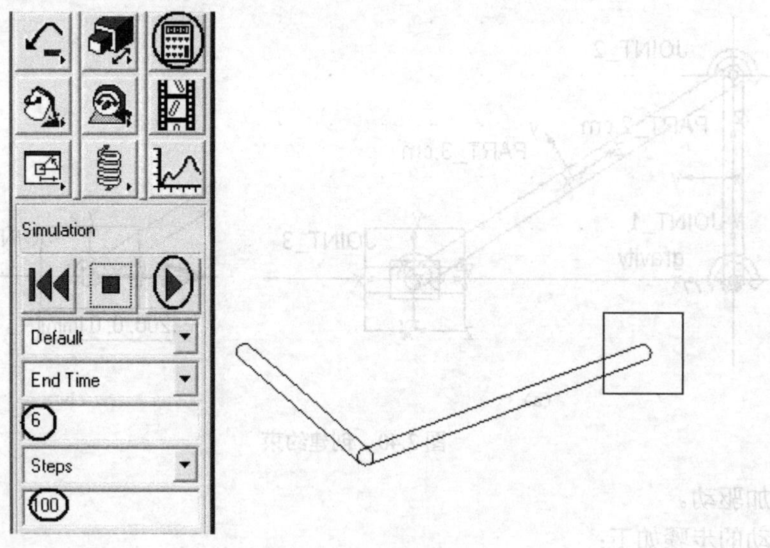

图 2.42　仿真设置

（8）获得滑块的运动特性。

获取滑块运动特性的步骤如下：

- 单击后处理工具按钮；
- 按图 2.43 所示的方法添加滑块 slider 的位移、速度及加速度。

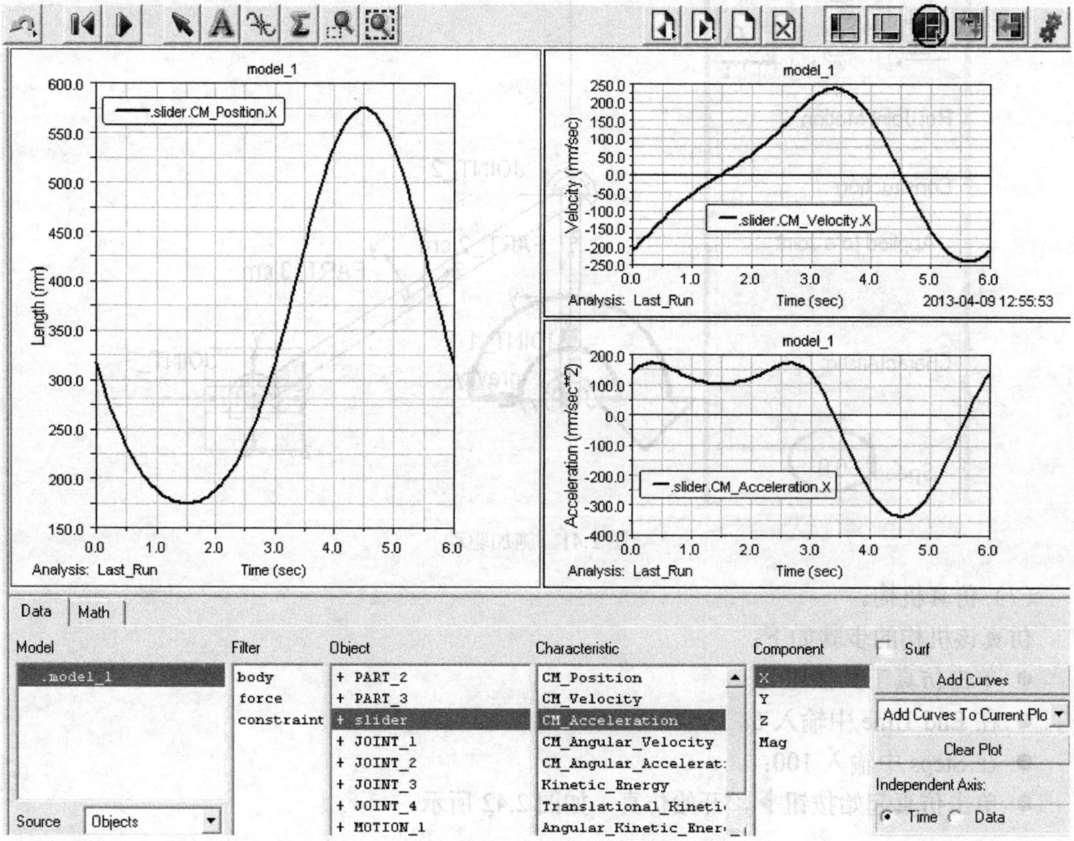

图 2.43　后处理工具中获取滑块的特性曲线

2.1.3 导杆机构

例 4 如图 2.44 所示为一曲柄导杆机构，已知曲柄尺寸为 200×40×20mm，曲柄回转中心 B 到导杆摆动中心 A 的距离为 400mm，导杆尺寸为 600×40×20mm，滑块尺寸为 200×100×100mm。曲柄以 $\omega_1 = 30$（°）/s 的角速度匀速转动，试建立该机构的虚拟样机模型并仿真获得导杆角度、角速度及角加速度的变化规律。

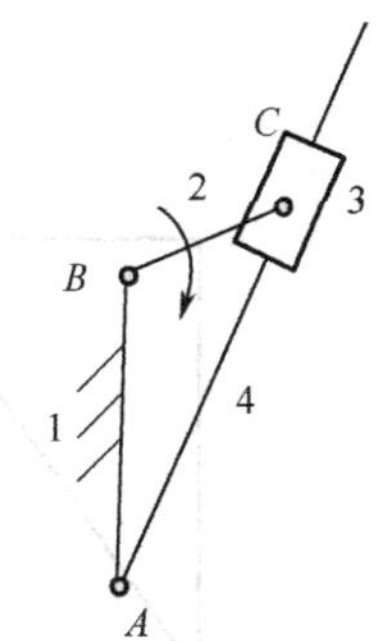

图 2.44 曲柄导杆机构

导杆机构的建模及仿真过程如下。

（1）启动 ADAMS，创建模型名称。

双击桌面上的图标，启动 ADAMS/View，按照图 2.45 所示的步骤完成模型名称的创建：

- 选择创建新的模型（How would you like to proceed）：create a new model；
- 设置起始位置（Start in）：F:\adams2012；
- 输入模型名称（Model name）：swing guide_bar；
- 单击“OK”按钮，完成模型名称的创建。

图 2.45 模型名称的创建

（2）创建机构模型。

- 计算某特殊位置时各构件间的位置关系，如图 2.46 所示。

可知 $\tan\angle BAC = \dfrac{BC}{AB} = \dfrac{200}{400} = 0.5$，则 $\angle BAC = 26.57^\circ$。

- 按 F4 键，打开坐标窗口；
- 在几何建模工具栏中选择，按照给定尺寸建立曲柄及导杆，如图 2.47 所示。将导杆重命名为 guide_bar；
- 打开几何建模折叠工具包选择，输入尺寸创建滑块，如图 2.48（a）所示；
- 选中滑块，打开旋转移动坐标工具按钮，在 Angle 中输入 63.43°，选择滑块中心为旋转中心，使用将滑块旋转为图 2.48（b）所示的位姿。

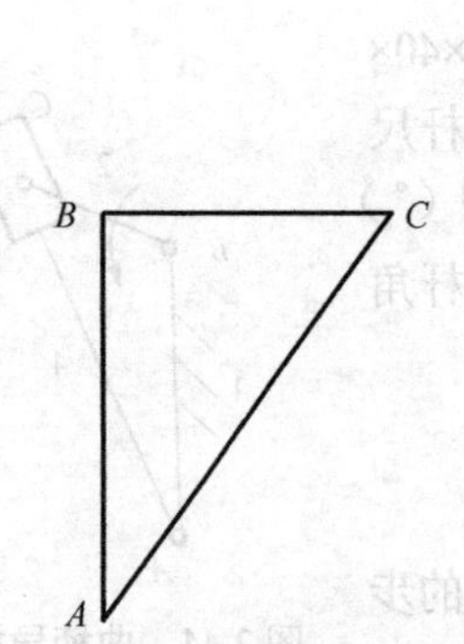

图 2.46　构件间的位置关系

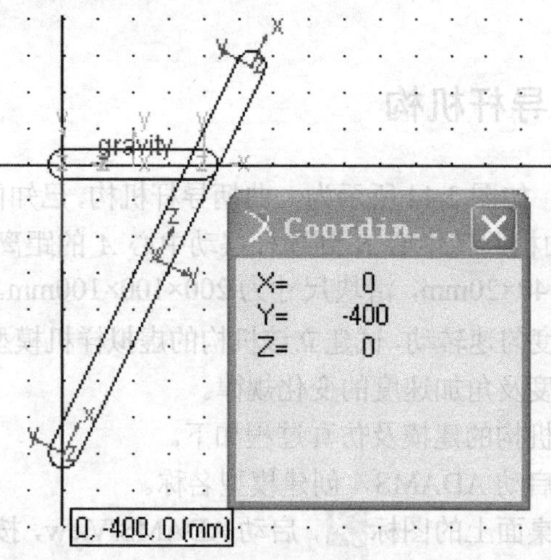

图 2.47　创建曲柄及导杆

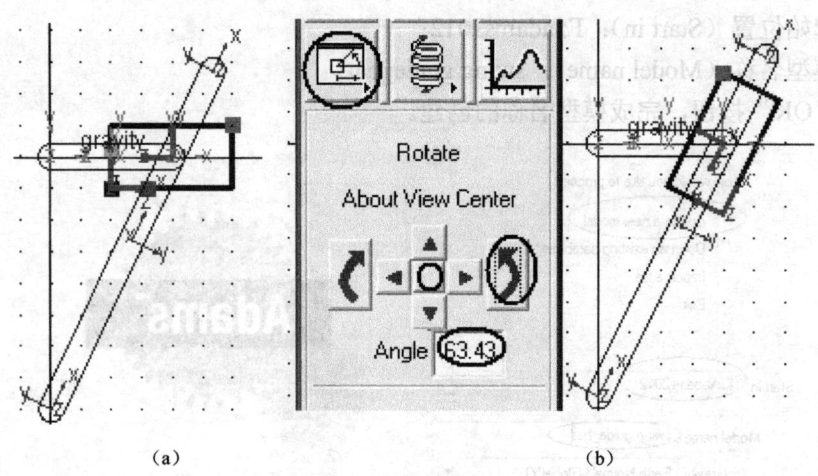

（a）　　（b）

图 2.48　创建滑块

（3）创建约束。

本例中，曲柄和机架间、导杆和机架间，以及曲柄和滑块间均为转动副，滑块和导杆为移动副。创建上述约束的步骤如下：

- 打开约束工具包；
- 先选择曲柄再选择机架；
- 点选铰链所在位置，则曲柄和机架间的铰链被创建；
- 同理，创建导杆和机架间、曲柄和滑块间的铰链；
- 打开约束工具包的折叠按钮，选择；
- 选择滑块再选择导杆；
- 点选移动副所在位置；
- 移动鼠标，使得表示移动副方向的箭头沿着导轨（如图 2.49（a）所示），则移动副被创建。

图 2.49（b）所示为添加约束后的曲柄导杆机构。

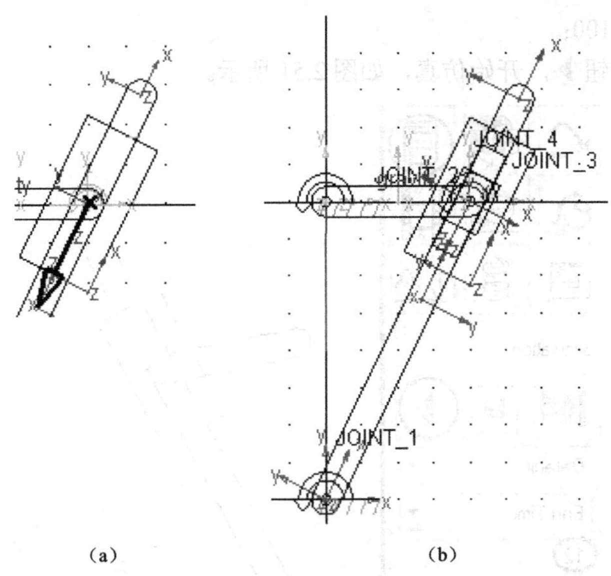

图 2.49　创建移动副及添加约束后的曲柄导杆机构

（4）施加驱动。

施加驱动的步骤如下：

- 单击驱动按钮；
- 在 Speed 中输入 30；
- 选择曲柄和机架间的转动副 Joint_1，添加驱动完成，如图 2.50 所示。

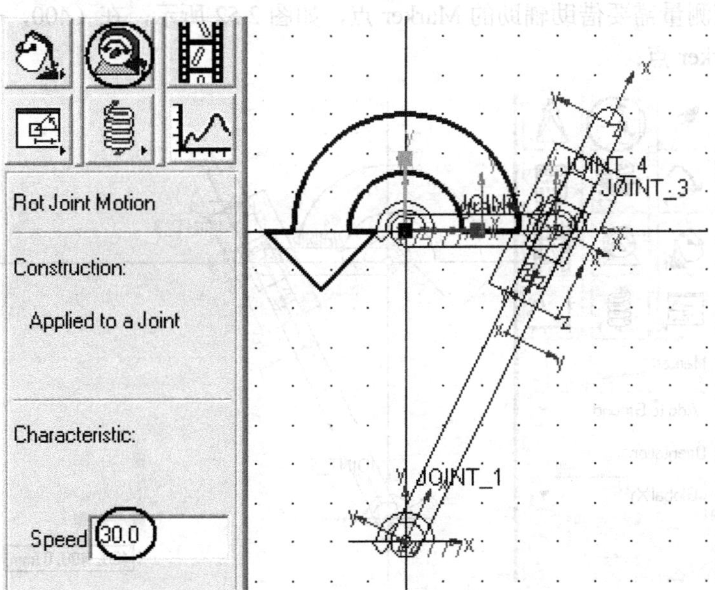

图 2.50　施加驱动后的曲柄导杆机构

（5）仿真机构。

仿真机构的步骤如下：

- 单击仿真工具按钮；
- 在 End Time 中输入 12；

- 在 Steps 中输入 100；
- 单击仿真起始按钮▶，开始仿真，如图 2.51 所示。

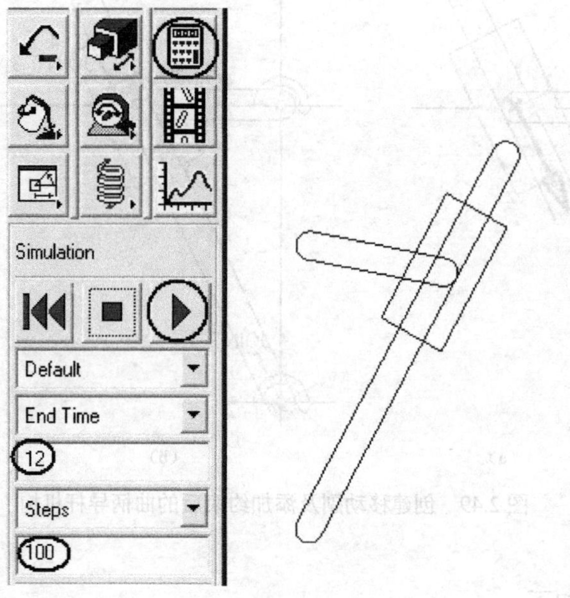

图 2.51　机构仿真设置及操作

（6）获得导杆的运动特性。

获取导杆运动特性的步骤如下：

- 导杆角度测量需要借助辅助的 Marker 点，如图 2.52 所示，在（400，-400，0）处创建一个 Marker 点；

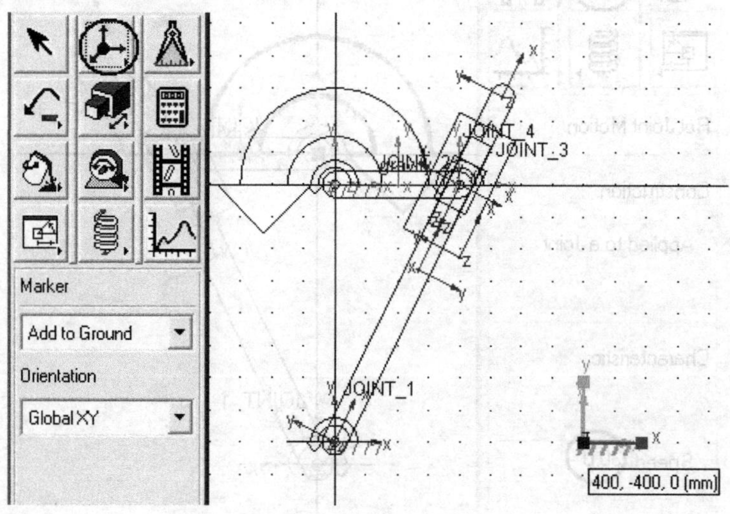

图 2.52　辅助点创建

- 选择 Build→Measure→Angle→New 菜单项，打开 Angle_Measure 对话框，如图 2.53 所示；
- 将 Measure Name 更改为 Guide_angle;
- 右击 First Marker 文本框，在快捷菜单中选择 Marker→Pick 菜单项，单击导杆末端“1”处；
- 右击 Middle Marker 文本框，在快捷菜单中选择 Marker→Pick 菜单项，单击导杆另一端

"2"处;

- 右击 Last Marke 文本框，在快捷菜单中选择 Marker→Pick 菜单项，单击第一步中创建的 Marker 点，即图 2.53 中的"3"处;
- 单击"OK"按钮即完成导杆角度的测量。

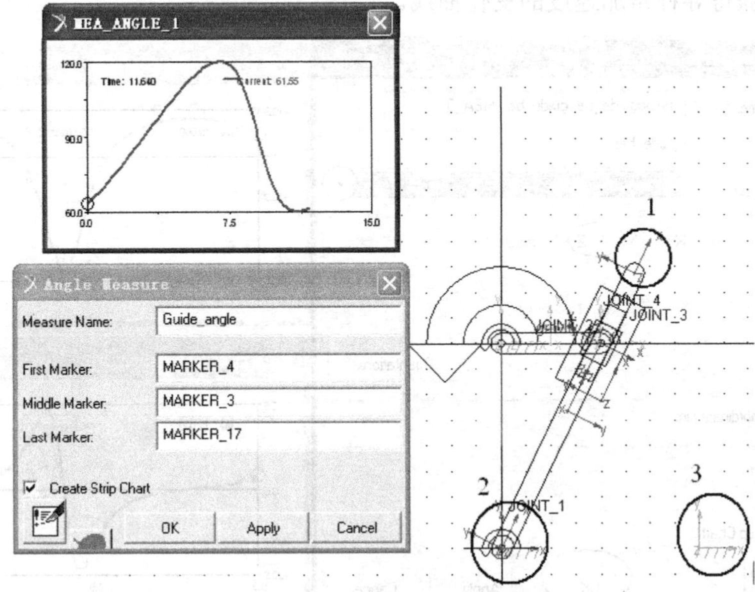

图 2.53　导杆角度测量

注：测量角度时所选择的 Marker 点中，First Marker 和 Middle Marker 用来标记被测量构件，故一般选择构件的两端，Middle Marker 和 Last Marker 用来标记所做的测量是构件与哪条直线间的夹角。

接着测量导杆的角速度及角加速度：

- 选择导杆 guide_bar 并单击右键，在弹出的菜单中选择 Measure，如图 2.54 所示；

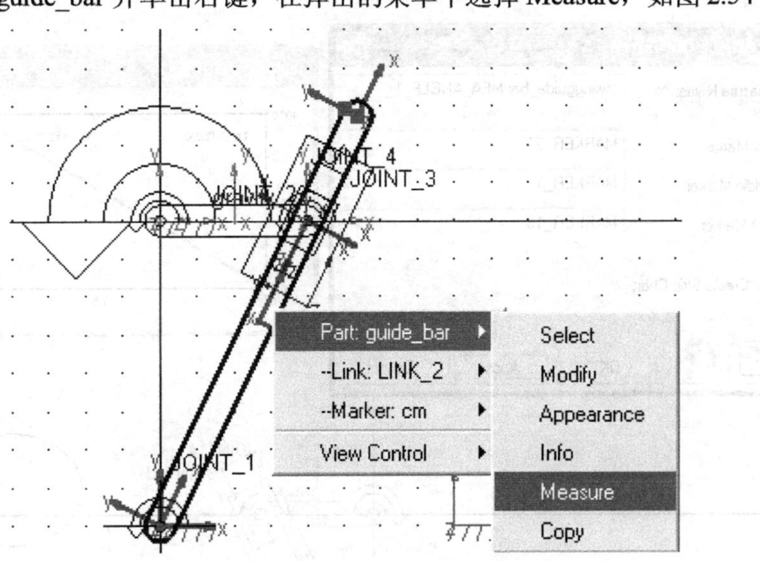

图 2.54　测量导杆运动特性的下拉菜单选项

- 弹出测量对话框，如图 2.55 所示，在 Characteristic 下拉列表框中选择 CM angular velocity；
- 在 Component 中选择 Z；
- 单击“OK”按钮即完成摇杆角度的测量；
- 同理可获得导杆角加速度的变化曲线。

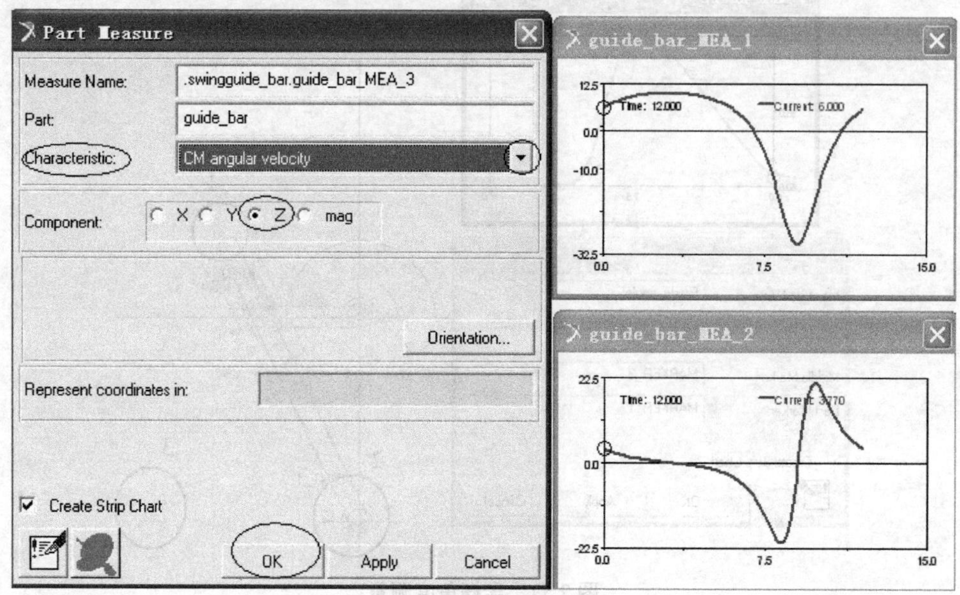

图 2.55 测量参数的选择

以上获得的曲线横坐标均为时间，若需要横坐标显示度，则通过以下步骤实现：

- 在（600，0，0）的位置创建一个 Marker 点（系统自动命名为 MARKER_18）；
- 采用与测量导杆转角相同的方法拾取各 Marker 点，如图 2.56 所示，完成曲柄转角的测量。

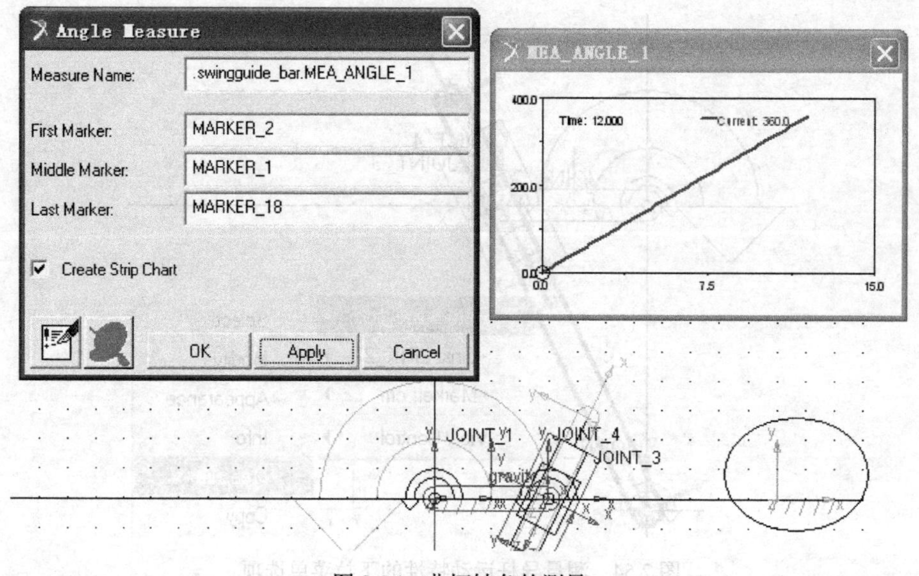

图 2.56 曲柄转角的测量

● 进入后处理模块；
● 在 ADAMS/PostProsProcessor 窗口的 Source 下拉列表框中选择 Measure；
● 在 Independent Axis 选项组中选择 Data；
● 在系统弹出的 Independent Axis Browser 对话框的 Measure 列表框中选择 MEA_ANGLE_1（即曲柄转角测量结果），单击“OK”按钮确定；
● 在 ADAMS/PostProcessor 窗口的 Measure 列表框中选择 Guide_angle（即导杆转角的测量结果）；
● 单击 Add Curves 按钮完成以角度为横坐标的摇杆转角测量结果曲线，如图 2.57 所示。

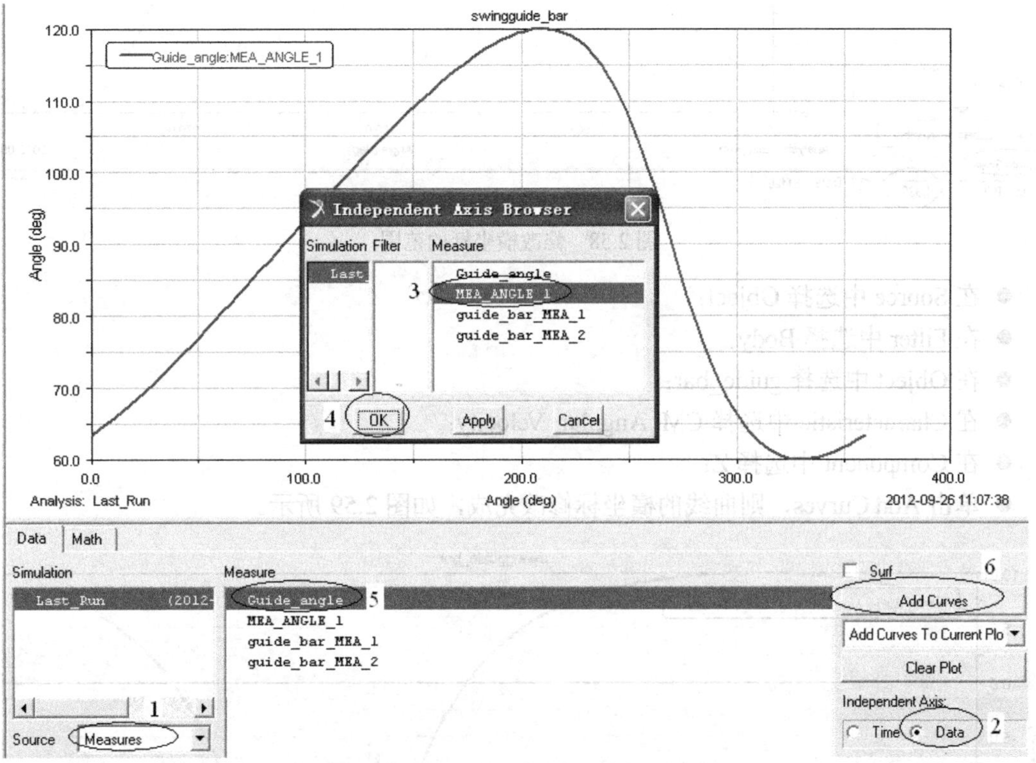

图 2.57 横坐标设为角度的后处理模块

由图 2.57 可见，测量曲线横坐标的变化范围是 0～400（deg），而实际仿真中曲柄只转了 360°，将横坐标修改为 0～360° 的步骤如下：

● 双击文件夹图标 page_1；
● 双击曲线图标 plot_1；
● 单击 haxis；
● 不选 Auto Scale；
● 更改 Limits 的范围为 0.0～360.0，则曲线的横坐标变为 0～360（deg），如图 2.58 所示。

同理将导杆角速度的横坐标修改为角度的步骤如下：

● 在 ADAMS/PostProsProcessor 窗口的 Source 下拉列表框中选择 Measure；
● 在 Independent Axis 选项组中选择 Data；
● 在系统弹出的 Independent Axis Browser 对话框的 Measure 列表框中选择 MEA_ANGLE_1（即曲柄转角测量结果），单击“OK”按钮确定；

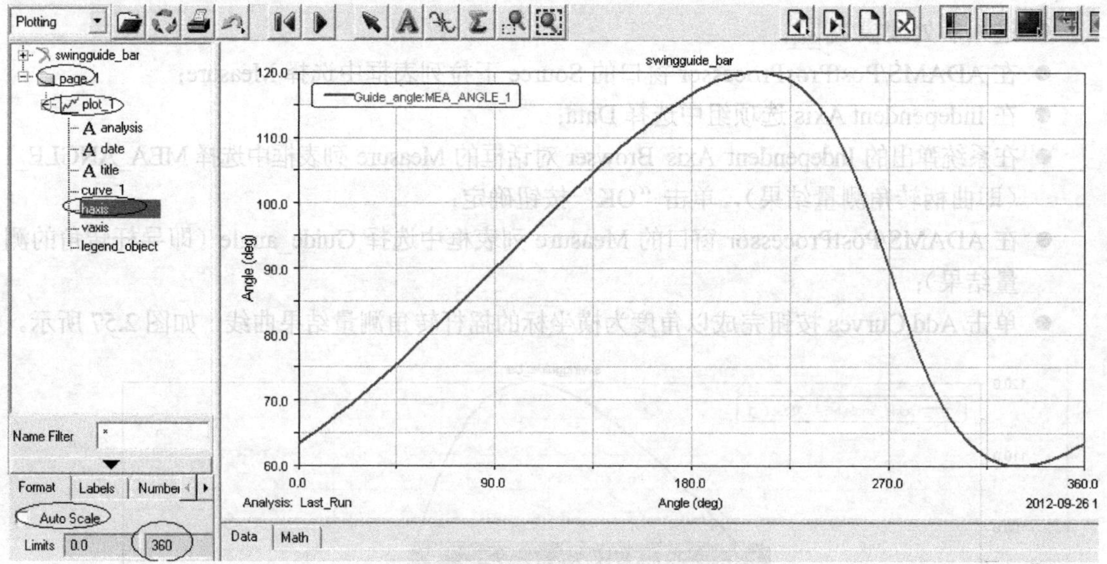

图 2.58　修改横坐标的范围

- 在 Source 中选择 Object；
- 在 Filter 中选择 Body；
- 在 Object 中选择 guide_bar；
- 在 Characteristic 中选择 CM_Angular_Velocity；
- 在 Component 中选择 Z；
- 单击 Add Curves，则曲线的横坐标修改完成，如图 2.59 所示。

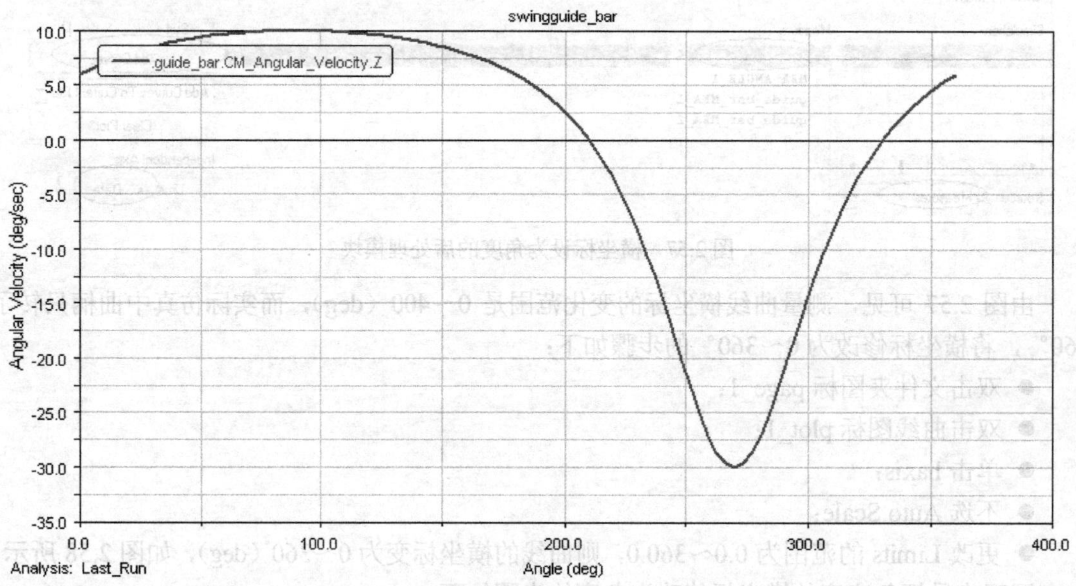

图 2.59　横坐标为角度的导杆角速度曲线

同理可以修改摇杆加速度的横坐标为角度。

2.2　齿轮机构

齿轮机构中常用的有定轴齿轮机构及行星齿轮机构，下面分别以实例的形式进行介绍。

2.2.1　定轴齿轮机构

例 5　如图 2.60 所示为一定轴齿轮机构。已知两个齿轮的齿数分别为 $z_1 = 50$，$z_2 = 25$，模数 $m = 4$ mm。齿轮 1 为原动件，其角速度 ω_1= 30（°）/s。试建立该定轴轮系的虚拟样机模型并分析齿轮 2 的角速度。

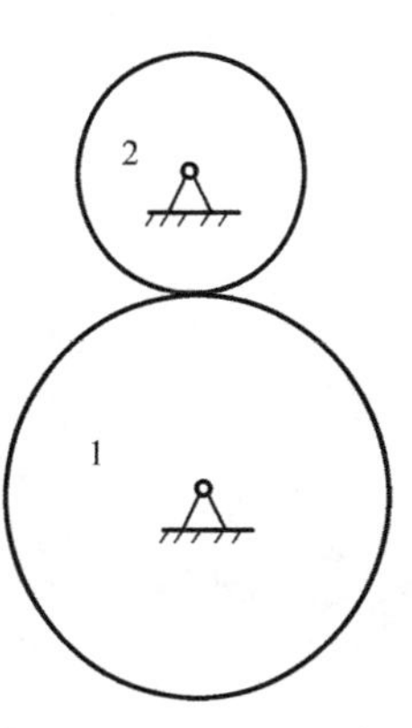

图 2.60　定轴齿轮机构

定轴齿轮机构的建模及仿真过程如下。

（1）启动 ADAMS，创建模型名称。

双击桌面上的图标，启动 ADAMS/View。按照图 2.61 所示步骤完成模型名称的创建。

- 选择创建新的模型（How would you like to proceed）：Create a new model；
- 设置起始位置（Start in）：F：\adams examples；
- 输入模型名称（Model name）：gear_fixed；
- 单击“OK”按钮，完成模型名称的创建。

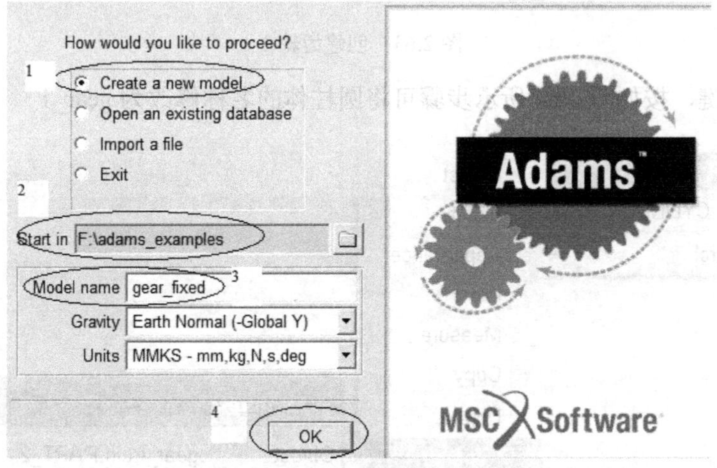

图 2.61　模型名称的创建

（2）设置工作环境

本模型可使用默认的单位、工作栅格、图标大小。

为方便建模，在主菜单中选择 View→Coordinate Window F4 菜单项或单击工作区域后按 F4 键打开光标位置显示，如图 2.62 所示。

Coordinates
X= 50
Y= -200
Z= 0

图 2.62　坐标窗口

（3）创建虚拟样机模型

① 创建齿轮 1。

由已知条件可知，两齿轮的分度圆直径分别为 $d_1 = mz_1 = 4 \times 50 = 200$ mm，$d_2 = mz_2 =$

4×25＝100 mm。在 ADAMS 中，可以用圆柱体代替齿轮。如图 2.63 所示，其步骤如下：

- 单击 Cylinder 工具按钮，展开选项区；
- 选中 Length 并输入 10（齿轮的宽度）；
- 选中 Radius 并输入 100（齿轮 1 的分度圆半径）；
- 单击工作区中的（0，0，0）位置；
- 水平右移光标一段距离后，单击工作区域，则齿轮 1 被创建。

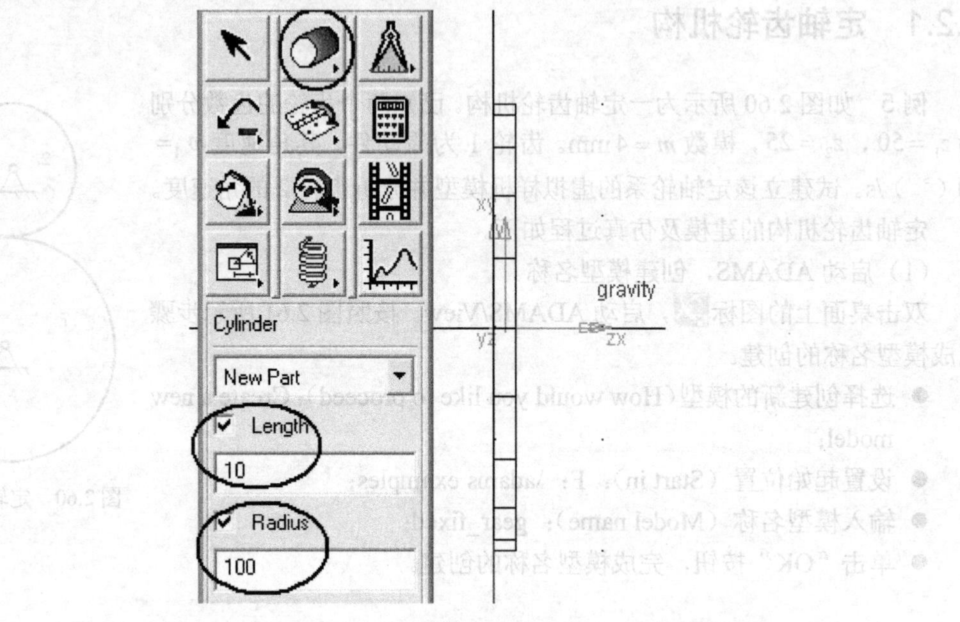

图 2.63　创建齿轮 1

单击鼠标右键，按如图 2.64 所示步骤可将圆柱体的名称修改为 gear_1。

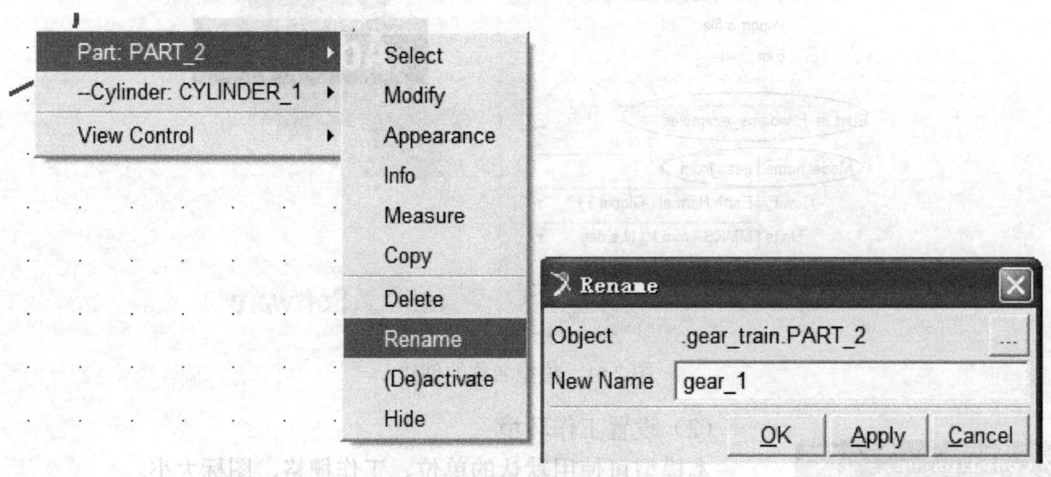

图 2.64　修改构件名称

② 调整齿轮 1 的位姿

如图 2.65 所示，调整齿轮位姿的步骤如下：

- 单击位姿变换工具按钮，展开选项区；
- 单击拾取旋转中心工作按钮；

- 单击工作区中的（0，0，0）位置；
- 单击齿轮 1 gear_1；
- 在 Angle 文本框中输入 90；
- 单击旋转工具按钮▶，则 gear_1 绕 y 轴旋转 90°，如图 2.65 所示。

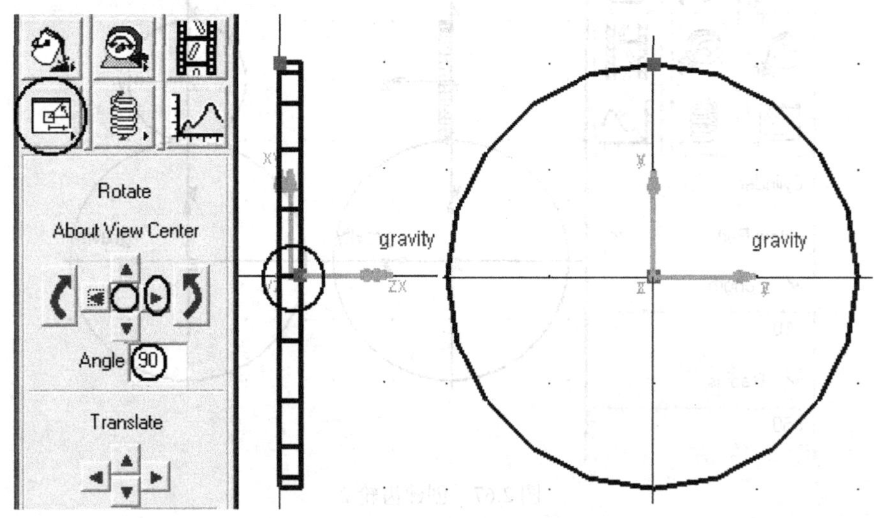

图 2.65　齿轮 1 的位姿调整

为使所建圆柱体更加圆滑，可右击齿轮 1 弹出快捷菜单，选择 Cylinder：gear_1/modify 选项，弹出 Geometry Modify Shape Cylinder 对话框，将 Side Count For Body 和 Segment Count For Ends 都改为 50，如图 2.66 所示。

Geometry Modify Shape Cylinder

Cylinder Name	.gear_fixed.PART_2.gear_1
New Cylinder Name	
Adams Id	1
Comments	
Center Marker	MARKER_1
Angle Extent	360.0
Length	10.0
Radius	100.0
Side Count For Body	50
Segment Count For Ends	50

OK　Apply　Cancel

图 2.66　修改齿轮 1 的属性

单击“OK”按钮，发现齿轮 1 的特征被修改。

③ 创建齿轮 2。

单击工作区中的（0，150，0）位置（其分度圆半径为 50，为与齿轮 1 啮合，其轮心位置纵坐标位于 150 处）。按照与齿轮 1 相同的步骤创建齿轮 2，并调整位姿。位姿调整时选择（0，

150，0）作为旋转中心。如图 2.67 所示，两个相互啮合的齿轮被创建。

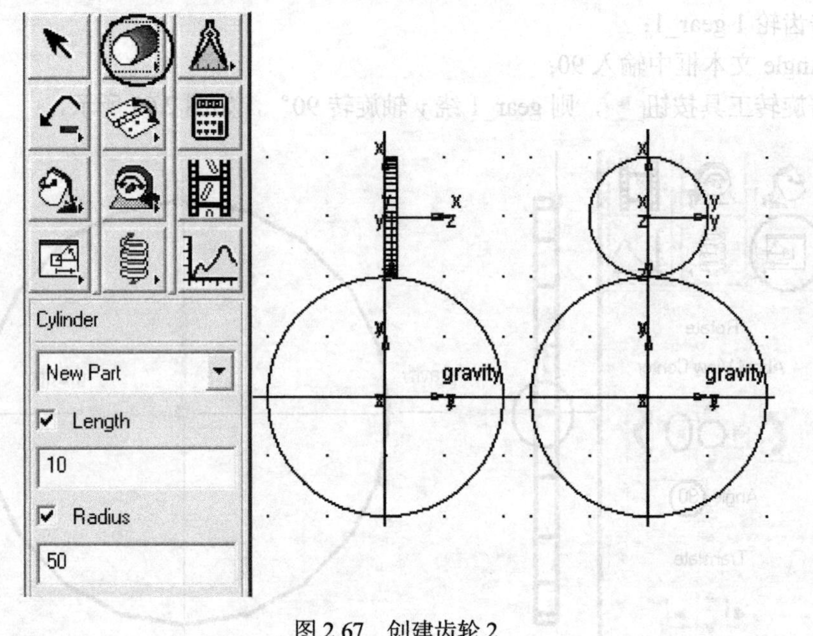

图 2.67　创建齿轮 2

注：为在仿真过程中清楚地看到齿轮 2 的运动，可在其上创建一个半径为 5mm 的通孔。如图 2.68 所示。

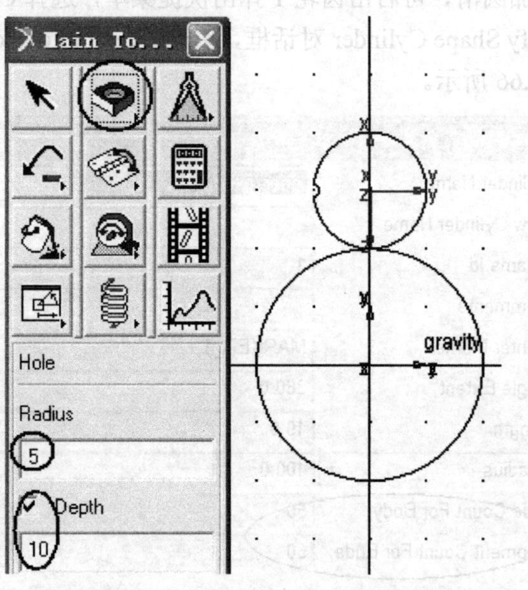

图 2.68　齿轮 2 上打孔的打孔操作

点选齿轮 2，在齿轮 2 上预期要打孔的位置点左键，则孔被创建，在本模型中，创建的不是圆孔而是半圆孔，这是因为当选择打孔位置时，默认的只能是栅格点，而本模型的栅格使用的是默认值 50，故在齿轮 2 内部没有栅格点，而齿轮 2 的半径也为 50，只能自动捕捉相关位于齿轮边缘上的栅格点。不过这个半孔也可以达到使仿真过程中齿轮 2 的运动过程清楚显示的目的。若想在齿轮 2 内部特定的位置打孔，可使用一般位置点来完成。步骤如下：

- 在几何建模工具中选择[图标]；
- 选择齿轮 2 的轮心位置（0，150，0），则在此创建了一个点；
- 选择位移工具，在 Distance 中输入 20，点选向右移动按钮。

此时，即在齿轮 2 内部创建了一个点。打孔时，选择此点作为孔位置点，则可在齿轮 2 内打孔，如图 2.69 所示。

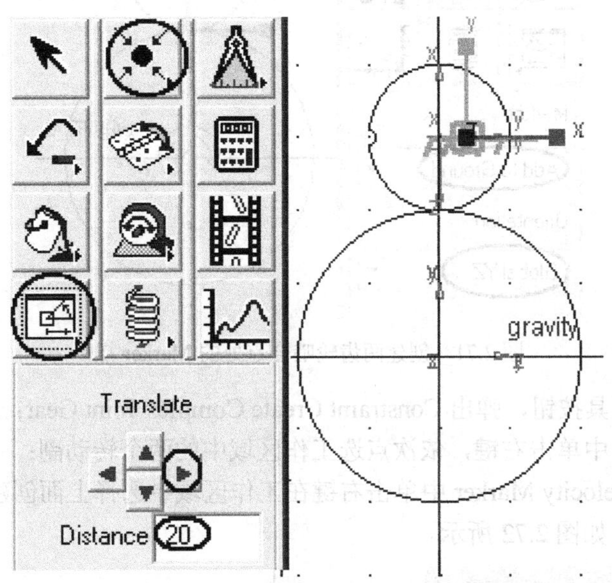

图 2.69 在齿轮 2 内部创建辅助点

④ 创建运动副。

此齿轮机构包含两个转动副（齿轮 1 与机架、齿轮 2 与机架）及一个齿轮副（齿轮 1 与齿轮 2）。创建转动副的步骤如下：

- 单击[图标]工具按钮；
- 先选择齿轮 1，再选择齿轮 1 以外的工作区域（默认为机架）；
- 选择齿轮 1 的轮心。

齿轮 1 与机架间的转动副被创建。用相同的方法，建立齿轮 2 与机架间的转动副。如图 2.70 所示。

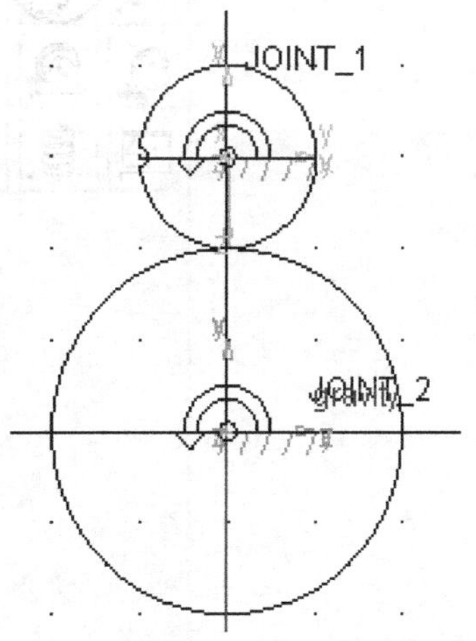

图 2.70 创建齿轮与机架间的转动副

建立齿轮副的步骤如下：

- 单击 Marker 工具按钮，展开选项区；
- 在 Marker 下拉列表框中选择 Add to Ground；
- 在 Orientation 下拉列表框中选择 Global YZ，使得 Marker 点的 *Z* 坐标沿着两齿轮在啮合点的线速度方向（相同或相反都可以）；
- 选择机架再选择两齿轮的啮合点（0，100，0）（若用鼠标无法捕捉到该点，则先将 Marker 点置于齿轮 2 的轮心，然后用移动工具按钮向下移动 50mm 即可），则 Marker 点被创建，如图 2.71 所示；

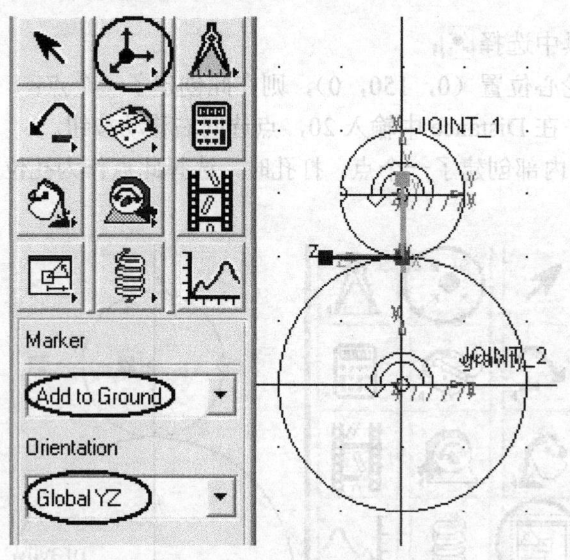

图 2.71　创建两齿轮啮合点处的 Marker 点

- 单击齿轮副工具按钮，弹出 Constraint Create Complex Joint Gear；
- 在 Joint Name 中单击右键，依次点选工作区域中的两个转动副；
- 在 Common Velocity Marker 中单击右键在工作区域中选择上面创建的 Marker 点，则齿轮副被创建，如图 2.72 所示。

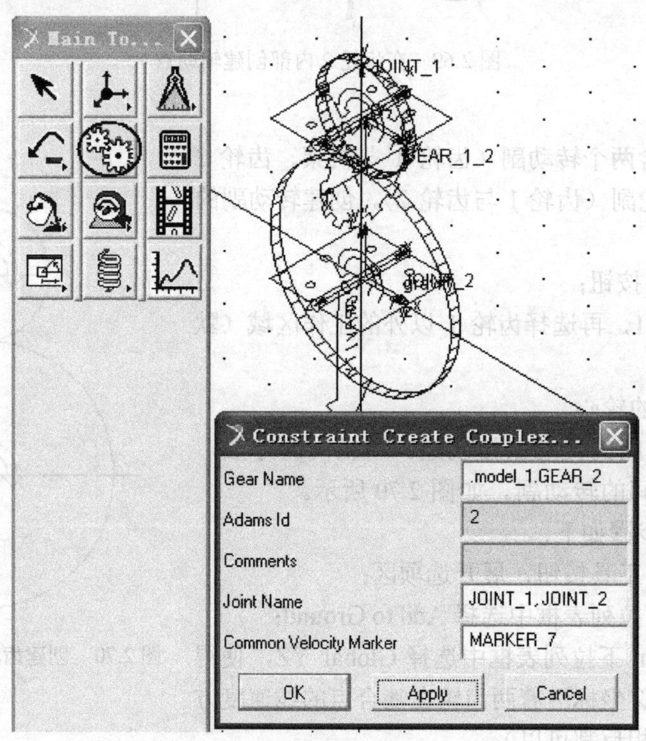

图 2.72　创建齿轮副

⑤ 添加驱动。

添加驱动的方法及参数设置如图 2.73 所示。

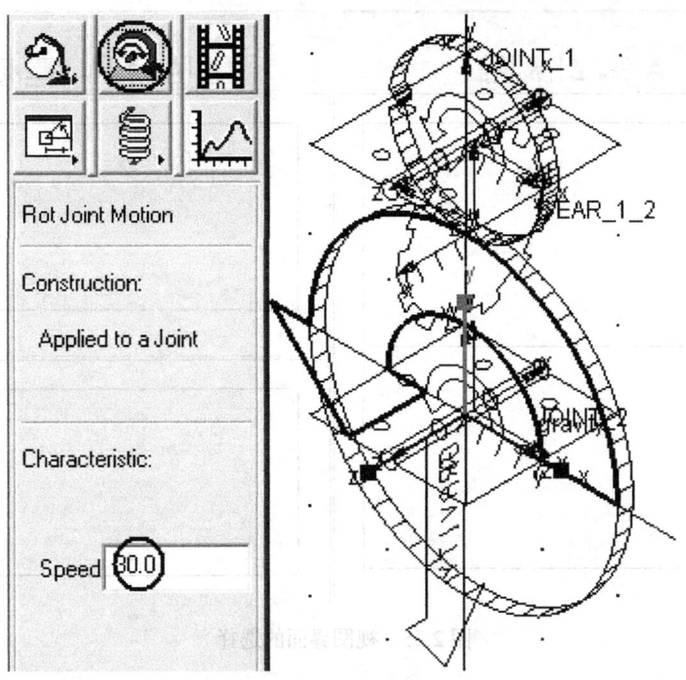

图 2.73　添加驱动

⑥ 仿真与测试。

仿真设置及操作如图 2.74 所示。

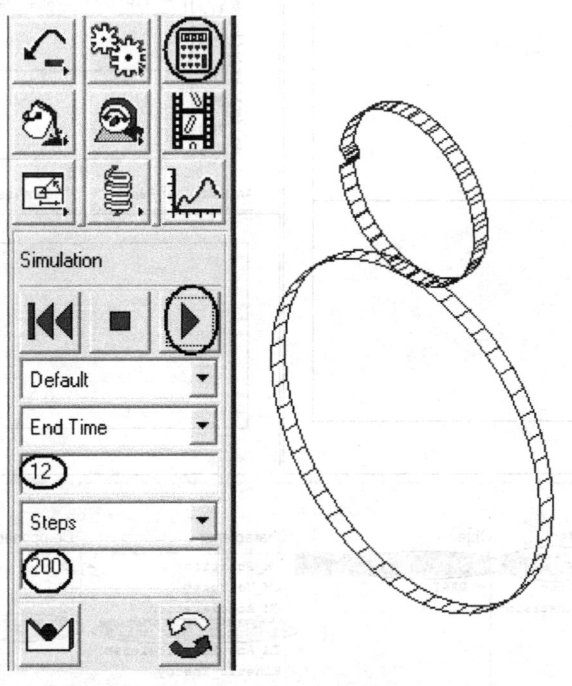

图 2.74　仿真设置及操作

齿轮 1 及齿轮 2 的角速度测试步骤如下。

- 单击后处理工具按钮进入后处理窗口，选择视图工具按钮，选择三个视图界面，如图 2.75 所示。

图 2.75　视图界面的选择

● 如图 2.76 所示，单击左上角视图窗口，按照下图自左到右的顺序依次点选，则添加了齿轮 1 的角速度曲线。

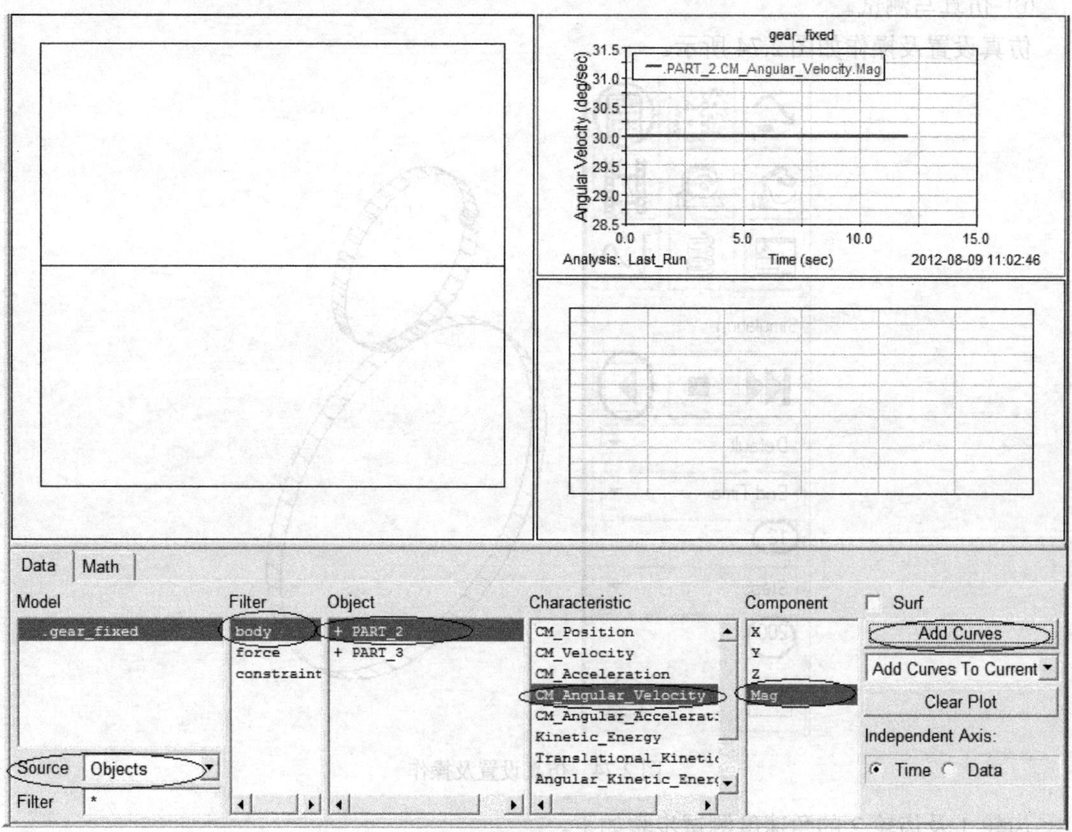

图 2.76　添加齿轮 1 的角速度运动曲线

- 采用相同的方法添加齿轮 2 的角速度曲线。
- 在左边的视图窗口中单击右键，选择 Load Animation，如图 2.77 所示，则出现如图 2.78 所示的模型。

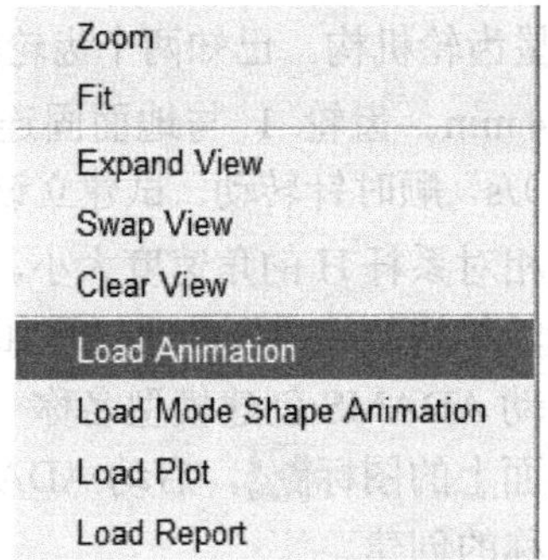

图 2.77 加载动画的菜单项

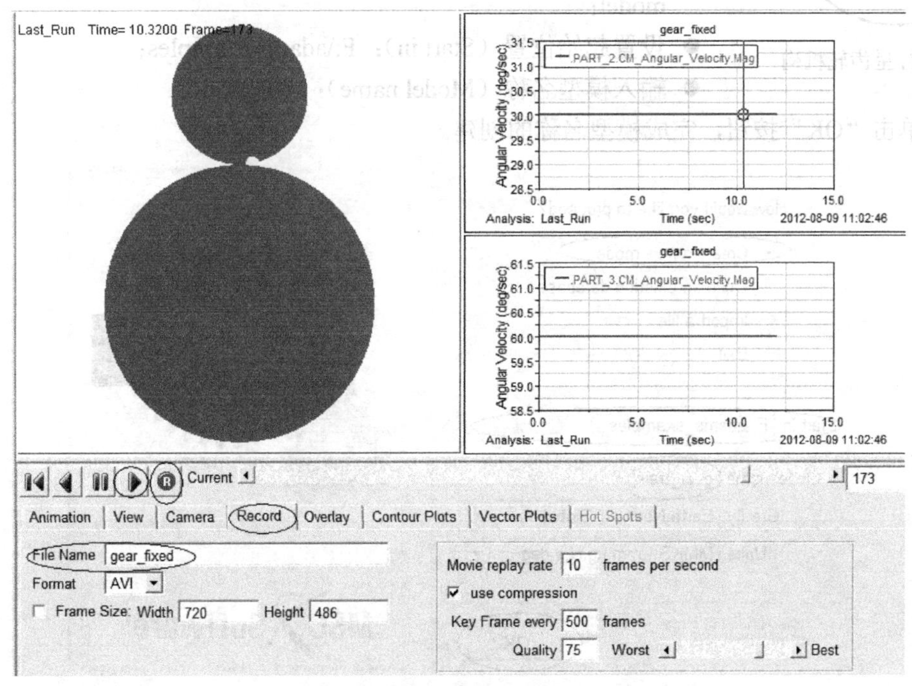

图 2.78 包含动画及曲线的后处理界面

点选动画操作可进行仿真，同时实时显示两齿轮的角速度情况。

为方便查看该机构的动作情况，可使用 Record 将仿真过程录制为 avi 格式的动画，其步骤及设置如图 2.78 所示。单击 Record 选项，在 File Name 中输入文件名，单击录制按钮，则在存储目录中形成了 avi 格式文件。

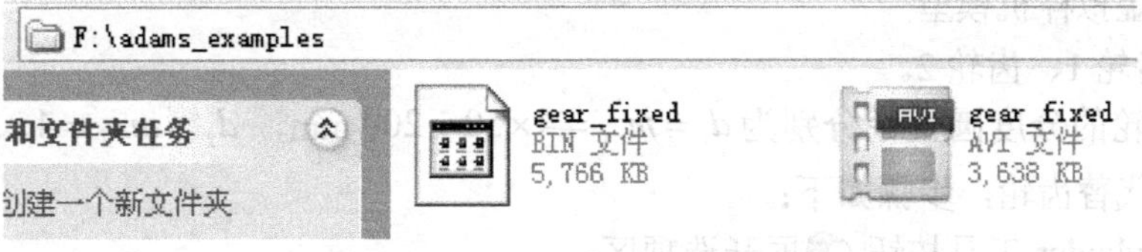

图 2.79 动画录制路径

2.2.2 行星齿轮机构

例 6 如图 2.80 所示为一行星齿轮机构。已知两个齿轮的齿数分别为 $z_1=50$，$z_2=25$，模数为 $m=4\,\mathrm{mm}$。齿轮 1 与地面固连，系杆 H 为原动件，其角速度 $\omega_H=30$（°）/s，顺时针转动。试建立该行星轮系的虚拟样机模型，并分析行星轮 2 相对系杆 H 的角速度大小。

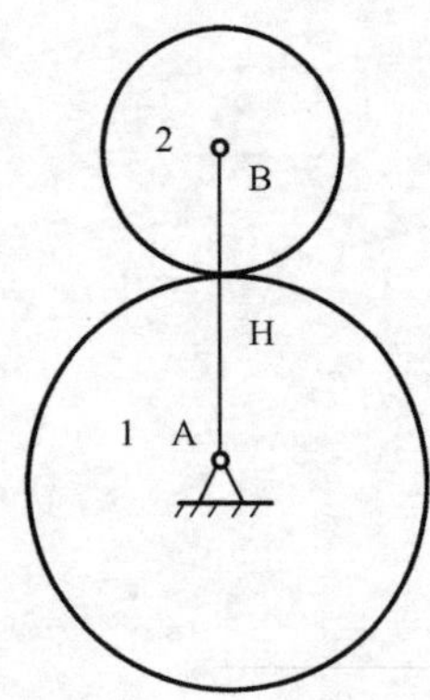

图 2.80 行星齿轮机构

行星齿轮机构的建模及仿真过程如下：

（1）启动 ADAMS 创建模型名称

双击桌面上的图标，启动 ADAMS/View。按照图 2.81 所示步骤完成模型名称的创建。

- 选择创建新的模型（How would you like to proceed）：Create a new model；
- 设置起始位置（Start in）：F:\adams examples；
- 输入模型名称（Model name）：gear_train;
- 单击“OK”按钮，完成模型名称的创建。

图 2.81 创建模型名称

（2）设置工作环境

本模型可使用默认的单位、工作栅格、图标大小。

在主菜单中选择 View→Coordinate Window F4 菜单项或单击工作区域后按 F4 键打开光标位置显示。

（3）创建虚拟样机模型

① 创建齿轮 1、齿轮 2。

已知两齿轮的分度圆直径分别为 $d_1=mz_1=4\times50=200$ mm，$d_2=mz_2=4\times25=100$ mm。继续用圆柱体代替齿轮，步骤如下：

- 单击 Cylinder 工具按钮展开选项区；

- 选中 Length 并输入 10（设齿轮宽度为 10mm）；
- 选中 Radius 并输入 100（齿轮 1 的分度圆半径）；
- 单击工作区中的（0，0，0）位置；
- 水平右移光标一段距离后单击工作区域，则齿轮 1 被创建，如图 2.82 所示。

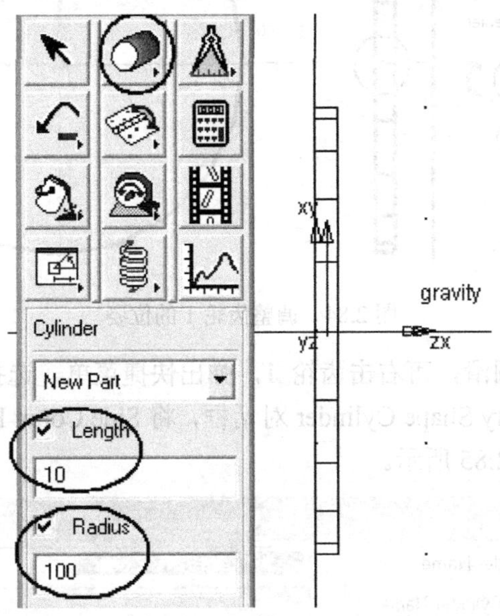

图 2.82　创建齿轮 1

单击鼠标右键按图 2.83 所示步骤可将圆柱体的名称修改为 gear_1。

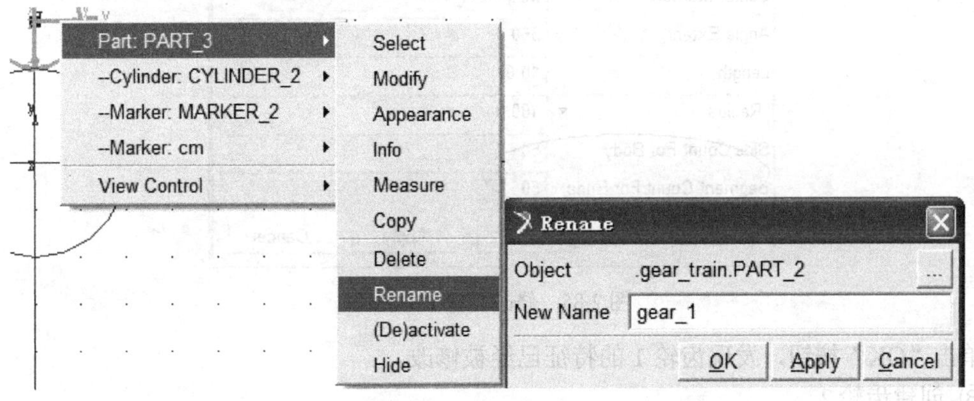

图 2.83　修改齿轮 1 名称

② 调整齿轮 1 的位姿。

如图 2.84 所示，调整齿轮位姿的步骤如下：

- 单击位姿变换工具按钮，展开选项区；
- 单击拾取旋转中心工作按钮；
- 单击工作区中的（0，0，0）位置；
- 单击齿轮 1；
- 在 Angle 文本框中输入 90；
- 单击旋转工具按钮，则 gear_1 绕 y 轴旋转 90°，如图 2.84 所示。

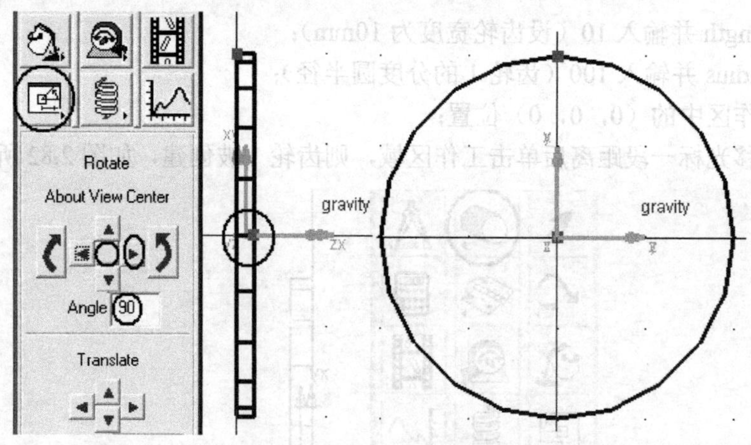

图 2.84　调整齿轮 1 的位姿

为使所建圆柱体更加圆滑，可右击齿轮 1，弹出快捷菜单，选择 Cylinder：gear_1/modify 选项，弹出 Geometry Modify Shape Cylinder 对话框，将 Side Count For Body 和 Segment Count For Ends 都改为 50，如图 2.85 所示。

Geometry Modify Shape Cylinder

Cylinder Name	.gear_fixed.PART_2.gear_1
New Cylinder Name	
Adams Id	1
Comments	
Center Marker	MARKER_1
Angle Extent	360.0
Length	10.0
Radius	100.0
Side Count For Body	50
Segment Count For Ends	50

OK　Apply　Cancel

图 2.85　修改齿轮 1 的属性

单击“OK”按钮，发现齿轮 1 的特征已经被修改。

③ 创建齿轮 2。

单击工作区中的（0，150，0）位置（其分度圆半径为 50，为与齿轮 1 啮合则其轮心位置纵坐标位于 150 处）。按照与齿轮 1 相同的步骤创建齿轮 2，并调整位姿。位姿调整时选择（0，150，0）作为旋转中心。如图 2.86 所示，两个相互啮合的齿轮被创建。

④ 创建系杆 H。

单击几何建模工具按钮，再单击齿轮 1 及齿轮 2 的中心，则系杆被创建，如图 2.87（a）所示。将构件更名为 H。

⑤ 创建运动副。

此齿轮机构包含两个转动副（齿轮 1 与系杆 H、齿轮 2 与系杆 H）、一个齿轮副（齿轮 1 与齿轮 2）及一个固定副（齿轮 1 与机架）。创建转动副的步骤如下：

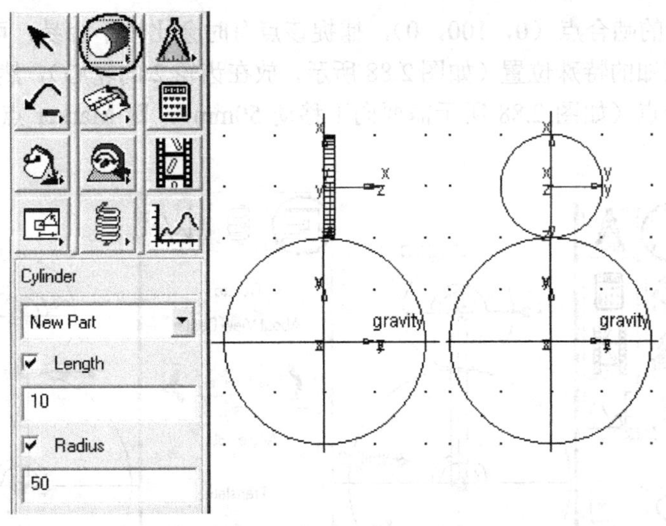

图 2.86　齿轮 2 的创建及其位姿调整

- 单击工具按钮；
- 选择齿轮 1，再选择系杆 H；
- 选择齿轮 1 的轮心。

则齿轮 1 与系杆 H 间的转动副被创建。用相同的方法建立齿轮 2 与系杆 H 间的转动副。如图 2.87（b）所示。

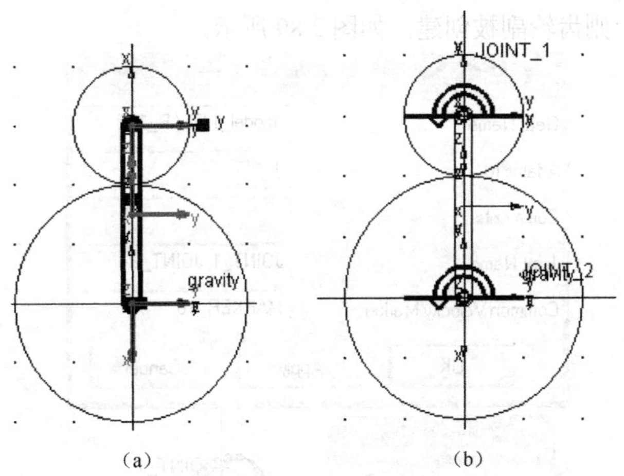

图 2.87　创建系杆 H 及转动副

注：在创建这两个转动副时，首先选择 gear_1（或 gear_2），再选择系杆 H，即两个转动副的第二个构件都是 H。

建立齿轮副的步骤如下：

- 单击 Marker 工具按钮，展开选项区；
- 在 Marker 下拉列表框中选择 Add to Part；
- 在工作区中选择系杆 H；
- 在 Orientation 下拉列表框中选择 Global YZ，使得 Marker 点的 *Z* 坐标沿着两齿轮在啮合点的线速度方向（相同或相反都可以）；

- 选择两齿轮的啮合点（0，100，0），捕捉该点有时会比较不容易，可以先将 Marker 点放于一个已知的特殊位置（如图 2.88 所示，放在齿轮 2 的轮心），然后用位移工具将其移动到啮合点（如图 2.88 所示需要向下移动 50mm），则 Marker 点被创建，如图 2.88 所示。

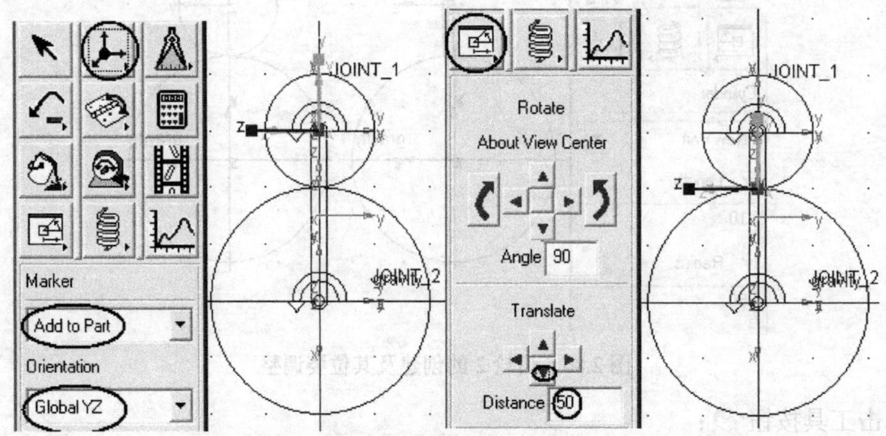

图 2.88　创建 Marker 点

- 单击齿轮副工具按钮，弹出 Constraint Create Complex Joint Gear；
- 在 Joint Name 中单击右键依次点选工作区域中的两个转动副；
- 在 Common Velocity Marker 中单击右键在工作区域中选择刚才创建的、位于系杆 H 上的 Marker 点，则齿轮副被创建，如图 2.89 所示。

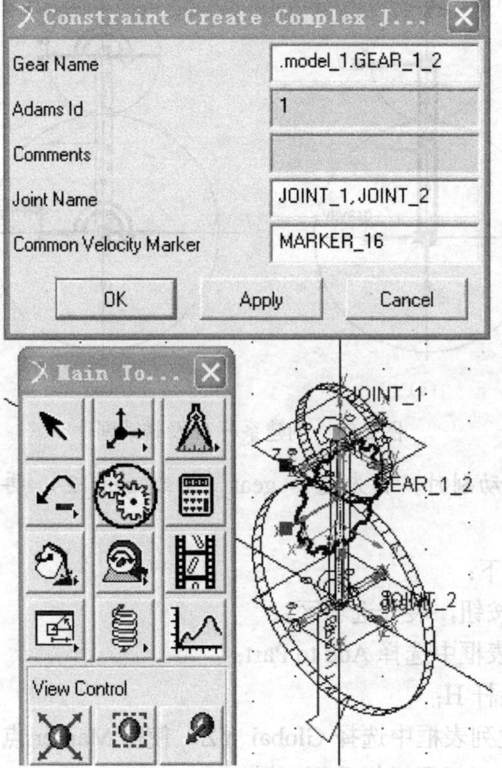

图 2.89　添加齿轮副

建立固定副的步骤是：单击约束工具按钮中的[icon]，在工作区域选择齿轮 1 及机架（即工作区域中任意空白位置），则固定副被创建，如图 2.90 所示。

⑥ 施加驱动。

施加驱动的步骤及参数设置如图 2.91 所示。

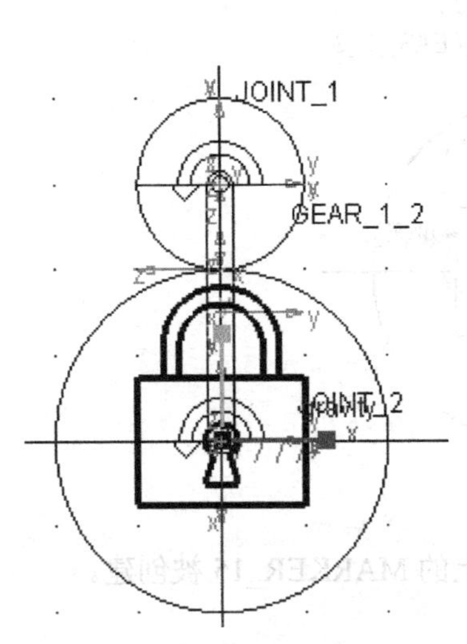

图 2.90 添加固定副

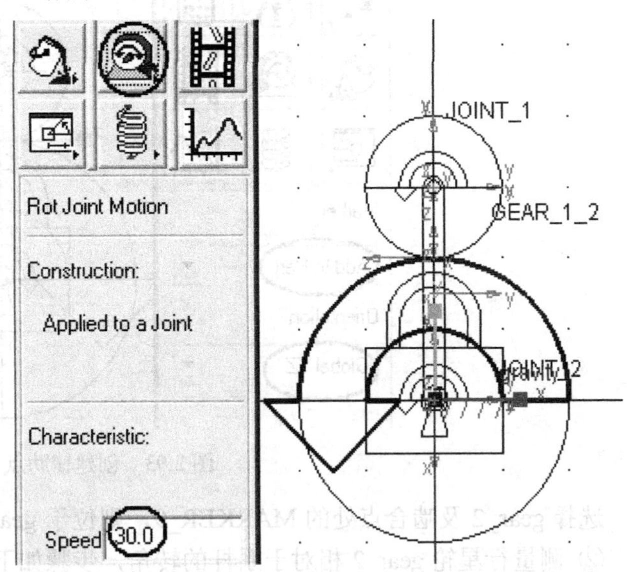

图 2.91 施加驱动的步骤及参数设置

（4）仿真与测试

仿真模型的方法及参数设置如图 2.92 所示。

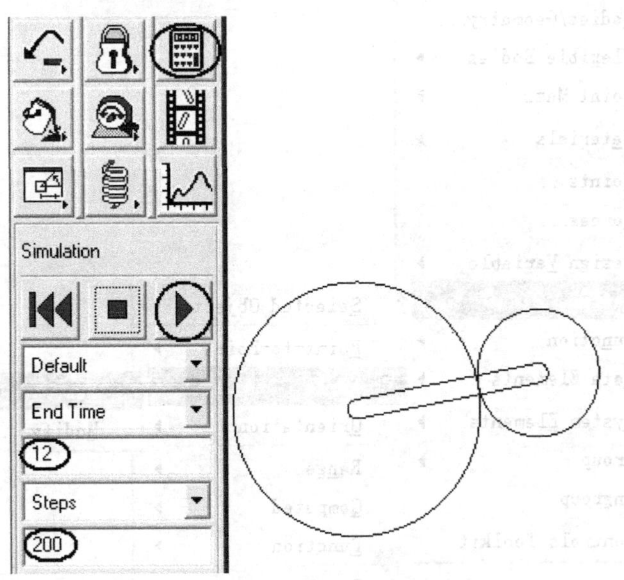

图 2.92 仿真参数设置

齿轮 1 及齿轮 2 的角速度测试步骤如下。

① 创建 Marker 点。

根据要求需要测试行星齿轮相对于系杆 H 的角速度，则需要在行星齿轮 gear_2 上创建一个用来测量角度的标记点——Marker 点，其步骤如图 2.93 所示。

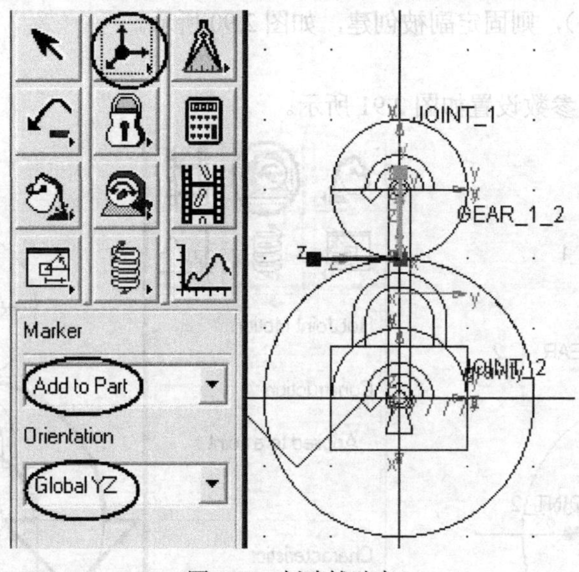

图 2.93　创建辅助点

选择 gear_2 及啮合点处的 MARKER_9，则位于 gear_2 上的 MARKER_15 被创建。

② 测量行星轮 gear_2 相对于系杆的转角，步骤如下。

- 在 Build 中打开角度测量对话框，如图 2.94 所示。

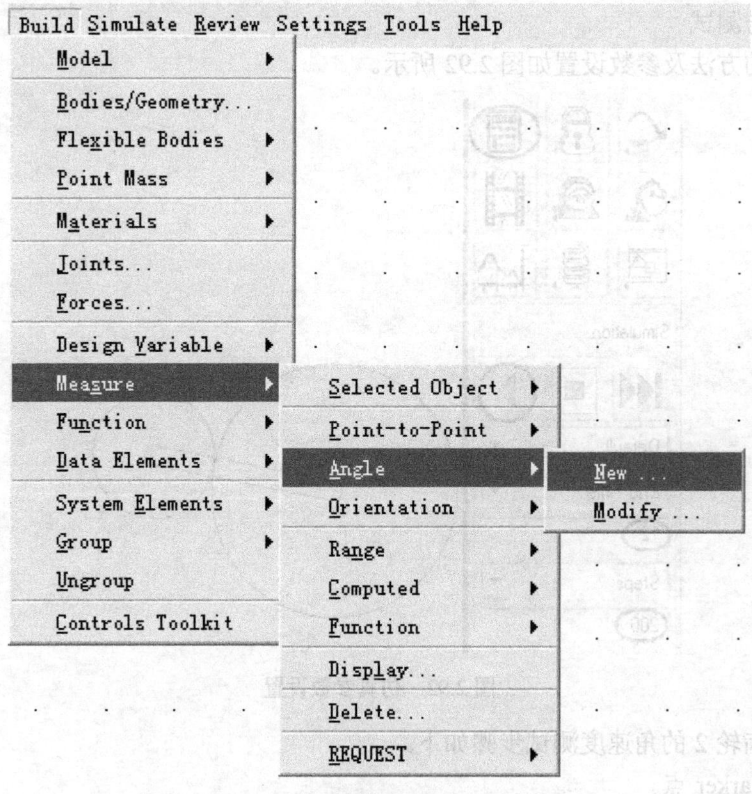

图 2.94　创建新的测量菜单项

● 在弹出的对话框中做如下设置和选择：将 Measure Name 修改为 MEA_ANGLE_2H；3 个 Marker 点可右键单击进行选择，如图 2.95 所示。

其中，MARKER_15 为位于啮合点行星轮 gear_2 上的点，MARKER_2 为行星轮 gear_2 的中心点；MARKER_9 为位于系杆 H 上的公共角速度点。

单击“OK”按钮，完成行星轮相对于系杆 H 的角速度测量，如图 2.96 所示。

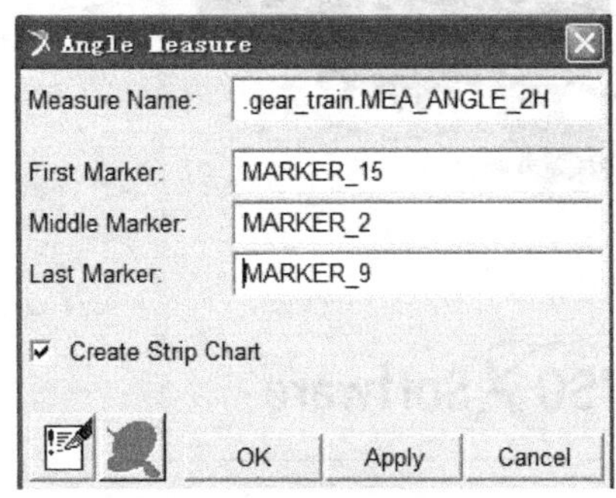

图 2.95　角度测量设置

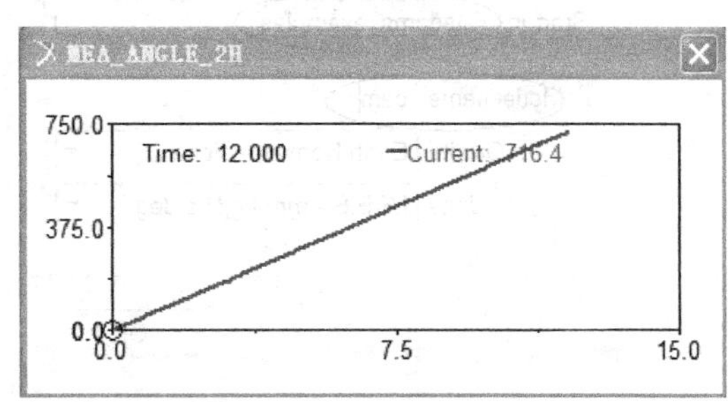

图 2.96　行星轮相对于系杆 H 的测量

2.3　凸轮机构

凸轮机构也是一种广泛使用的机构，下面以尖顶盘形凸轮机构为例说明其建模及仿真过程。

例 7　如图 2.97 所示为一偏心尖顶盘形凸轮机构，已知凸轮为一半径 $R=150\,\text{mm}$ 的偏心圆。偏心距 $H=20\,\text{mm}$。凸轮匀速转动且角速度 $\omega=30$（°）/s。试建立该凸轮机构的虚拟样机模型并分析从动件的运动规律。

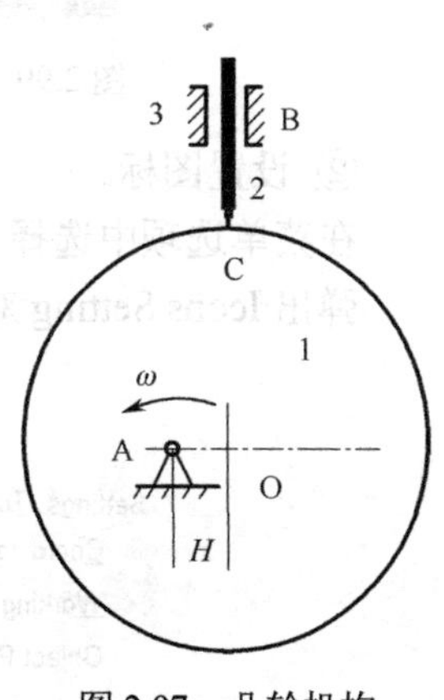

图 2.97　凸轮机构

凸轮机构的建模及仿真过程如下。

（1）启动 ADAMS，创建模型名称。

双击桌面上的图标，启动 ADAMS/View。按照图 2.98 所示步骤完成模型名称的创建：

● 选择创建新的模型（How would you like to proceed）：Create a new model；
● 设置起始位置（Start in）：F:\adams examples；
● 输入模型名称（Model name）：cam；
● 单击“OK”按钮，完成模型名称的创建。

（2）设置工作环境。

本模型可使用默认的单位、工作栅格、图标大小，也可以对工作栅格进行设置以方便建模。

① 设置工作栅格。

在菜单选项中选择 Setting 下拉菜单，选择 Working Grid，如图 2.99 所示。

在弹出的 Working Grid Setting 对话框中，进行如图 2.100 所示的设置。

发现工作区域中的栅格范围及间距都变小了。为了使图标与栅格尺寸相适应，需要设置图标尺寸。

图 2.98　模型名称的创建

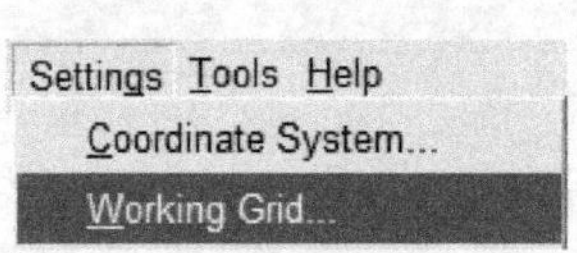

图 2.99　栅格设置的菜单项

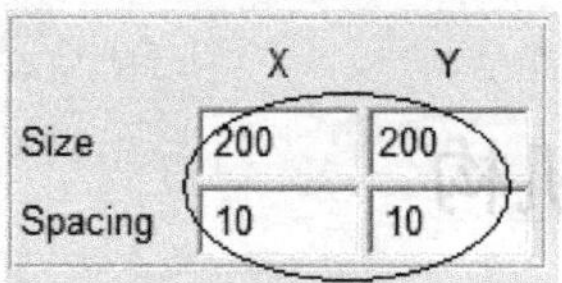

图 2.100　栅格设置

② 设置图标。

在菜单选项中选择 Setting 下拉菜单，选择 Icons，如图 2.101 所示。

弹出 Icons Setting 对话框，将图标尺寸设置为 20，如图 2.102 所示。

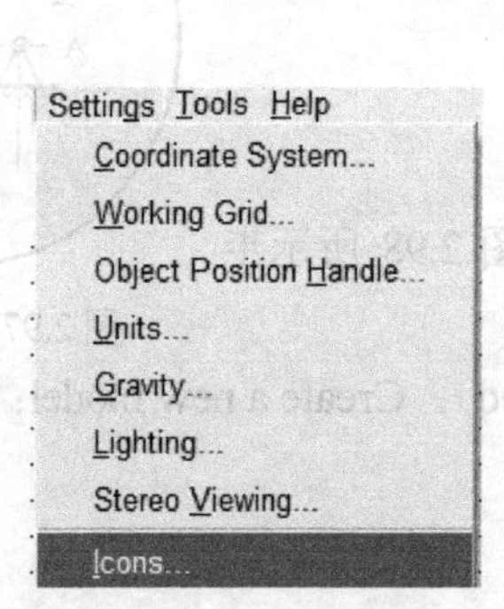

图 2.101　图标设置的菜单项

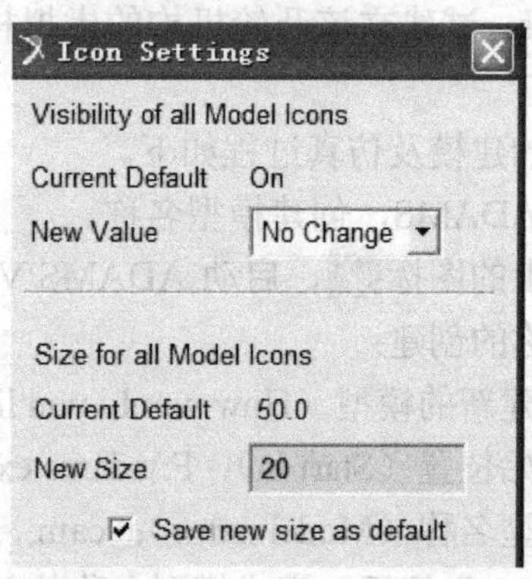

图 2.102　图标尺寸的修改

在主菜单中选择 View→Coordinate Window F4 菜单项或单击工作区域后按 F4 键打开光标位置显示。

（3）创建虚拟样机模型。

① 创建凸轮。

凸轮可以通过拉伸圆曲线获得，具体步骤如下：

- 单击 Arc\Circle 工具按钮，展开选项区；
- 选中 Radius 并输入 150；

- 勾选 Circle 选项；
- 单击工作区域中的（0，0，0）位置；
- 水平右移光标一段距离后，单击工作区域，则半径为 150mm 的圆曲线被创建，如图 2.103 所示。

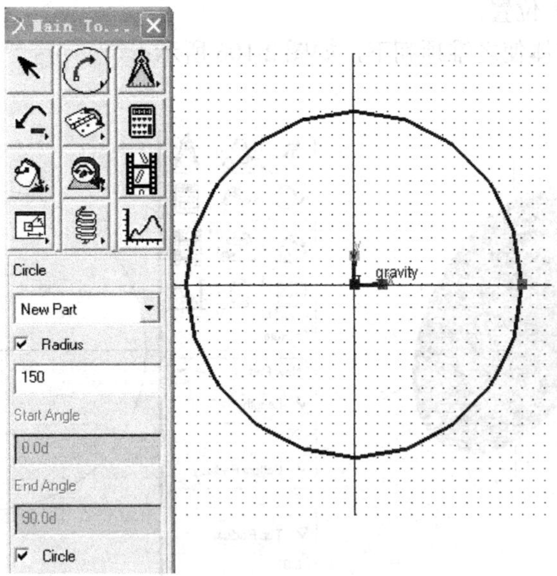

图 2.103　创建圆

右键单击圆选择 Circle→Modify 修改其特性，如图 2.104 所示。

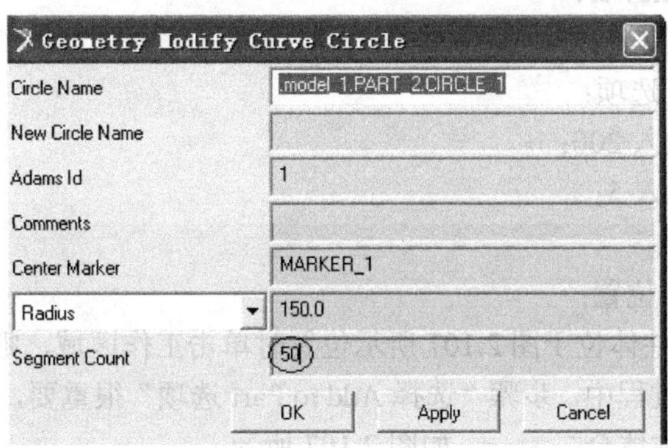

图 2.104　修改圆属性

通过以下步骤将圆曲线拉伸成凸轮：

- 单击 Extrusion 工具按钮，展开选项区；
- 选择 Add to Part 选项；
- 选择 Create profile by 下拉列表框中的 Curve；
- 选择 Path 下拉列表框中的 About Center；
- 输入拉伸长度 Length 为 10；
- 单击圆弧 PART_2；
- 单击 PART_2.CLECLE_1，则凸轮被创建，如图 2.105 所示。

将构件名称修改为 CAM。

② 创建移动件。

尖顶移动件可通过将一个圆锥体和一个圆柱体进行布尔加运算获得。步骤如下：

- 单击 Frustum 工具按钮；
- 选中 Length 并输入 20，选中 Bottom Radius 并输入 5，选中 Top Radius 并输入 0.01；
- 单击（0，0，0）位置；
- 用鼠标旋转小锥体使之锥顶朝下，如图 2.106 所示；

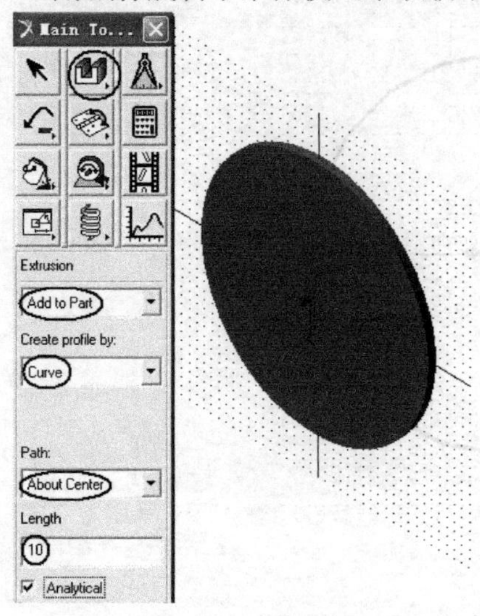

图 2.105 拉伸选项及效果

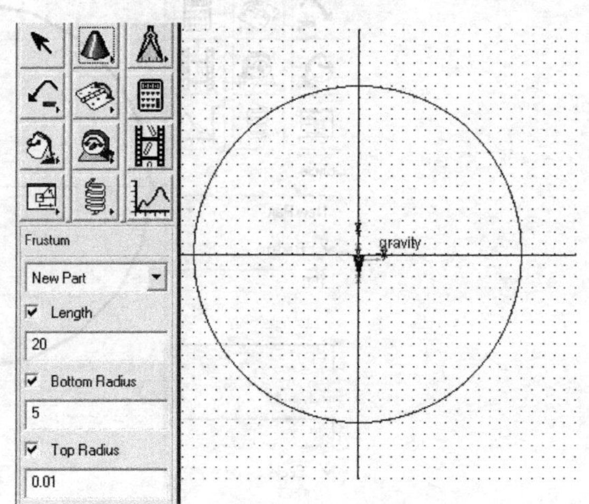

图 2.106 创建凸轮推杆尖顶

- 将构件更名为 follower；
- 单击圆柱体工具按钮；
- 选择 Add to Part 选项；
- 选中 Length 并输入 200；
- 选中 Radius 并输入 5；
- 单击 follower；
- 单击（0，0，0）位置；
- 移动光标使得圆柱体位于图 2.107 所示位置时单击工作区域，则从动件被创建。

创建移动从动件的过程中，步骤“选择 Add to Part 选项”很重要，只有选择此选项才能保证所创建的圆锥体和圆柱体合二为一，如图 2.107 所示。

最后使用位移工具将移动从动件 follower 向上移动 170mm（凸轮半径 150mm+锥体高度 20mm），则从动件位于凸轮上的起始位置，如图 2.108 所示。

③ 创建运动副。

该凸轮机构中包含一个转动副（凸轮和机架间）、一个移动副（从动件和机架间）及一个凸轮副（移动件和凸轮间）。

选择及创建转动副及移动副，如图 2.109 所示。

建立转动副时，选择（-20，0，0）位置以形成要求的偏心距。

创建凸轮副的步骤如下：

- 在从动件的尖点处添加一个 Marker 点 MARKER_9（此 Marker 点必须使用 Add to Part 添加在 follower 上，Orientation 选择 Global XY 即可），如图 2.110 所示。

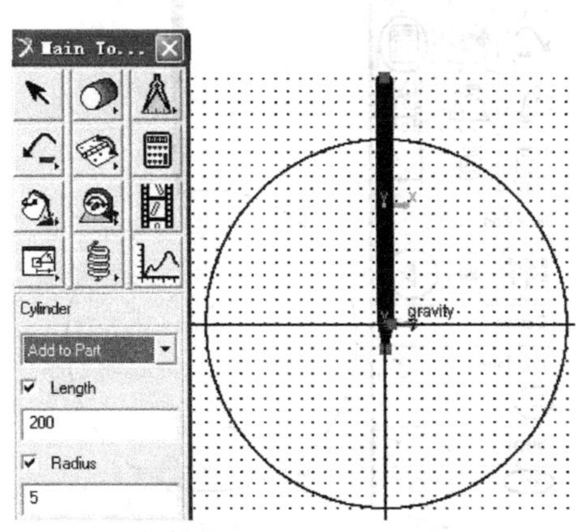

图 2.107 创建凸轮推杆

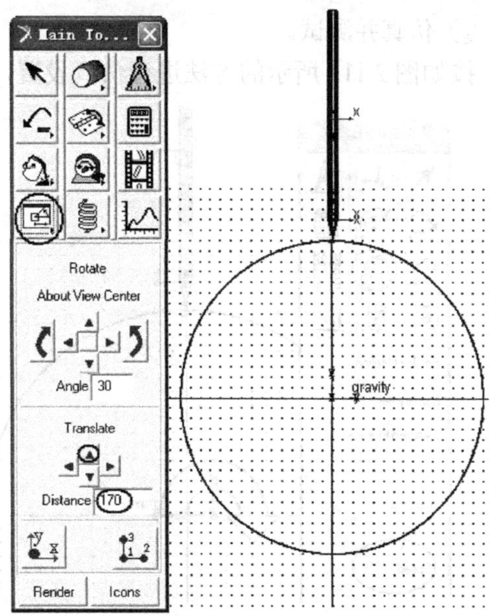

图 2.108 推杆位置移动

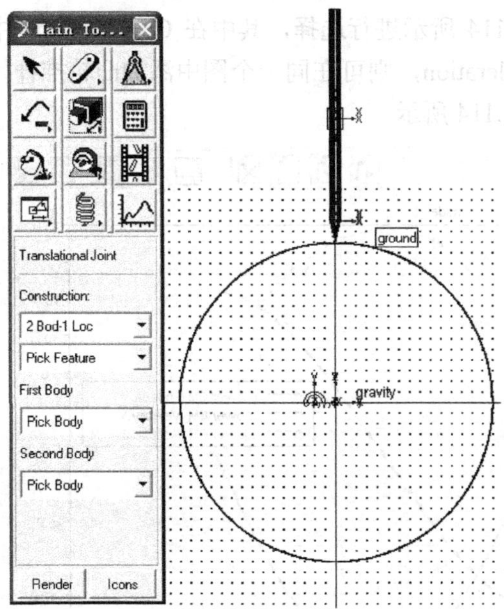

图 2.109 添加约束

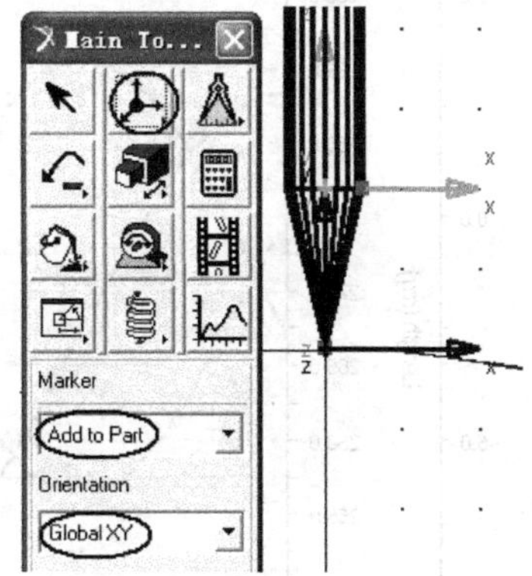

图 2.110 添加 Marker 点

- 单击凸轮 Point Curve Constraint 工具按钮；
- 单击刚创建的 MARKER_9；
- 单击凸轮上的圆曲线 cam.CIRCLE_1，则凸轮副被创建，如图 2.111 所示。

④ 创建驱动。

根据题目要求给凸轮施加一个 30（°）/s 的旋转驱动，如图 2.112。

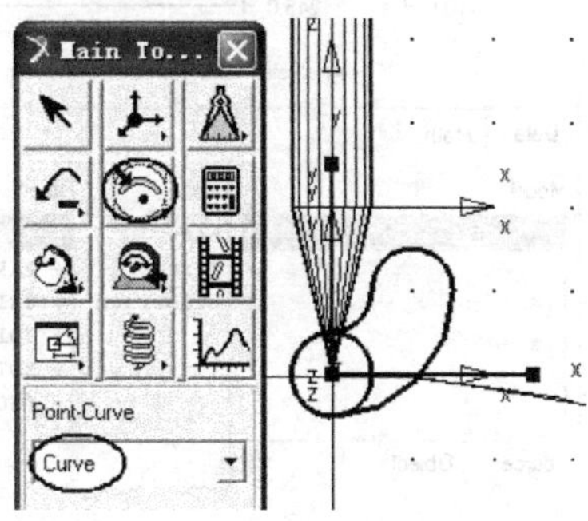

图 2.111 添加成功的凸轮副

⑤ 仿真并测试。

按如图 2.113 所示的方法进行仿真设置，并单击 进行仿真。

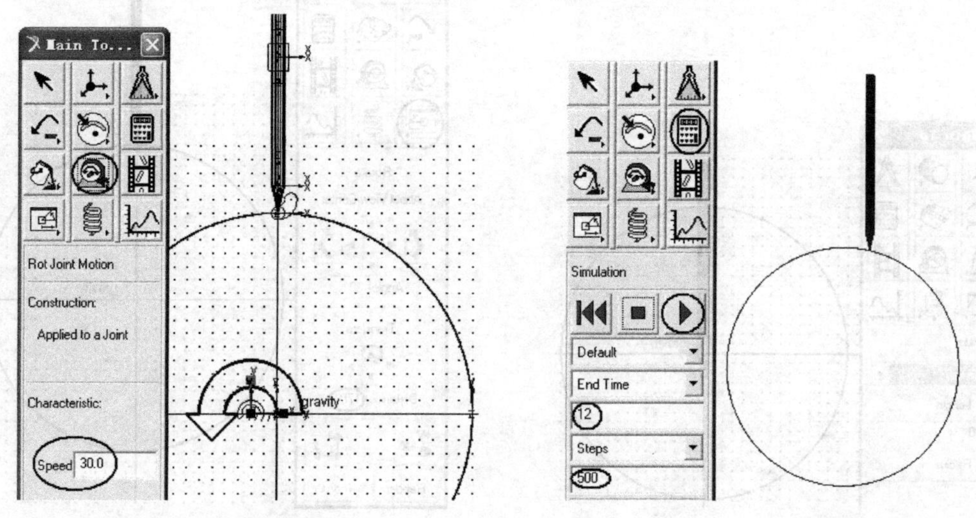

图 2.112　施加驱动　　　　图 2.113　仿真设置

单击后处理模块 工具按钮，按照图 2.114 所示进行选择，其中在 Characteristic 中分别选择 CM_Position、CM_Velocity 及 CM_Acceleration，则可在同一个图中添加凸轮推杆（从动件）沿 Y 方向的位移、速度及加速度，如图 2.114 所示。

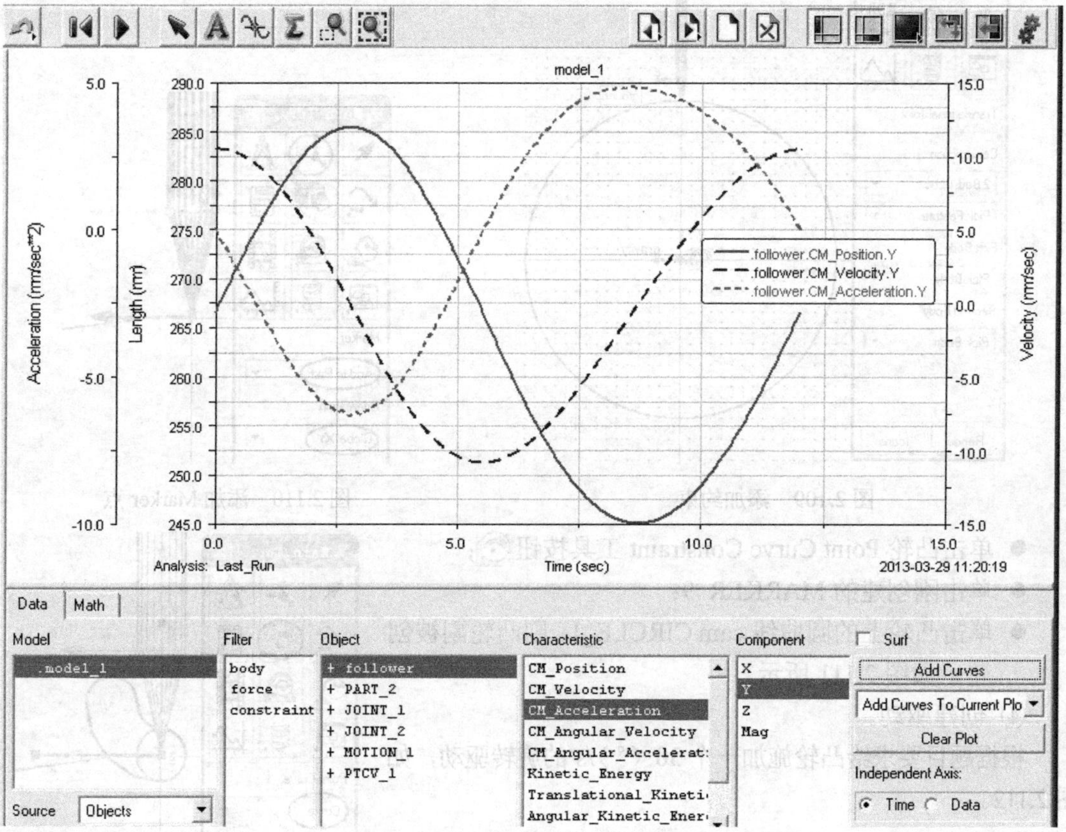

图 2.114　凸轮推杆运动特性曲线

2.4 CAD 模型的导入

对于简单的构件和模型，可以利用 ADAMS/View 提供的建模工具直接进行建模，但对于较为复杂的模型，则可以利用专业的 CAD 软件快速、简便地建模，然后将模型导入到 ADAMS 文件中对其进行约束及仿真操作。

ADAMS/View 提供的模型数据交换接口有 Parasolid、STEP、IGES、SAT、DXF 和 DWG 等格式，由于现有的三维 CAD 软件基本上都提供以上数据接口，因此将三维 CAD 模型转换到 ADAMS 中比较容易，但是其缺点是导入的模型在 ADAMS/View 中不能进行参数化计算，不能修改构件的几何尺寸，要修改其几何尺寸则必须返回到三维 CAD 软件中，修改尺寸后再导回。

模型导入的步骤如下：

（1）在 Solidworks 中建立一个模型，如某农业机械中所用的地轮，如图 2.115 所示。

（2）打开文件下的“另存为”选项，如图 2.116 所示。

图 2.115　地轮实体模型

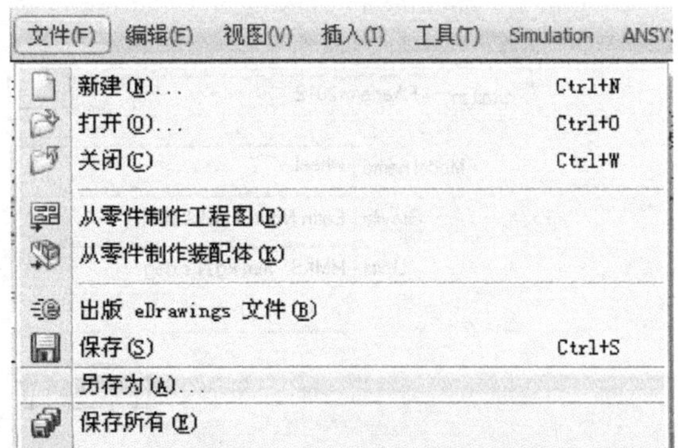

图 2.116　“另存为”选项

（3）在“保存类型”下拉选项中选择“Parasolid（*.x_t）”，如图 2.117 所示。

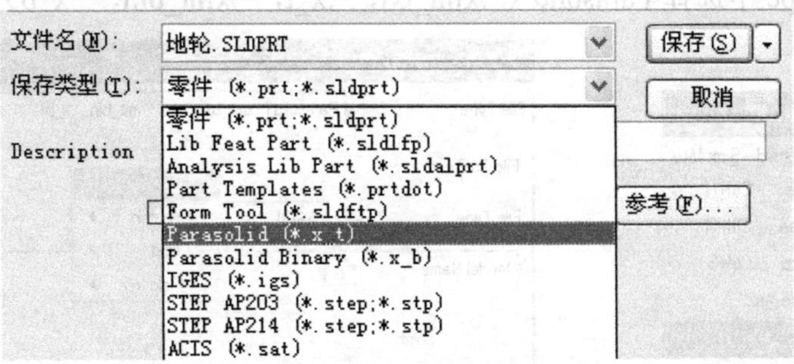

图 2.117　保存类型选择

（4）修改文件名为“wheel”，保存在 F 盘下的 adams2012 文件夹下，如图 2.118 所示。

注：ADAMS 中的文件名不能包含中文。

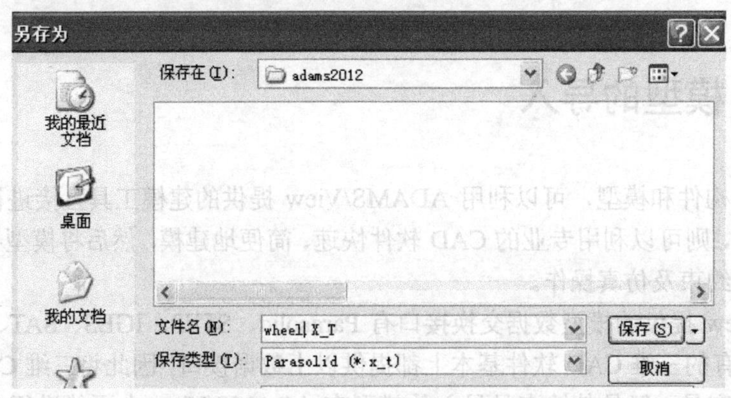

图 2.118 保存路径选择

（5）打开 ADAMS，在 F 盘下的 adams2012 中新建一个名为 wheel 的文件，如图 2.119 所示。

图 2.119 模型名称的创建

（6）打开 File 文件，选择其下拉菜单 Import，如图 2.120 所示。

（7）在 File Type 中选择 Parasolid（*.xmt_txt，*.x_t，*.xmt_bin，*.x_b），如图 2.121 所示。

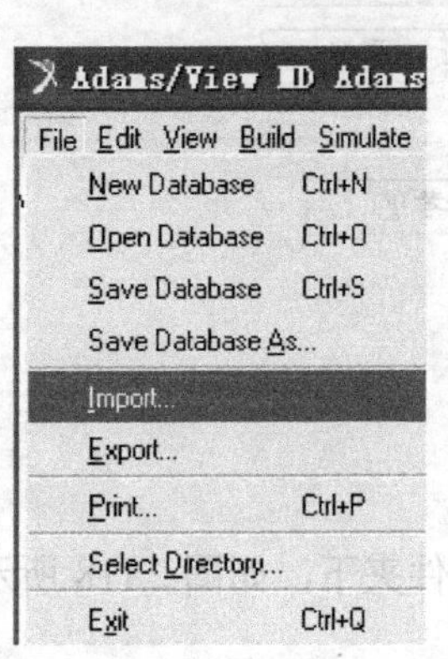

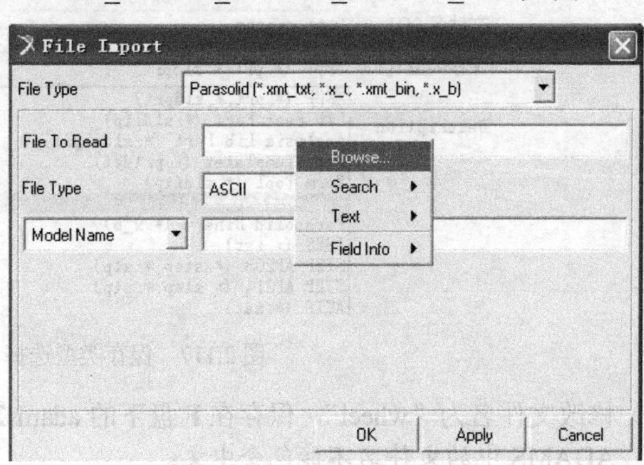

图 2.120 导入选择

图 2.121 导入文件的获取

（8）在 File To Read 中单击右键，在弹出的菜单中选择 Browse，打开 wheel.x_t 所在的目录文件，找到 wheel.x_t 文件，选择“打开”，如图 2.122 所示。

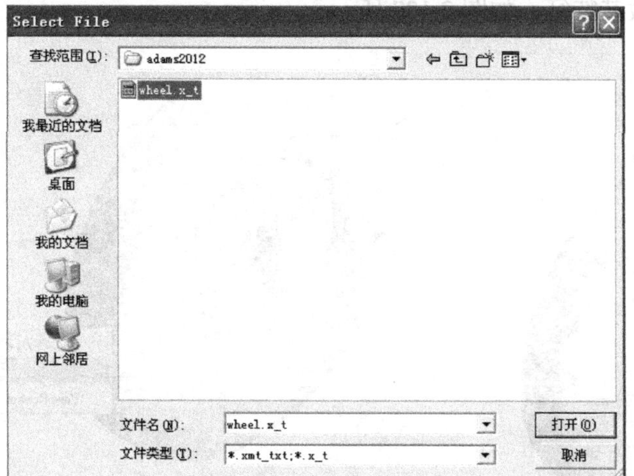

图 2.122　导入文件路径

（9）在 Model Name 中单击右键，在弹出的对话框中选择 Model，再选择 Create，如图 2.123 所示。

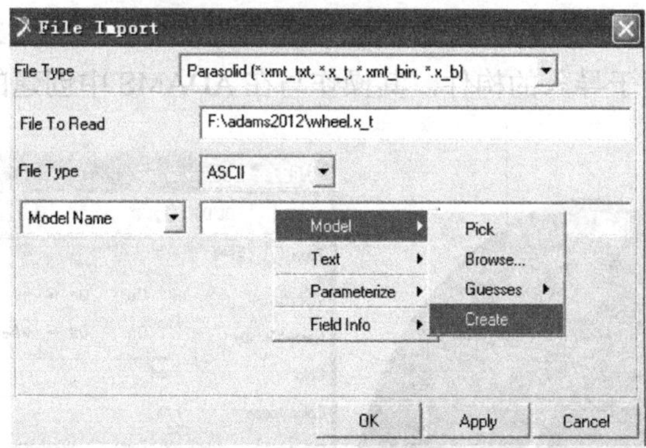

图 2.123　模型名称的获取

（10）在弹出的 Create model name 对话框中自动获取了一个模型的名字，如图 2.124 所示的“MODEL_2”。

（11）单击“OK”按钮返回 File Import 界面，如图 2.125 所示。

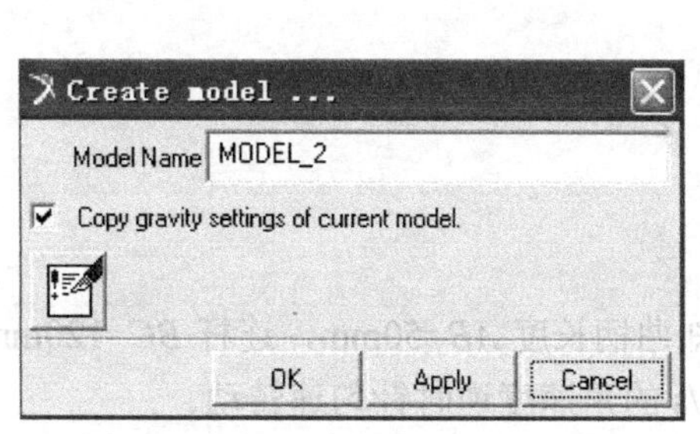

图 2.124　自动获取模型名称

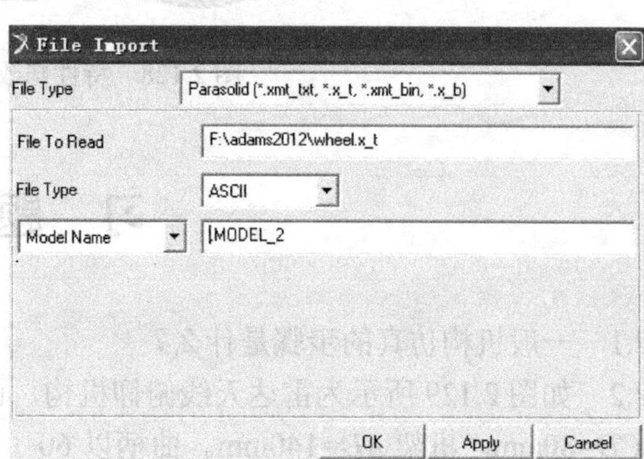

图 2.125　设置后的导入界面

（12）单击“确定”按钮进入 ADAMS 主界面，则该地轮模型被导入，如图 2.126 所示。

一般情况下，导入模型的默认颜色为灰色，若要修改颜色，则选中该构件然后单击右键，选择 Appearance 修改其特征，如图 2.127 所示。

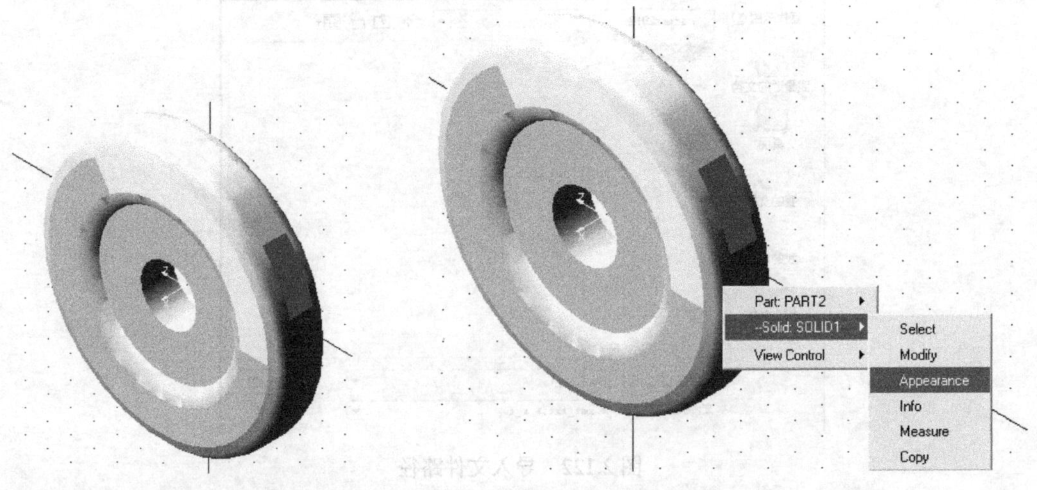

图 2.126　导入 ADAMS 的实体模型　　　　图 2.127　实体特性修改菜单项

在弹出的 Edit Appearance 对话框中的“Color”项里输入欲修改的颜色名称，也可以使用浏览功能即可修改导入构件的颜色，如本例中修改颜色为红色，如图 2.128 所示。同样可以修改该构件的其他特征，对于导入的构件，其操作与在 ADAMS 中创建的构件完全相同。

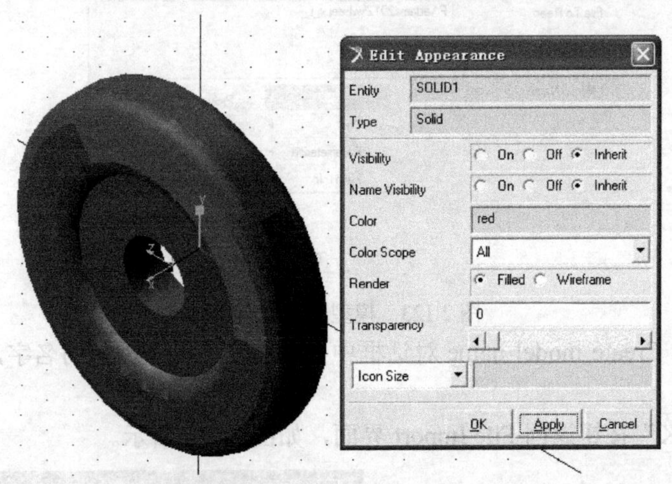

图 2.128　特性修改对话框及效果

习　题　2

2.1　一般机构仿真的步骤是什么？

2.2　如图 2.129 所示为雷达天线俯仰机构，已知曲柄长度 AB=50mm，连杆 BC=120mm，摇杆 CD=80mm，机架 AD=140mm。曲柄以 60（°）/s 的角速度逆时针匀速转动。

（1）试建立该机构的虚拟样机模型；

（2）仿真机构的虚拟样机模型，并测量获得摇杆角度、角速度及角加速度在一个周期内的变化规律。

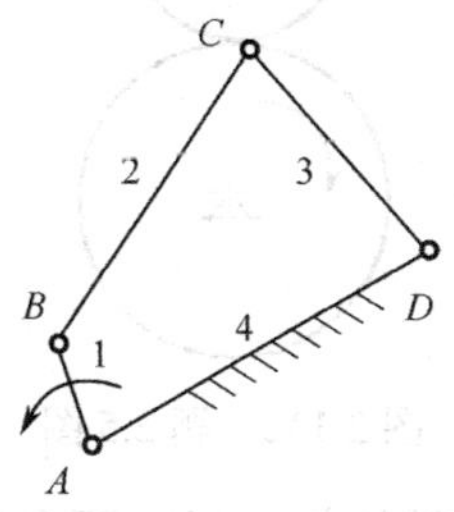

图 2.129　题 2.2 图

2.3　如图 2.130 所示为惯性筛机构，已知主动曲柄长度 AB=80mm，连杆 BC=90mm，从动曲柄 CD=85mm，机架 AD=50mm。连杆 CE=200mm，滑块为 25mm×20mm×10mm 的钢质长方体，曲柄以 30（°）/s 的角速度逆时针匀速转动。

（1）试建立该机构的虚拟样机模型；

（2）仿真机构的虚拟样机模型，并测量获得振动筛 6 沿水平方向的位移、速度及加速度在 0～36s 内的变化规律。

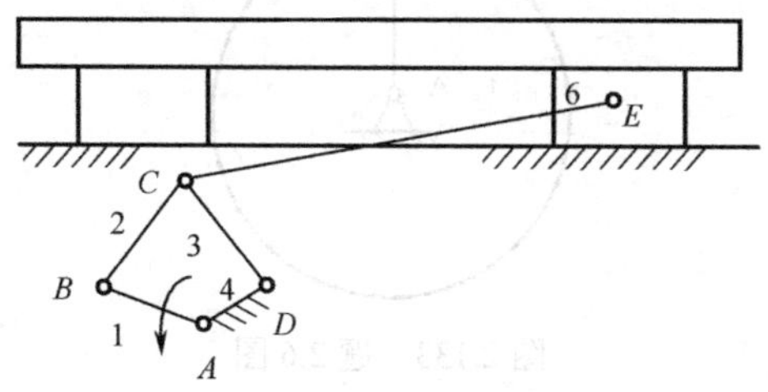

图 2.130　题 2.3 图

2.4　如图 2.131 所示为一小型刨床，已知 $AB = 100\ \text{mm}$，$BC = 200\ \text{mm}$，$AD = 200\ \text{mm}$，$DE = 700\ \text{mm}$，滑块尺寸均为 200×100×100mm，主动曲柄 BC 的角速度 $\omega_1 = 30$（°）/s。

（1）试建立该机构的虚拟样机模型；

（2）仿真机构的虚拟样机模型，并测量获得滑块 6 沿水平方向的位移、速度、加速度在一个周期内的变化规律。

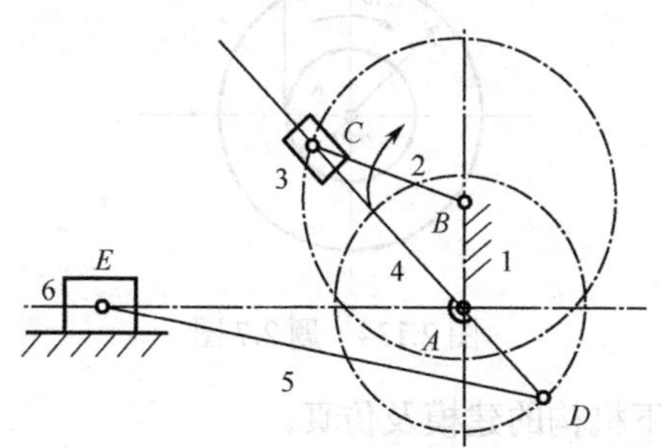

图 2.131　题 2.4 图

2.5　如图 2.132 所示为一定轴齿轮机构。已知两个齿轮的齿数分别为 $z_1 = 50$，$z_2 = 75$，模数 $m = 2\ \text{mm}$。齿轮 2 为原动件，其角速度 $\omega_2 = 30$（°）/s。试建立该定轴轮系的虚拟样机模型并分析齿轮 1 的角速度。

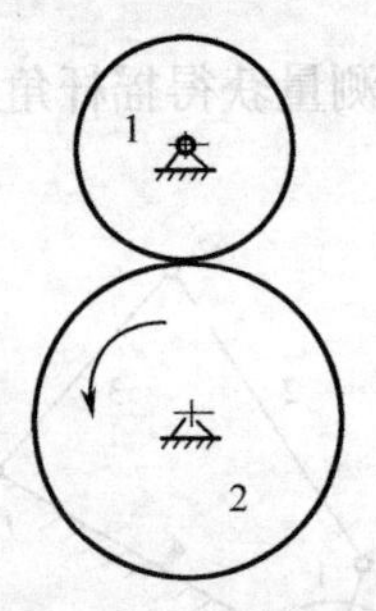

图 2.132　题 2.5 图

2.6　如图 2.133 所示为一行星齿轮机构。已知两个齿轮的齿数分别为 $z_1 = 60$，$z_2 = 30$，模数 $m = 2.5$ mm。齿轮 1 与地面固连，系杆 H 为原动件，其角速度 $\omega_H = 25$ （°）/s。试建立该行星轮系的虚拟样机模型，并分析行星轮 2 相对系杆 H 的角速度大小。

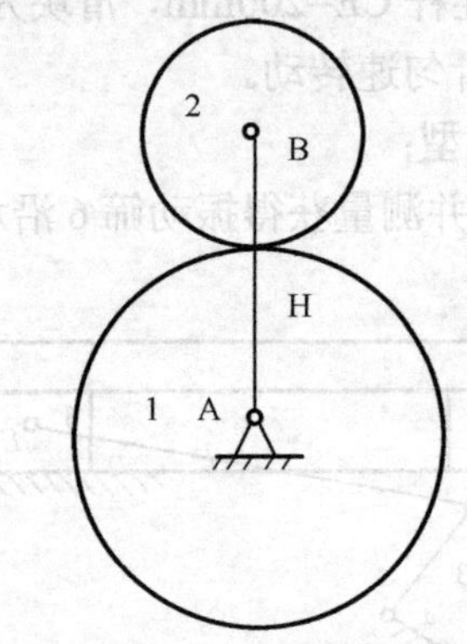

图 2.133　题 2.6 图

2.7　如图 2.134 所示为一偏心尖顶盘形凸轮机构，已知凸轮为一半径 $r_s = 100$mm 的圆。偏心距 $e = 50$mm 。凸轮匀速转动且角速度 $\omega = 30$ （°）/s。试建立该凸轮机构的虚拟样机模型并分析从动件的运动规律。

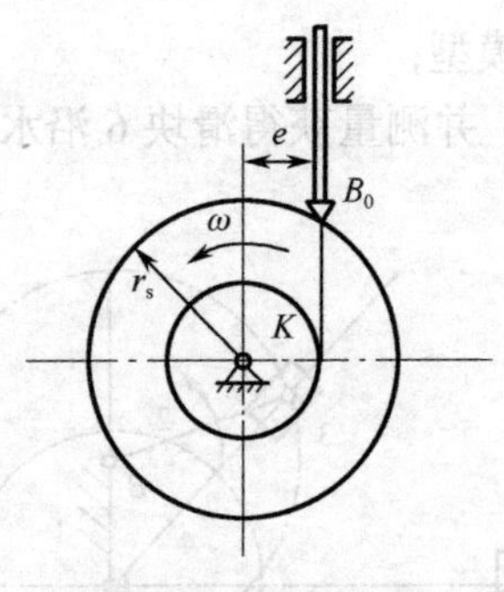

图 2.134　题 2.7 图

2.8　自选参数，完成以下机构的建模及仿真。

（1）转动导杆机构

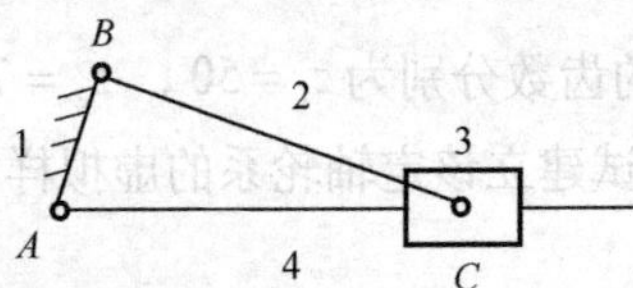

（2）摇块机构

（3）直动滑杆机构

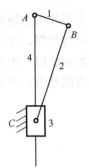

第 3 章　结果后处理

在运行过仿真计算后，就可以计算处理构件位移、速度、加速度、作用力和作用力矩等数据，以及与构建固连的某点（这里称其为 Marker 点）的位移、速度、加速度等数据，可以在 ADAMS 中简单地查看以上数据信息，也可以到数据后处理模块对所计算的数据做进一步处理和比较。最常用的功能为绘制数据曲线、仿真动画及轨迹跟踪，第 2 章已经有所涉及，本章将详细介绍结果后处理的几个常用功能。

3.1　绘制数据曲线

3.1.1　生成构件特定曲线

按下 F8 键或者单击主工具栏上的按钮后，将从 View 模块直接进入到 Post Process 模块的界面。利用 ADAMS 的 Post Process 模块可以进行 4 种处理：绘制曲线（Potting）、仿真动画（Animation）、报表（Report）和三维曲线（3D plotting）。其中三维曲线只能用于振动模块的分析。要退出后处理模块可单击右上方的按钮，或者直接按 F8 键。进入后处理模块后，如果有必要则可以先设置有关选项，单击菜单 Edit→Preference 弹出如图 3.1 所示的对话框，可以选择对应的标签项设置动画、颜色、曲线、字体和单位等。

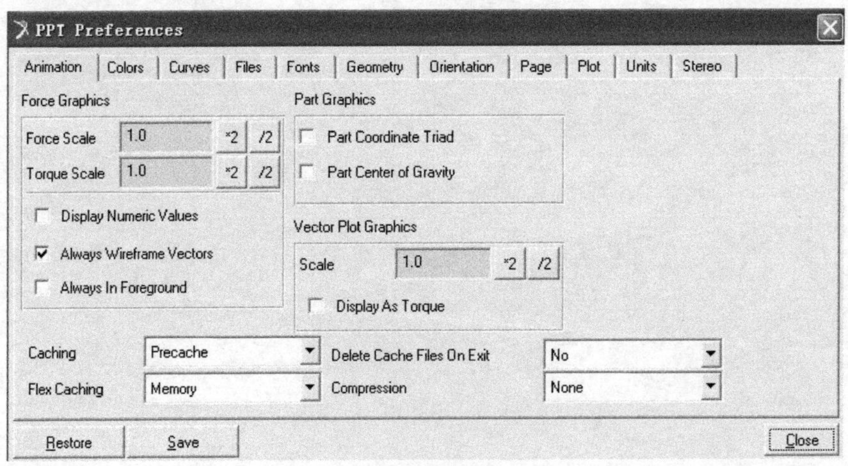

图 3.1　后处理模块设置选项

要使用 ADAMS 进行虚拟样机设计，就要找到潜在的问题，而要找到问题，很重要的途径就是分析数据曲线，通过数据曲线来分析虚拟样机的性能，因此用户用得最多的就是处理曲线的功能。

要绘制曲线，首先要找到数据源，例如，在某仿真过程中要绘制 PART_4 在 *X* 方向上的位移曲线，需要在曲线数据源选择区一步步找到数据源的载体。在后处理界面下方，首先将 Source 设置为 Object，将 Filter（过滤）设置为 Body，然后在 Object（目标）下选择 PART_4，在 Characteristic（特性）下选择 CM_Position，然后在 Component 下选择 X。单击 Add Curves 按钮后就可以绘制 PART_4 沿 *X* 方向（即水平方向）上的位移曲线了，如图 3.2 所示。

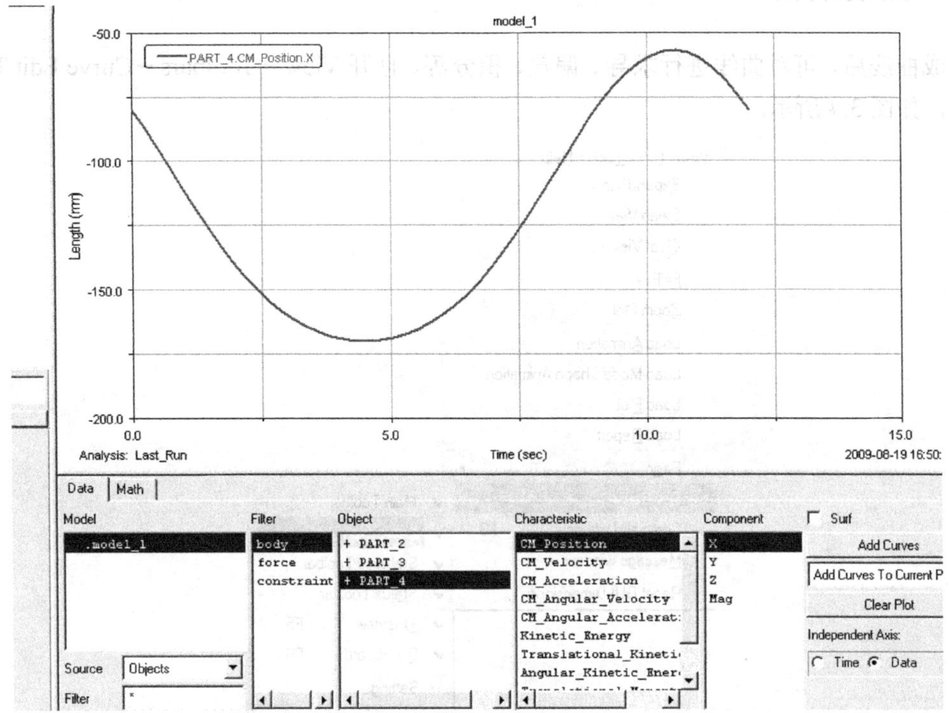

图 3.2 添加曲线

同样可以绘制 PART_4 的其他运动参数曲线，如 CM_Velocity（速度）和 CM_Acceleration（加速度），分别选择这两个选项，然后选择 Add Curves 即可，如图 3.3 所示。

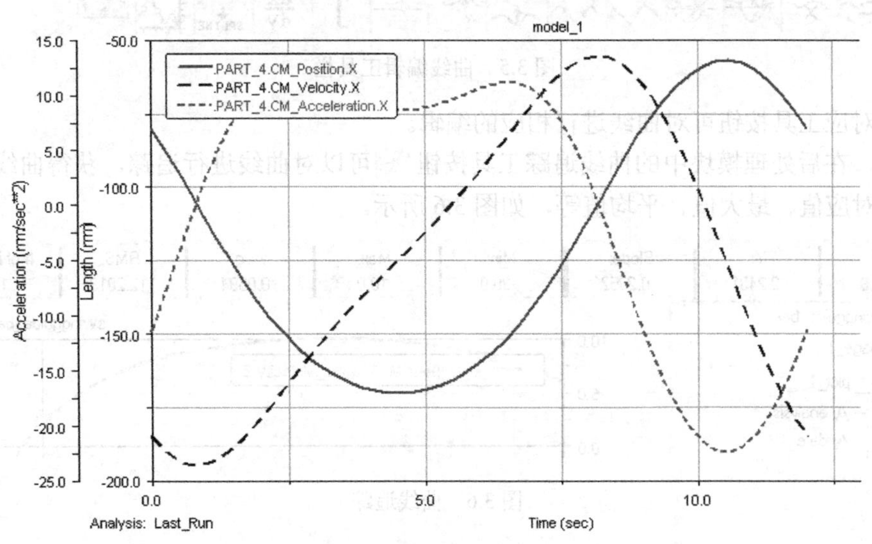

图 3.3 在一个视图中添加多条曲线

同样可以绘制其他参数，如运动副的受力情况等。一个数据曲线图由标题、数据曲线、横坐标轴、总坐标轴、图例、网格线和一些辅助标识构成，可以在界面左侧的曲线属性编辑区对这些进行编辑修改，对一般用途的绘制而言，不需要特殊设置。读者可以自行试之。

3.1.2 曲线编辑

生成曲线后，可对曲线进行求导、偏置、积分等。打开 View→Toolbars→Curve Edit Toolbar 菜单项，如图 3.4 所示。

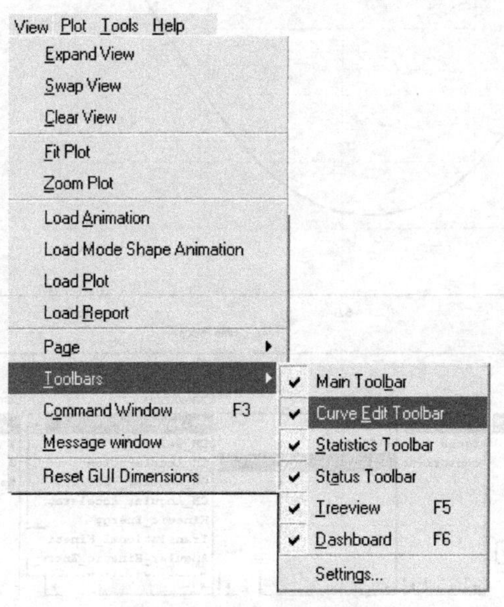

图 3.4 曲线编辑菜单项

打开曲线编辑工具栏，如图 3.5 所示。

图 3.5 曲线编辑工具栏

单击对应工具按钮可对曲线进行相应的编辑。

此外，在后处理模块中的曲线追踪工具按钮可以对曲线进行追踪，获得曲线任意位置的坐标及对应值、最大值、平均值等，如图 3.6 所示。

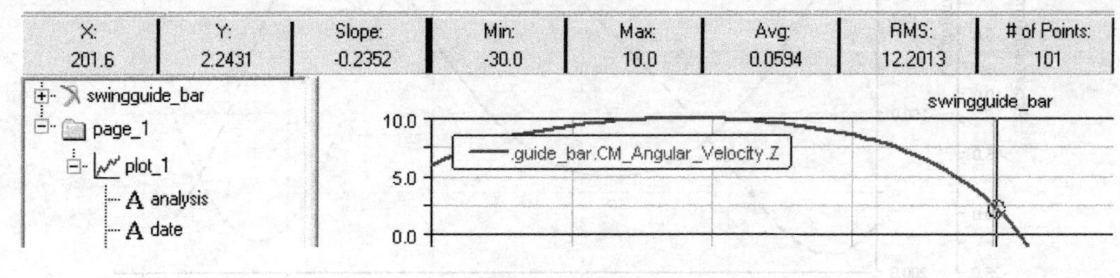

图 3.6 曲线追踪

后处理模块主工具栏中各按钮的功能如表 3.1 所示。

表 3.1 后处理模块主工具栏中各按钮的功能描述

按钮图标	功能描述
	导入数据，单击该按钮后弹出导入对话框，功能同 File 中的 import
	重新载入数据，即刷新
	打印图形
	撤销上一步操作，打开右下方箭头则可打开另外一个“恢复”按钮
	播放动画时，返回到起始位置
	播放动画，对于曲线图而言，出现一个移动的竖直线，显示仿真当前所在的位置
	终止当前操作
	在曲线图或者动画图上添加文字说明
	单击该按钮后在曲线图上出现一竖直线，当鼠标在曲线图上移动时，在子工具栏上统计鼠标位置处显示曲线的一些特征，如当前点处的 *XY* 坐标值、斜率，曲线的最大值、最小值、平均值、均方根值、曲线上数据点的个数等
	单击该按钮出现对曲线进行编辑的子工具栏，曲线编辑子工具栏上各按钮的功能如表 3.2 所示
	单击该按钮，然后在曲线图上拖动鼠标，可以把曲线图的局部放大
	单击该按钮，可以把放大后的曲线图再次全部显示出来
	如果已经创建了多页曲线图，单击该按钮可以显示前一页的内容，打开折叠按钮显示第一页内容
	显示后一页内容，打开折叠按钮显示最后一页内容
	新创建一页
	删除当前页
	显示左侧的树形列表，再单击则关闭该列表
	显示底部的数据选择区，再单击则关闭该区域
	多曲线显示，在该按钮下还有几个按钮，可以把一页分为几个区域，每个区域可以显示曲线、动画、报表等内容，只有一个区域是活动区域，以红色边框表示，单击某区域后，该区域变成活动区域
	当多区域显示内容时，单击该按钮，可以使当前活动区域扩大并只显示该区域
	当用多区域显示内容时，单击该按钮然后再选择某个区域，可以把选中的区域放置到默认区域的位置
	单击该按钮退出后处理模块

对曲线进行编辑的子工具栏中的各按钮功能如表 3.2 所示。

表 3.2　曲线编辑工具栏按钮中的功能描述

按钮图标	功能描述
	将两条曲线加在一起，当选中编辑曲线子工具栏上坐标的复选项（Create Curve）时，产生一条新曲线，新曲线上数值为所选两条曲线上数值之和，当不选择 Create Curve 时，将第一条曲线变为两条曲线之和
	从第一条曲线中减去第二条曲线
	将第一条曲线乘以第二条曲线
	将某条曲线取绝对值
	将某条曲线取相反数
	将不光滑的折线插值成光滑的曲线
	将曲线乘以一个系数后放大或缩小，需要输入一个比例系数
	平移一条曲线，需要输入一个平移量，曲线整体向上移动或向下移动，正平移量上移，负平移量则下移
	将第一条曲线平移，使得第一条曲线的起始点与第二条曲线的起始点重合
	将一条曲线平移，使该曲线的原点移动到零点位置
	对某条曲线进行积分
dx/dy	对某条曲线进行微分
SPLINE	从某条曲线上生成样条曲线数据
	显示选中曲线上的数据点，以便能够手动编辑曲线上的数值
	对曲线上的数据进行过滤

3.2　仿真动画录制

在后处理模块中，单击左上角处理类型的下拉式菜单列表，选择 Animation 或在曲线区单击右键，在弹出的菜单中选择 Load Animation 后就可以转换到仿真动画界面，如图 3.7 所示为某曲柄滑块机构的后处理模块。

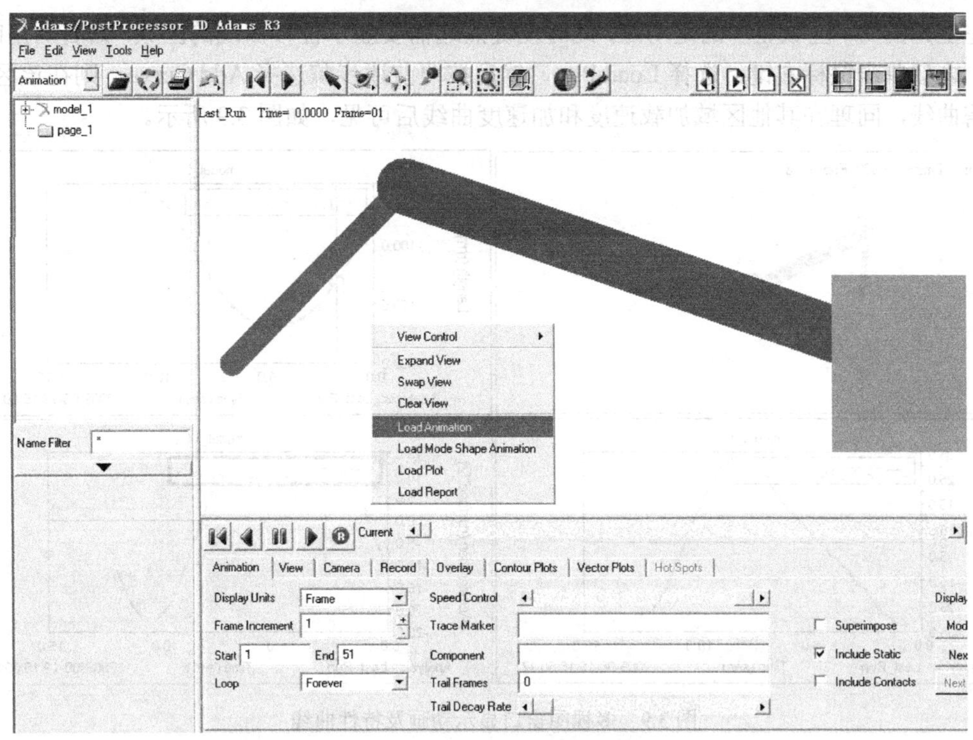

图 3.7 后处理模块中加载动画

动画仿真的设置主要是通过对底部的控件操作来完成的。单击 Animation 页，可以设置播放动画时是按帧（Frame）还是按时间（Time）来计算，如按帧来计算，可以设置起始帧、终止帧及步长；若按时间计算，可以设置动画的起始时间、终止时间及时间间隔。动画播放次数 Loop 可以设置为 Once（一次）、Forever（连续）、Oscillate Once（往复一次）和 Oscillate Forever（连续往复），还可以通过 Speed Control 滑动条来控制播放速度，通过 Trace Marker 可以在动画的过程中特别显示某个 Marker 点的轨迹（右键单击，通过 Browser 选择 Marker 点或者在模型中根据需要添加 Marker 点）。如果在 Trail Frames 后输入一个整数，再拖动 Trail Decay Rate 滑动条，可以在播放动画的时候，构件显示出一条逐渐消失的"尾巴"，如同飞机在空中拖放出来的彩带。动画设置区的 View 页，主要可以设置模型图标的可见性、透视图、标题、总体坐标系的可见性和灯光等。Record 页用得比较多，可以在脱离 ADAMS 环境的情况下以 avi 等形式直接播放动画。在这里可以设置保存动画时文件的名称、格式、动画的长短、动画的播放速度和动画质量等，动画格式除 avi 外，还有 mpg、tiff、ipg、xpm、bmp 和 png。单击 Record 选项卡，在 File Name 中输入特定的文件名（系统一般默认为 modle1），如输入 adms_piston，确定动画播放进度条处于起始位置，然后单击 Ⓡ 按钮，等动画完整地播放完一次之后，在 ADAMS 工作目录下同时保存了动画文件。

图 3.8 视图窗口选择

有时需要在观看机构动作的同时看到某个参数曲线的变化情况，这可以通过选择多个视图区域来实现。

在后处理模块界面打开■的折叠按钮，如图 3.8 所示。这表示可以选择用户需要的若干区域，如希望在一个区域播放机构动画，另外三个区域分别显示曲柄的位移、速度、加速度，则选择■按钮，发现左上角的1/4区域显示的是动画，此时左键点选需要显示位移曲线的区域，如右上角的1/4区域，之后单击鼠标右键，选择 Load Plot，然后按照前述步骤选择 Add Curve，则在该区域出现所需曲线，同理在其他区域加载速度和加速度曲线后可见，如图 3.9 所示。

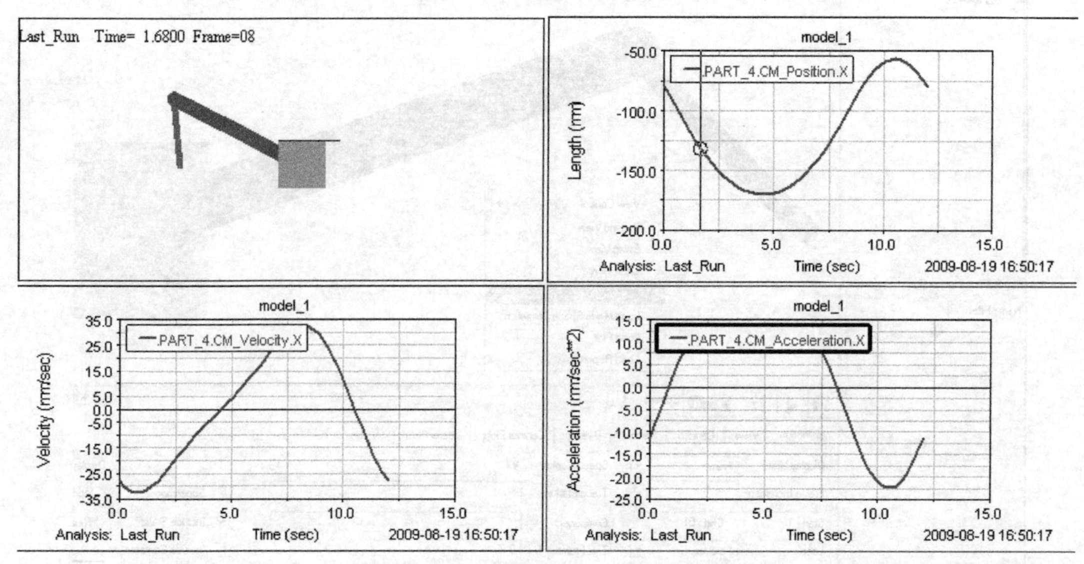

图 3.9　多视图窗口显示动画及特性曲线

其中，在每个曲线上有一条随动画而动的竖线，该竖线动态、实时地显示了滑块运动过程中任意时间的运动参数情况。整个带曲线的仿真过程同样可以以动画文件的形式录制保存下来，按前述操作即可。

3.3　点的轨迹追踪

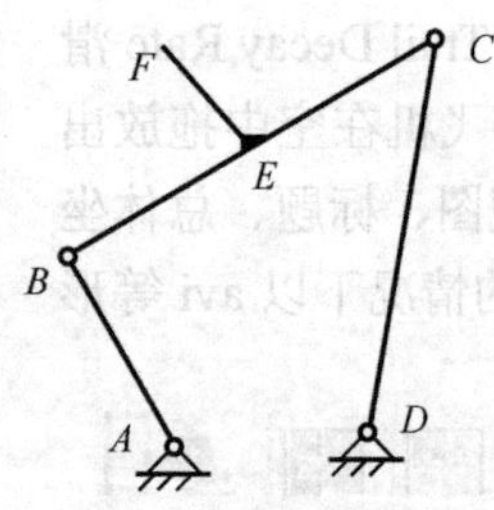

图 3.10　曲柄摇杆机构

在机构的应用过程中，经常需要了解机构上某点的轨迹。本节将介绍这部分内容。

例　已知一曲柄摇杆机构，如图 3.10 所示，试用虚拟样机技术获取连杆外伸臂杆 EF 端部 F 点的轨迹。

说明：这里只说明点的追踪方法，机构的具体尺寸未考虑，若要考虑则参考第 2 章中相关部分的内容。

点的轨迹追踪步骤如下。

（1）启动 ADAMS，创建模型名称。

双击桌面上的图标，启动 ADAMS/View，按照图 3.11 所示步骤完成模型名称的创建：

- 选择创建新的模型（How would you like to proceed）：Create a new model；
- 设置起始位置（Start in）：F:/adams examples；
- 输入模型名称（Model name）：point_trace；
- 单击“OK”按钮，完成模型名称的创建，如图 3.11 所示。

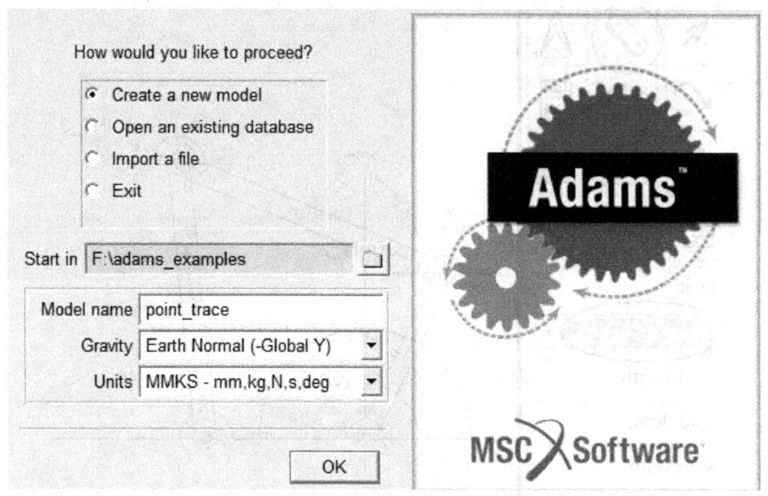

图 3.11　模型名称的创建

（2）设置工作环境。

本模型可使用默认的单位、工作栅格、图标大小。

在主菜单中选择 View→Coordinate Window F4 菜单项或单击工作区域后按 F4 键打开光标位置显示。

（3）创建虚拟样机模型。

选择几何建模及约束工具按钮，建立如图 3.12 所示的曲柄摇杆机构。

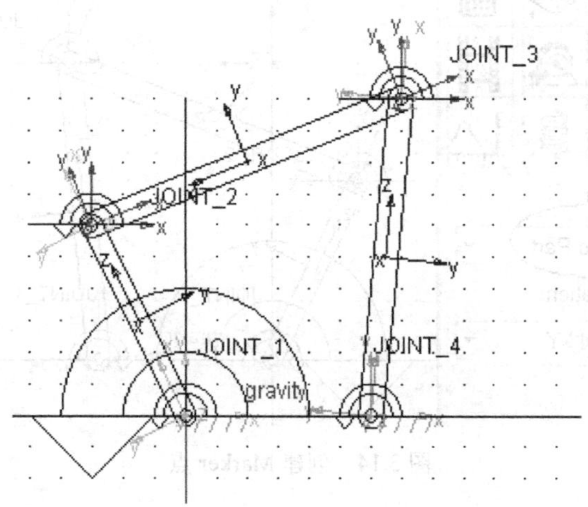

图 3.12　曲柄摇杆机构的虚拟样机模型

当创建连杆上的外伸臂杆时，选择 Add to Part，则外伸臂杆与连杆合为一体，如图 3.13 所示。

① 添加 Marker 点。

- 选择创建 Marker 点的工具按钮；
- 在 Marker 下拉菜单中选择 Add to Part；
- 选择连杆；
- 选择外伸臂杆的端部，则 Marker 点被创建，如图 3.14 所示。

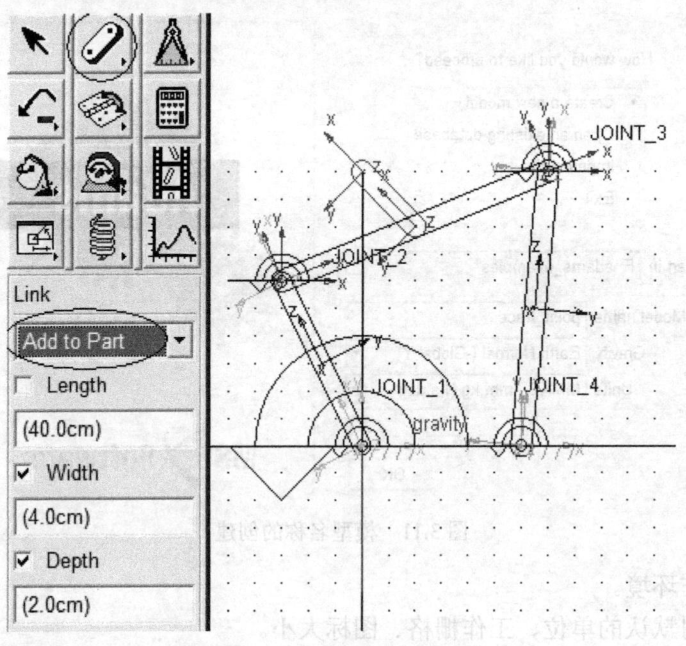

图 3.13 外伸臂杆的创建

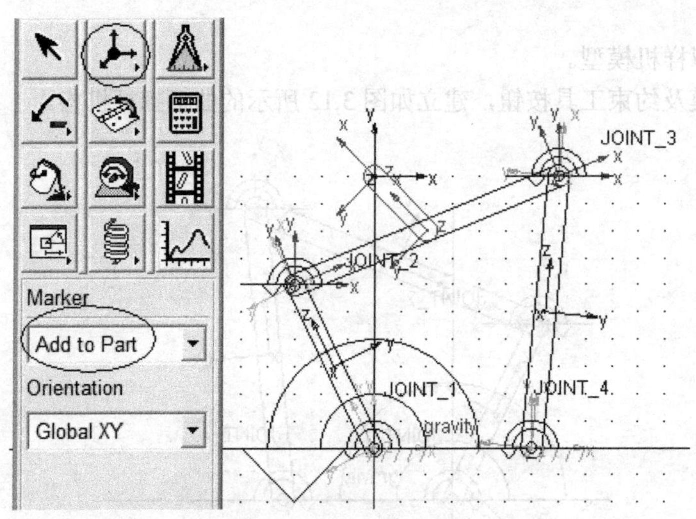

图 3.14 创建 Marker 点

② 仿真机构。

按如图 3.15 所示设置仿真机构。

③ 追踪点的轨迹。

单击工具按钮，进入后处理模块，在主绘图区域右击鼠标，选择 Load Animation 选项，如图 3.16 所示，则仿真动画被加载，如图 3.17 所示。

在 Trace Marker 中单击右键，选择 Marker→Browse，如图 3.18 所示。则打开 Database Navigator，选择刚才创建的位于外伸杆臂顶端的 MARKER_27，如图 3.19 所示。

单击“OK”按钮，回到主绘图区域，单击动画控制工具中的播放动画按钮，如图 3.20 所示。

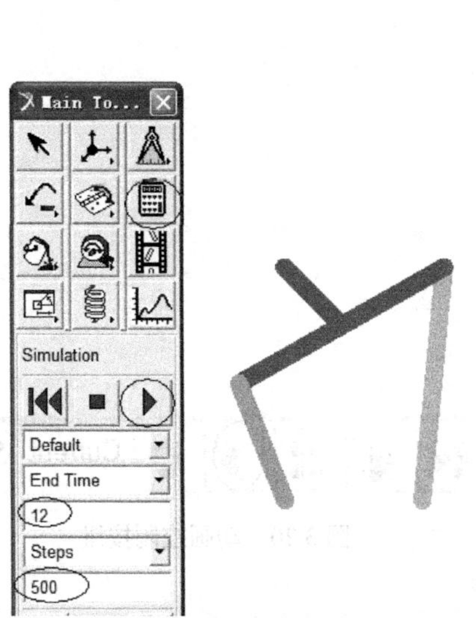

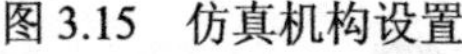

图 3.15　仿真机构设置

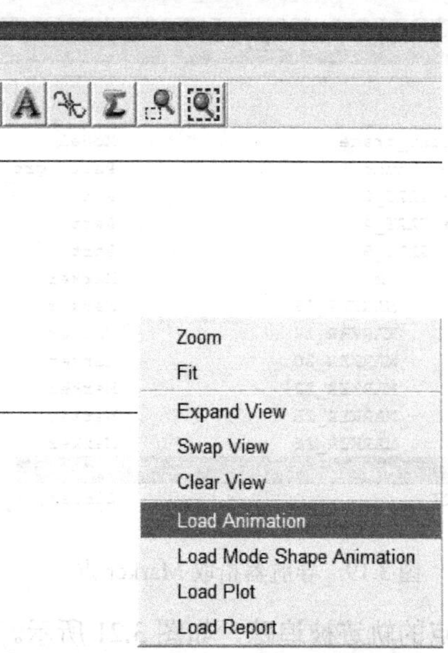

图 3.16　在后处理模块中加载动画

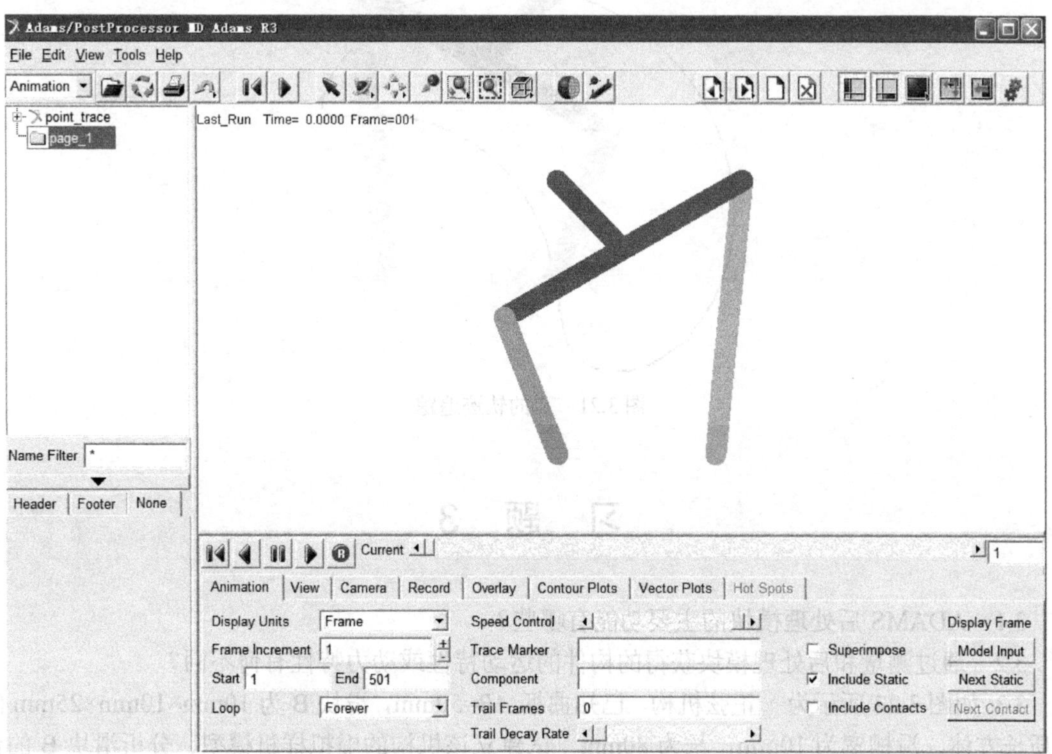

图 3.17　加载后的仿真动画

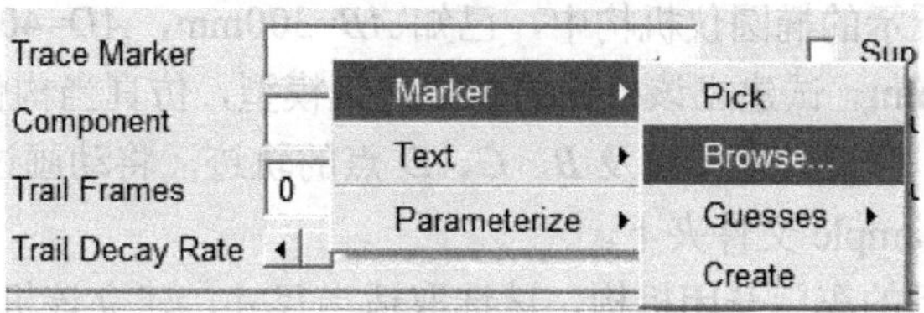

图 3.18　Marker 点的拾取

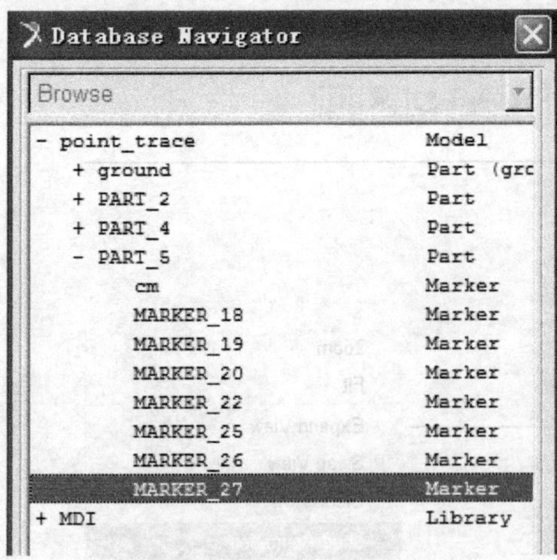

图 3.19　导航器拾取 Marker 点

图 3.20　动画控制按钮

则该点的轨迹被追踪，如图 3.21 所示。

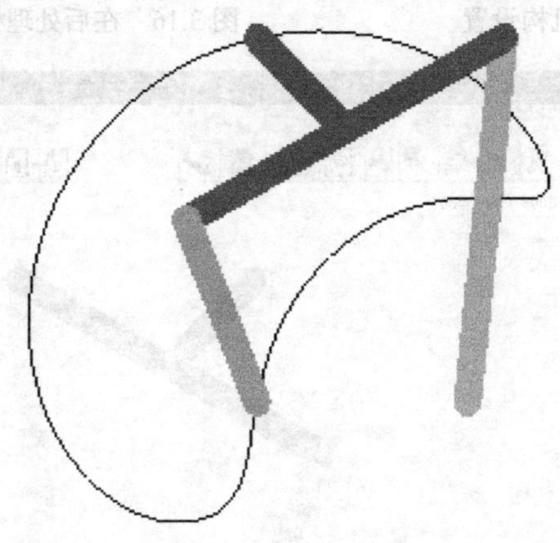

图 3.21　点的轨迹追踪

习　题　3

3.1　ADAMS 后处理模块的主要功能有哪些？

3.2　通过测量和后处理模块获得的构件的运动特性或动力特性有何不同？

3.3 如图 3.22 所示为一正弦机构，已知曲柄 *AB*=50mm，滑块 B 为 10mm×10mm×25mm 的钢质长方体，滑槽宽为 10mm，长为 80mm，试建立该机构的虚拟样机模型、分析滑块 B 的位移、速度、加速度并跟踪其质心的轨迹。

3.4　在如图 3.23 所示的椭圆仪机构中，已知 *AB*=300mm，*AD*=400mm，两滑块的尺寸均为 100mm×100mm×100mm。试建立该机构的虚拟样机模型，仿真当构件 *AC* 以 30（°）/s 的角速度顺时针回转时，*BD* 杆上任意一点及 *B*、*C*、*D* 点的轨迹，将动画过程录制为 espline.avi，并保存至 E 盘 adams_example 文件夹下。

3.5　如图 3.24 所示的车门开闭机构，试选取适当尺寸，建立该机构的虚拟样机模型，并仿真分析车门开闭过程中的最大角速度、角加速度及其对应的位置。

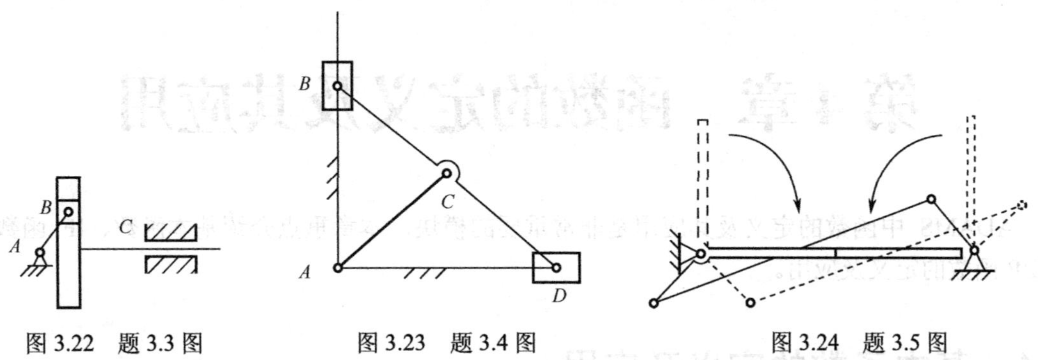

图 3.22 题 3.3 图　　图 3.23 题 3.4 图　　图 3.24 题 3.5 图

3.6 如图 3.25 所示的机构中，已知各杆长度 AB=100mm，BC=340mm，CD=300mm，AD=200mm，CN=100mm。试建立该机构虚拟样机模型，并仿真当构件 1 以 ω_1=300（°）/s 的角速度顺时针回转一周时，构件 3 的角度、角速度及角加速度的曲线图，同时获取连杆 BC 的中点 M 及端点 N 的轨迹。

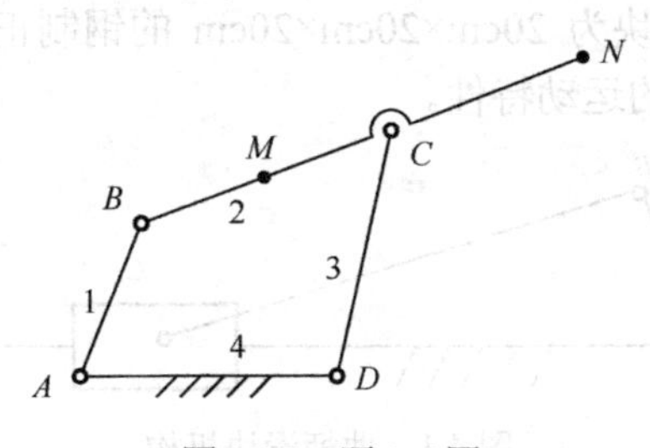

图 3.25 题 3.6 图

第 4 章　函数的定义及其应用

ADAMS 中函数的定义及其应用是非常重要的模块。本章重点介绍基本函数、IF 函数及 STEP 函数的定义及应用。

4.1　基本函数的定义及应用

下面举例说明基本函数的定义及应用方法。

例　已知一曲柄滑块机构，如图 4.1 所示，曲柄为 30cm×5cm×5cm 的钢质杆，连杆为 50cm×5cm×5cm 的钢质杆，滑块为 20cm×20cm×20cm 的钢制正方体，作用在曲柄上的驱动力矩为 $M=\sin(\omega t)$。试分析滑块的运动特性。

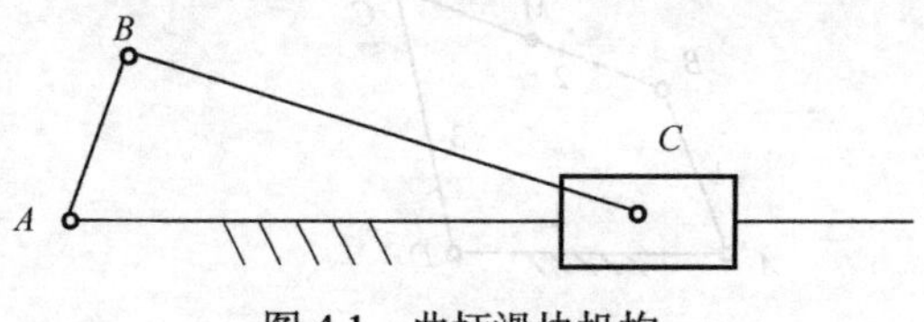

图 4.1　曲柄滑块机构

该曲柄滑块机构的建模及仿真过程如下。

（1）启动 ADAMS，创建模型名称。

双击桌面上的图标，启动 ADAMS/View。按照图 4.2 所示的步骤完成模型名称的创建。

- 选择创建新的模型（How would you like to proceed）：Create a new model；
- 设置起始位置（Start in）：F:\adams examples；
- 输入模型名称（Model name）：function；
- 单击“OK”按钮，完成模型名称的创建。

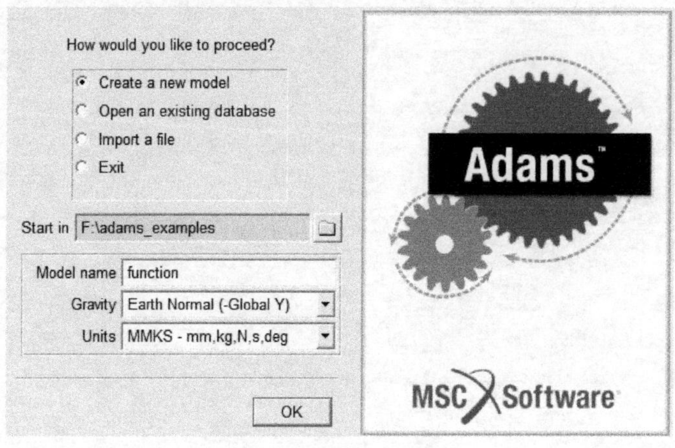

图 4.2　模型名称的创建

（2）设置工作环境。

本模型可使用默认的单位、工作栅格、图标大小。

在主菜单中选择 View→Coordinate Window F4 菜单项或单击工作区域后按 F4 键打开光标位置显示。

（3）创建虚拟样机模型。

选择几何建模工具按钮展开，按题目要求建立曲柄及连杆，如图 4.3 所示。

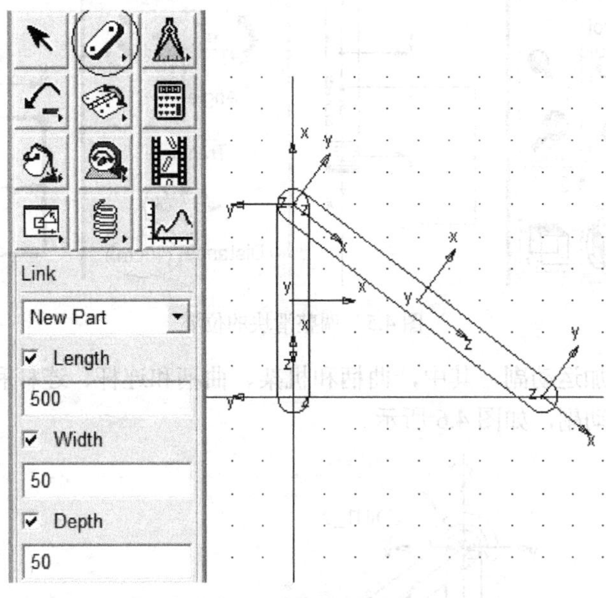

图 4.3　创建曲柄及连杆

打开几何建模工具按钮中的，建立要求的滑块，如图 4.4 所示。

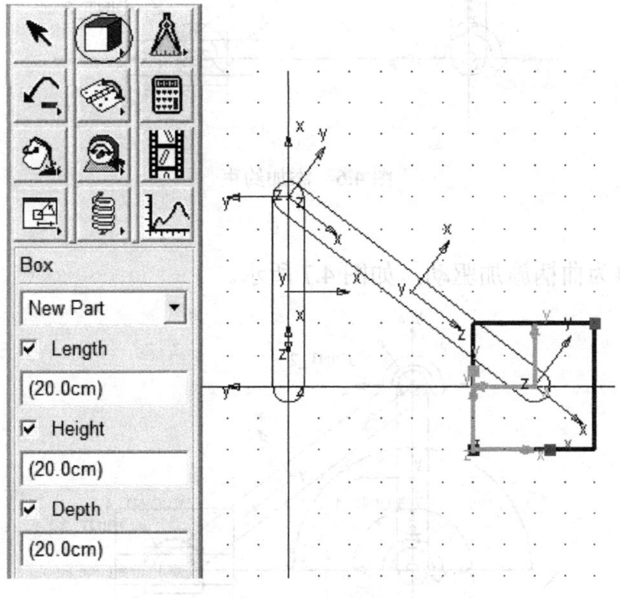

图 4.4　创建滑块

为使滑块关于连杆对称，则按如图 4.5 所示的步骤进行调整。

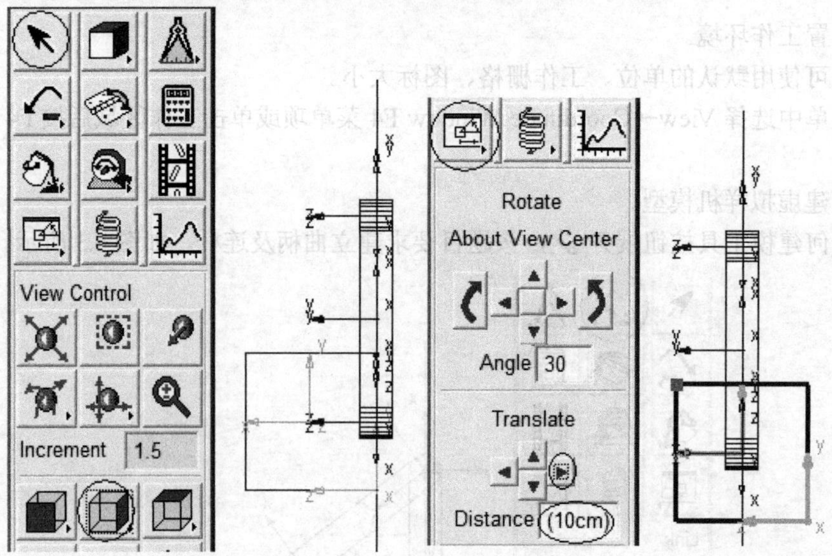

图 4.5　调整滑块的位姿

依次为各构件添加运动副，其中，曲柄和机架、曲柄和连杆、连杆和滑块之间为转动副，滑块和机架之间为移动副，如图 4.6 所示。

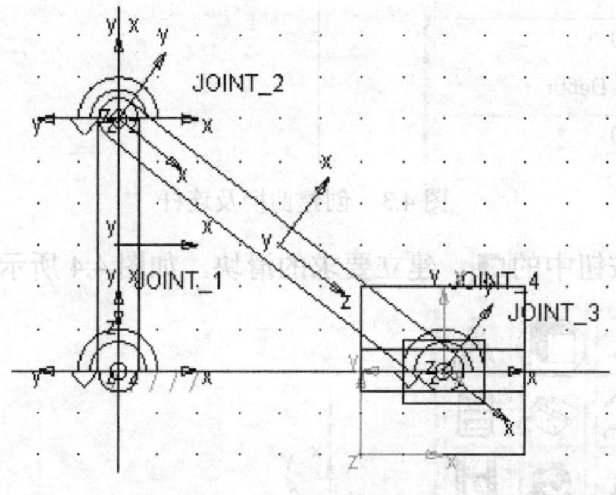

图 4.6　添加约束

（4）施加驱动。

打开工具按钮为曲柄施加驱动，如图 4.7 所示。

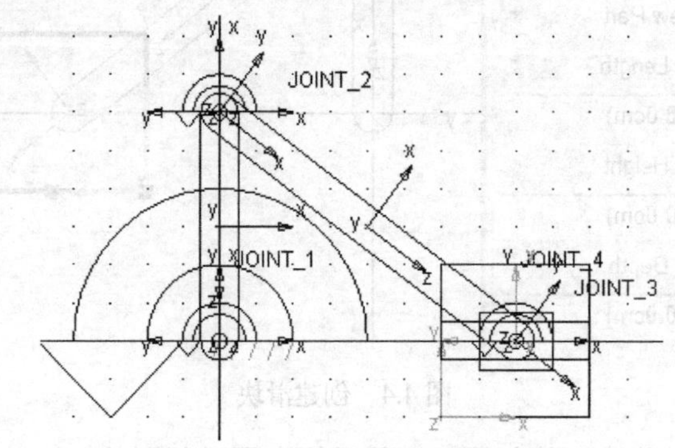

图 4.7　施加驱动

鼠标右击驱动图标，选择 Motion：MOTION_1→Modify，如图 4.8 所示。

弹出对话框 Joint Motion，如图 4.9 所示。

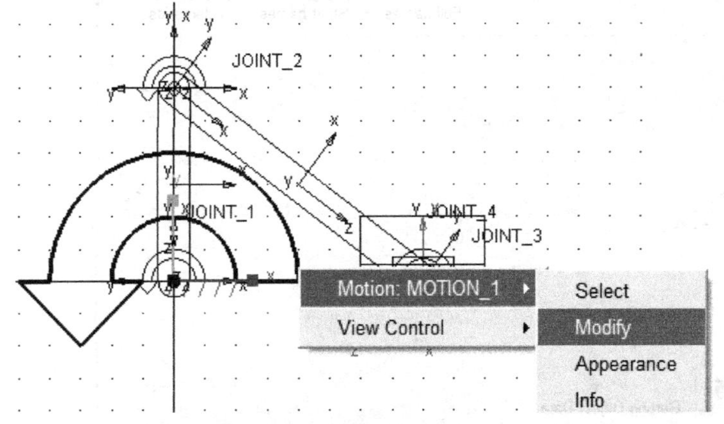

图 4.8　驱动属性修改菜单项

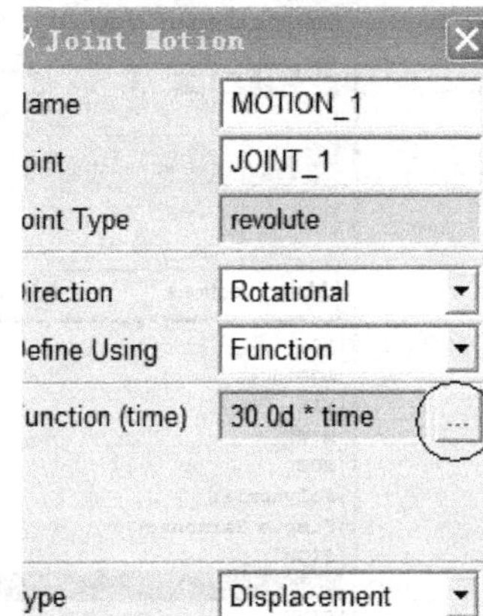

图 4.9　旋转驱动属性对话框

单击 Function(time)后的 ... 按钮，则弹出 Function Builder 对话框，如图 4.10 所示。

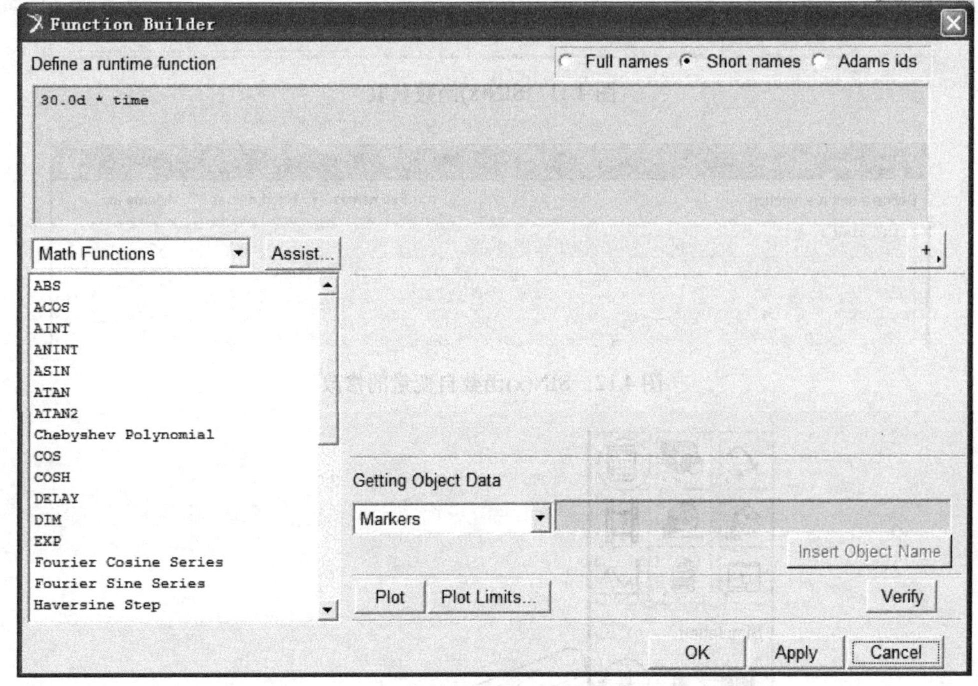

图 4.10　函数构造器

在 Define a runtime function 中输入所需要的函数，也可以在 Math Functions 下拉列表中选择所需要的函数后双击，则该函数会出现在 Define a runtime function 中。

本例中的驱动函数为 SIN，双击 SIN 函数则出现如图 4.11 所示的 Function Builder 对话框。

显然，本例中的变量 x 应为时间 time，所以，修改函数为图 4.12 所示的形式。

单击“OK”按钮，进入主界面。

（5）仿真模型。

根据图 4.13 所示的设置对模型进行仿真。

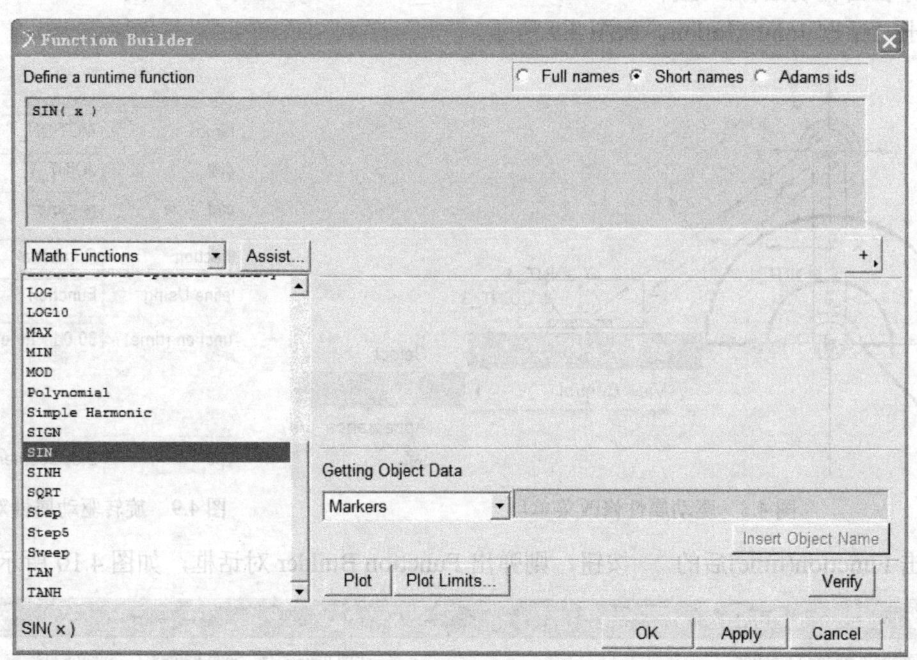

图 4.11 SIN(x)函数获取

图 4.12 SIN(x)函数自变量的修改

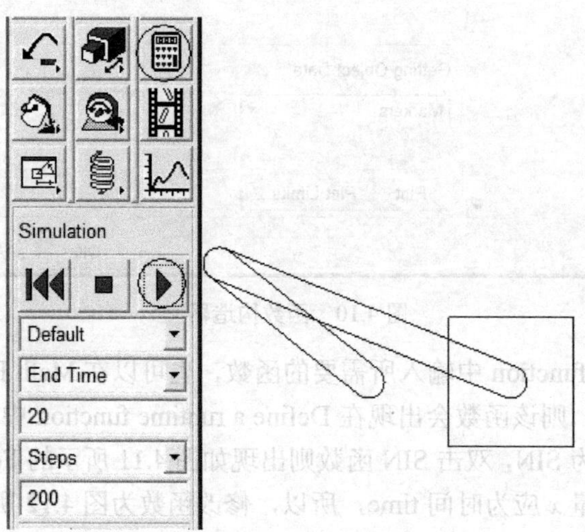

图 4.13 机构仿真设置

进入后处理模块，添加滑块的位移曲线，如图 4.14 所示。

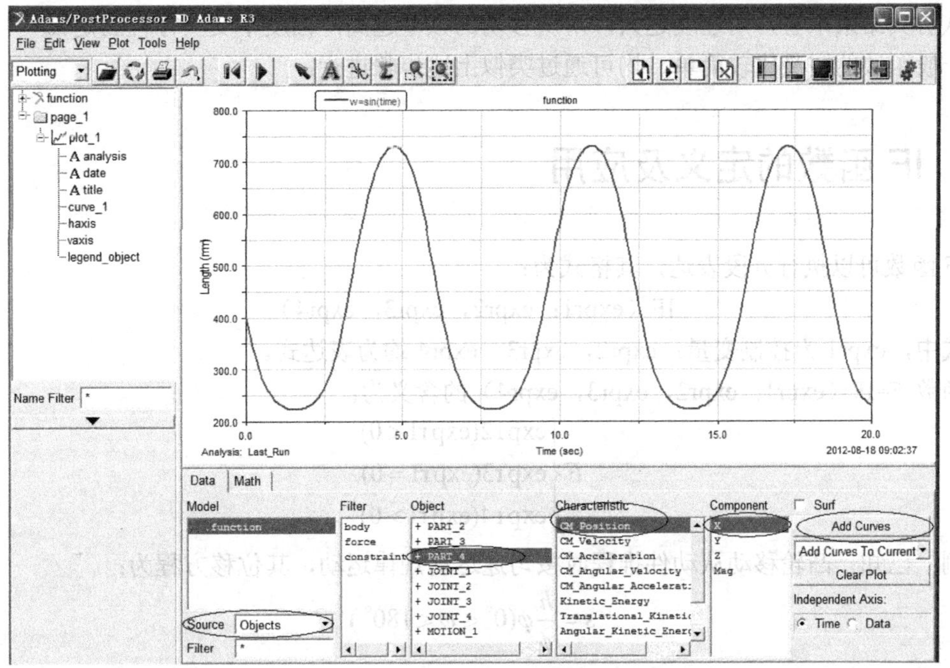

图 4.14　滑块位移曲线

驱动函数为 $M = \sin(\omega t)$，显然 ω 不同，滑块的运动特性不同，分别设 $\omega = \pi$ 及 $\omega = 2\pi$ 对比仿真结果，此时 motion 的函数分别变为：SIN(pi*time)及 SIN(2*pi*time)，如图 4.15 所示。

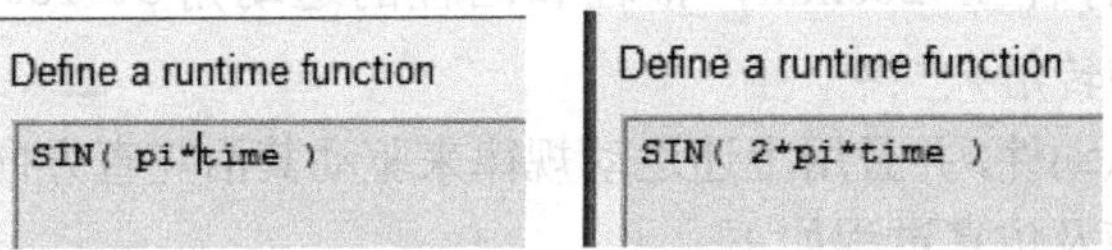

图 4.15　驱动的修改

重复仿真过程并在后处理中添加不同驱动时所对应的滑块位移曲线，如图 4.16 所示。

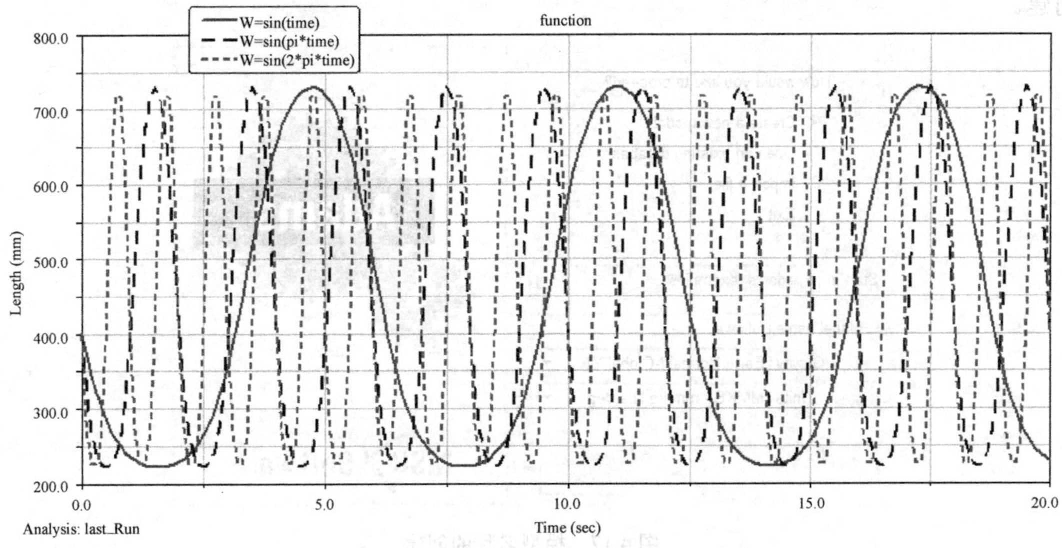

图 4.16　不同驱动所对应的滑块位移曲线

从仿真结果来看，角速度越大，滑块移动的频率越高，幅度不变（行程固定）。

一般函数的定义比较简单，均可通过类似上述步骤进行。

4.2 IF 函数的定义及应用

IF 函数可以执行分段表达，其格式为：

IF（expr1：expr2，expr3，expr4）

式中，expr1 为控制变量；expr2，expr3，expr4 均为表达式。

函数 F=IF（expr1：expr2，expr3，expr4）的含义为：

$$F\begin{cases}\mathrm{expr2}(\mathrm{expr1}<0)\\ \mathrm{expr3}(\mathrm{expr1}=0)\\ \mathrm{expr4}(\mathrm{expr1}>0)\end{cases}$$

例：已知一凸轮移动从动件推程时按匀速运动规律运动，其位移方程为：

$$s=\frac{h}{\phi}\varphi(0^\circ\leqslant\varphi\leqslant180^\circ)$$

回程时按简谐运动规律运动，其位移方程为：

$$s=\frac{h}{2}\left\{1+\cos\left[\frac{\pi}{\phi}(\varphi-180)\right]\right\}(180^\circ\leqslant\varphi\leqslant360^\circ)$$

其中，从动件的行程 h=200mm，推程和回程的运动角 $\phi=180^\circ$，凸轮的转动角速度 $\omega=30$（°）/s，凸轮的转角 $\varphi=\omega t$。

试建立一个移动从动件，并且用上述运动规律来驱动其沿竖直方向运动，输出其位移曲线。

该凸轮机构的建模及仿真过程如下。

（1）启动 ADAMS，创建模型名称。

双击桌面上的图标，启动 ADAMS/View。按照图 4.17 所示的步骤完成模型名称的创建。

图 4.17　模型名称的创建

- 选择创建新的模型（How would you like to proceed）：Create a new model；
- 设置起始位置（Start in）：F:\adams examples；
- 输入模型名称（Model name）：follower；
- 单击“OK”按钮，完成模型名称的创建。

（2）设置工作环境。

本模型可使用默认的单位、工作栅格、图标大小。

在主菜单中选择 View→Coordinate Window F4 菜单项或单击工作区域后按 F4 键打开光标位置显示。

（3）创建从动件。

选择几何建模工具按钮，建立一个长为 200mm，半径为 20mm 的移动从动件，且其质心位于（0，0，0）处（在创建圆柱体时单击工作区中的（0，-100，0）坐标即可），如图 4.18 所示。

（4）创建移动副。

按图 4.19 所示的方法创建从动件与机架间的移动副。

（5）施加驱动。

① 按图 4.20 所示的方法为移动副添加一个移动的驱动，其名称为 MOTION_1。

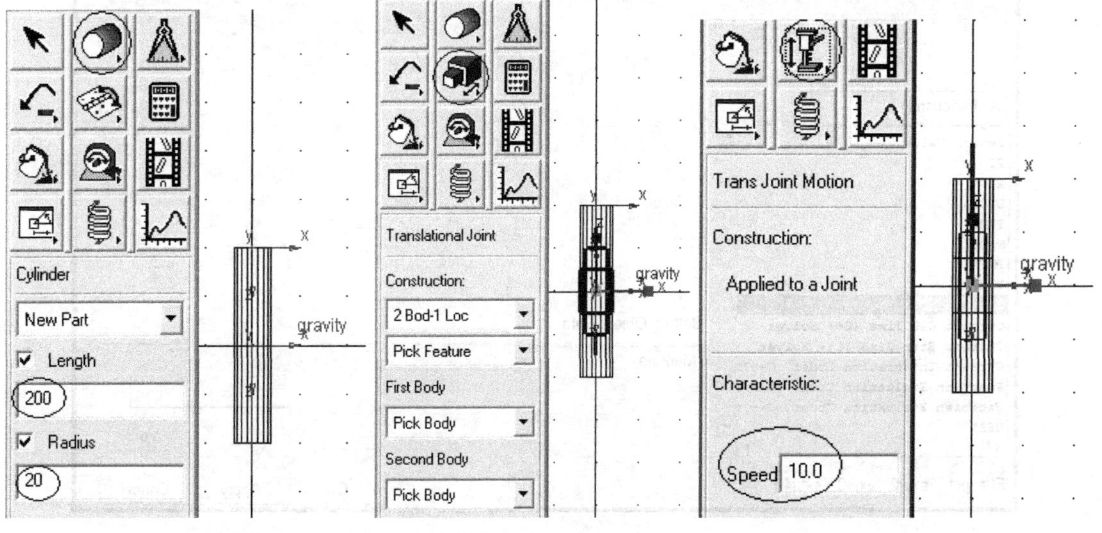

图 4.18　从动件的创建　　图 4.19　创建移动副　　图 4.20　施加驱动

② 右击 MOTION_1，弹出快捷菜单，选择 Motion：MOTION_1→Modify 菜单项，弹出 Joint Motion 对话框，如图 4.21 所示。

单击 Function（time）后的按钮，打开 Function Builder 对话框，删除 Define a runtime function 文本框中默认的函数 10.0*time，如图 4.22 所示。

在对话框中选择下拉列表框中的 All Function 选项，找到 IF 函数，双击该函数，则该函数在 Define a runtime function 文本框中出现：

IF（expr1：expr2，expr3，expr4），如图 4.23 所示。

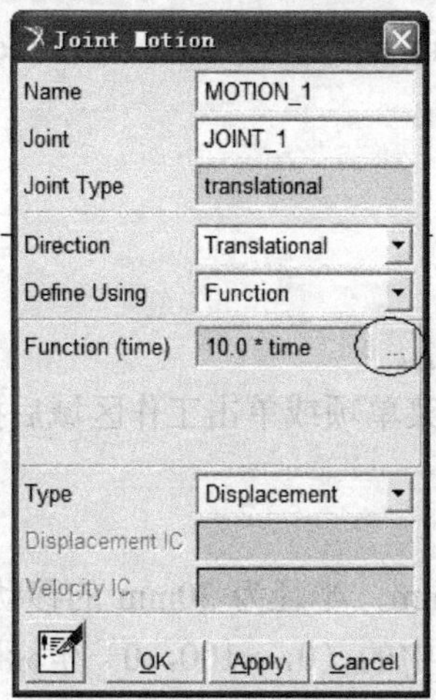

图 4.21　驱动属性的修改

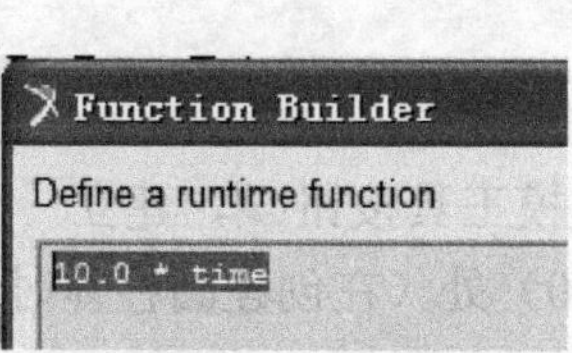

图 4.22　函数构造器

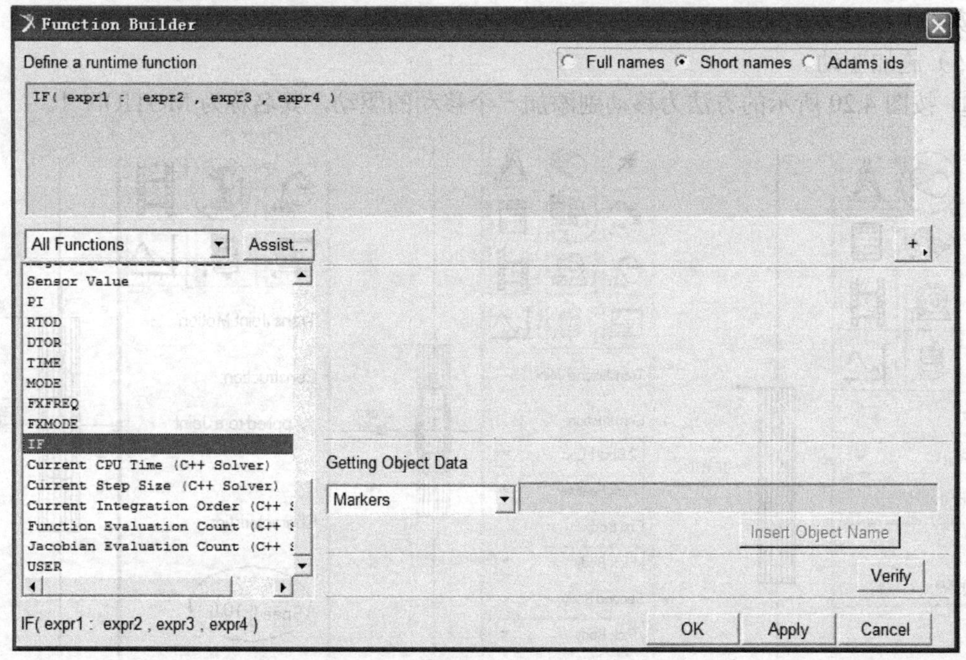

图 4.23　IF 函数的获取及其基本格式

根据 IF 函数的定义，分析从动件的运动规律，由题目可知，机构运动的周期为 12s，前 6s 匀速上升 200mm，后 6s 以简谐运动规律回到初始位置，则位移 s 的运动规律用 IF 函数可表达为：

$$
s=\begin{cases}
\dfrac{200}{180}\times 30\times \text{time} & (\text{time}-6<0)\\
200 & (\text{time}-6=0)\\
\dfrac{200}{2}\times\left\{1+\cos\left[\dfrac{\text{PI}}{180}\times(30\times \text{time}-180)\right]\right\} & (\text{time}-6>0)
\end{cases}
$$

因此，在 Define a runtime function 文本框中按 IF 函数的格式书写为：

IF（time-6：200/180*30*time，200，200/2*（1+cos（PI/180*（30*time-180））））如图 4.24 所示，输入函数后，可在窗口右下角单击 Verify 对函数的正确性进行验证，若弹出 Function syntax is correct，则函数正确，如图 4.24 所示，否则显示错误，并给出提示信息指明错误所在。

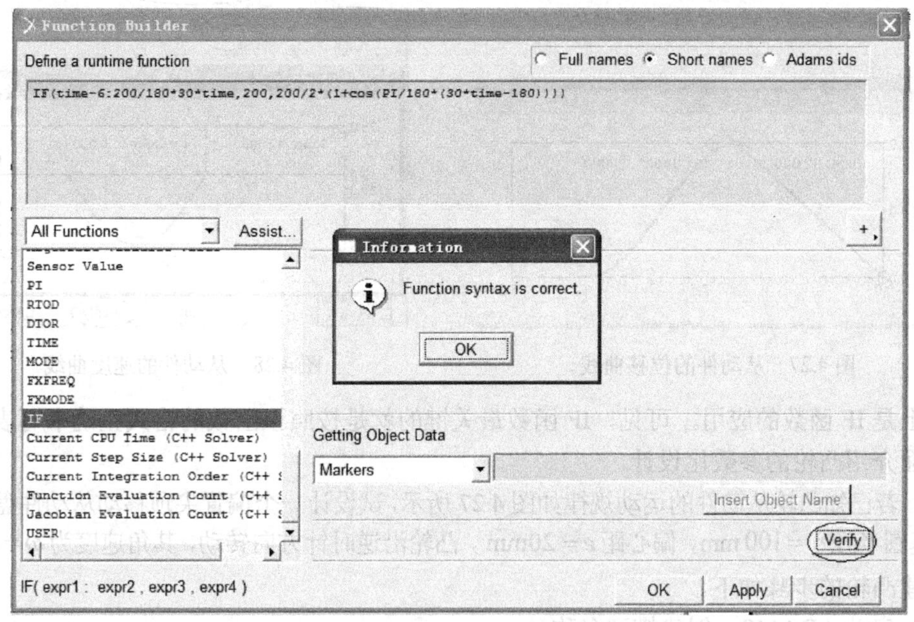

图 4.24　函数修改及查错

连续单击“OK”按钮进入主工作区，按如图 4.25 所示的设置对该从动件进行仿真，则从动件上下往复移动，右击从动件选择 Marker：cm\Measure 弹出测量对话框，在 Characteristic 中选择 Translational displacement，在 Component 中选择 Y 分量，如图 4.26 所示。

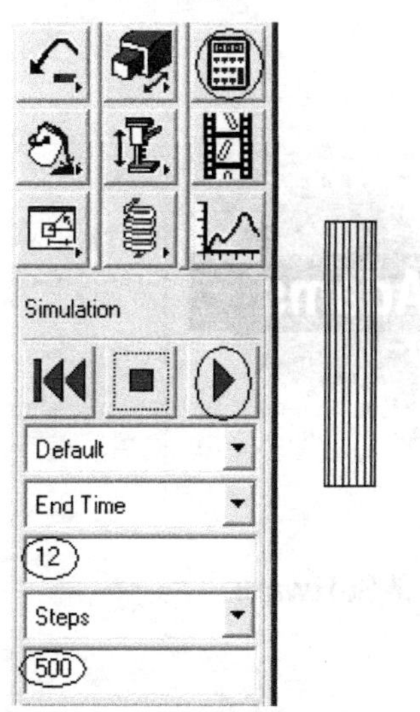

图 4.25　机构仿真

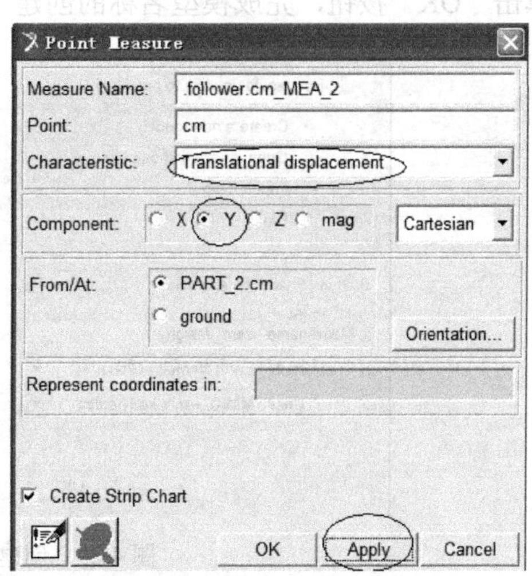

图 4.26　测量选择的设置

单击“Apply”按钮，则获得从动件沿 Y 轴的位移曲线，如图 4.27 所示。

可见，从动件很好地按照预期函数完成了推程及回程运动。同理可测得从动件沿 Y 轴的速度曲线，如图 4.28 所示。

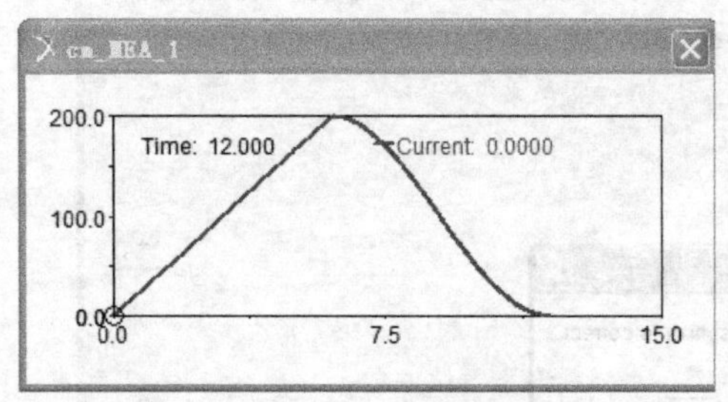

图 4.27　从动件的位移曲线

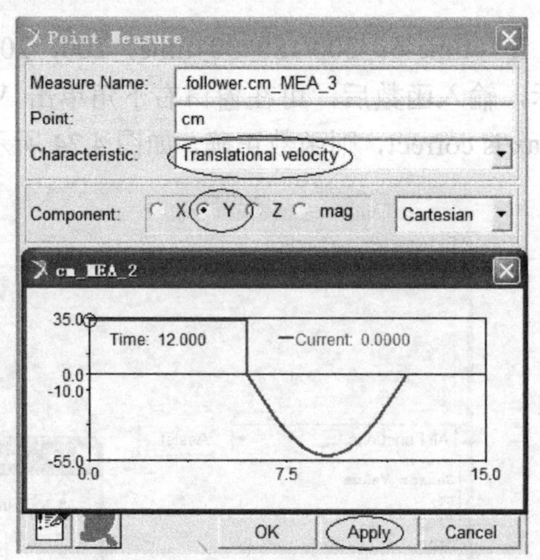

图 4.28　从动件的速度曲线

以上是 IF 函数的应用，可见，IF 函数最关键的就是按照该函数的格式正确书写表达式。下面介绍凸轮的参数化设计。

例　若已知凸轮从动件的运动规律如图 4.27 所示，试设计一个偏置尖顶移动从动件盘形凸轮。已知，基圆半径 $r_0 = 100$ mm，偏心距 $e = 20$mm，凸轮沿逆时针方向转动，其角速度为 $\omega = 30(°)/\mathrm{s}$。

创建凸轮的步骤如下。

（1）启动 ADAMS，创建模型名称。

双击桌面上的图标，启动 ADAMS/View。按照图 4.29 所示的步骤完成模型名称的创建：

- 选择创建新的模型（How would you like to proceed）：Create a new model；
- 设置起始位置（Start in）：F:\adams_examples；
- 输入模型名称（Model name）：cam_design；
- 单击“OK”按钮，完成模型名称的创建。

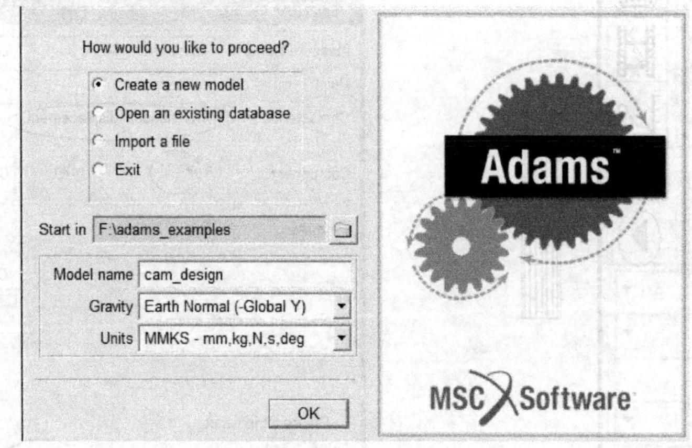

图 4.29　创建模型名称

（2）设置工作环境。

本模型可使用默认的单位、工作栅格、图标大小。

在主菜单中选择 View→Coordinate Window F4 菜单项或单击工作区域后按 F4 键打开光标位置显示。

（3）创建从动件。

选择几何建模工具展开按钮，建立一个高为 50mm，底面半径为 10mm，尖顶半径为 0.01mm 的锥体，并使其尖顶位于（0，0，0）处（单击（0，50，0）即可），如图 4.30（a）所示。单击展开按钮建立一个高为 300mm，半径为 10mm 的圆柱体，并将其和锥体布尔加为一体，如图 4.30（b）所示。

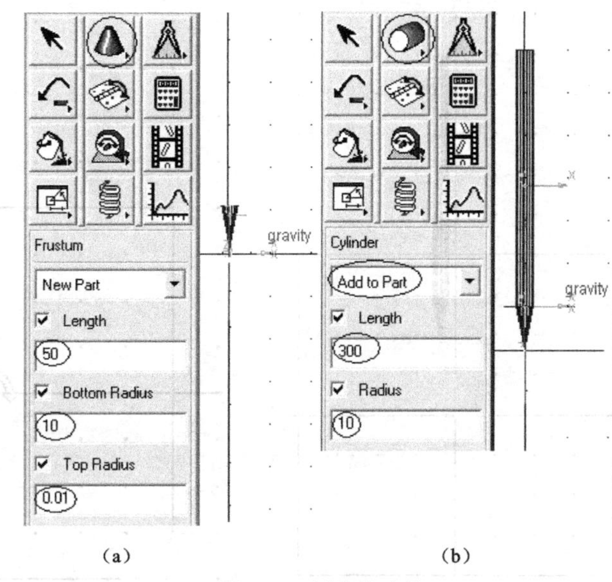

（a）　　（b）

图 4.30　创建从动件

注：为使两个构件合二为一，创建圆柱体时在 Cylinder 下拉选项中一定要选择 Add to Part 选项。

根据题目所给的偏心距和基圆半径，可确定尖顶在凸轮上的起始位置为（20，98，0），将从动件移动到该位置，如图 4.31 所示。

（4）添加 Marker 点。

在从动件的尖顶处添加一个 Marker 点，如图 4.32 所示。

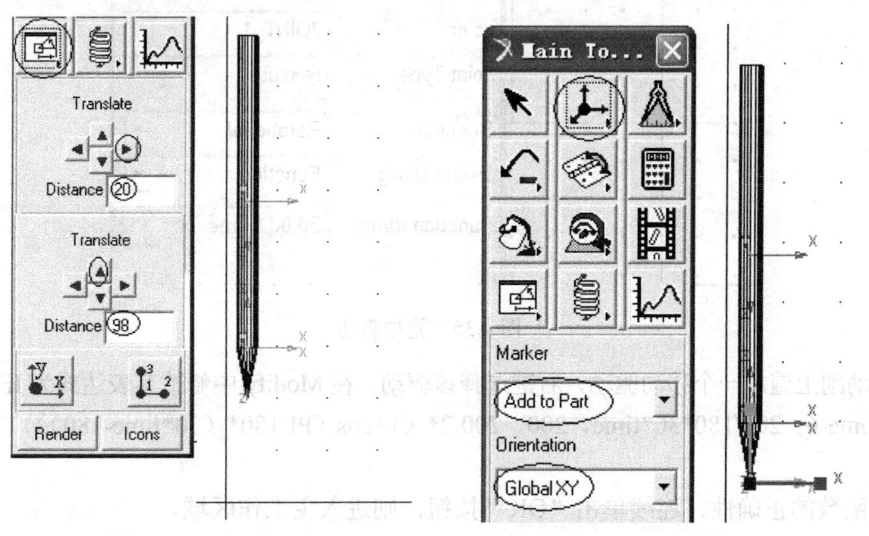

图 4.31　从动件的位置调整　　图 4.32　添加 Marker 点

（5）创建凸轮板。

如图 4.33 所示，创建一个 400mm×400mm×10mm 的长方体作为生成凸轮轮廓曲线的凸轮板。

（6）创建运动副。

在凸轮板和机架之间创建一个转动副、在从动件和机架之间创建一个移动副，如图 4.34 所示。

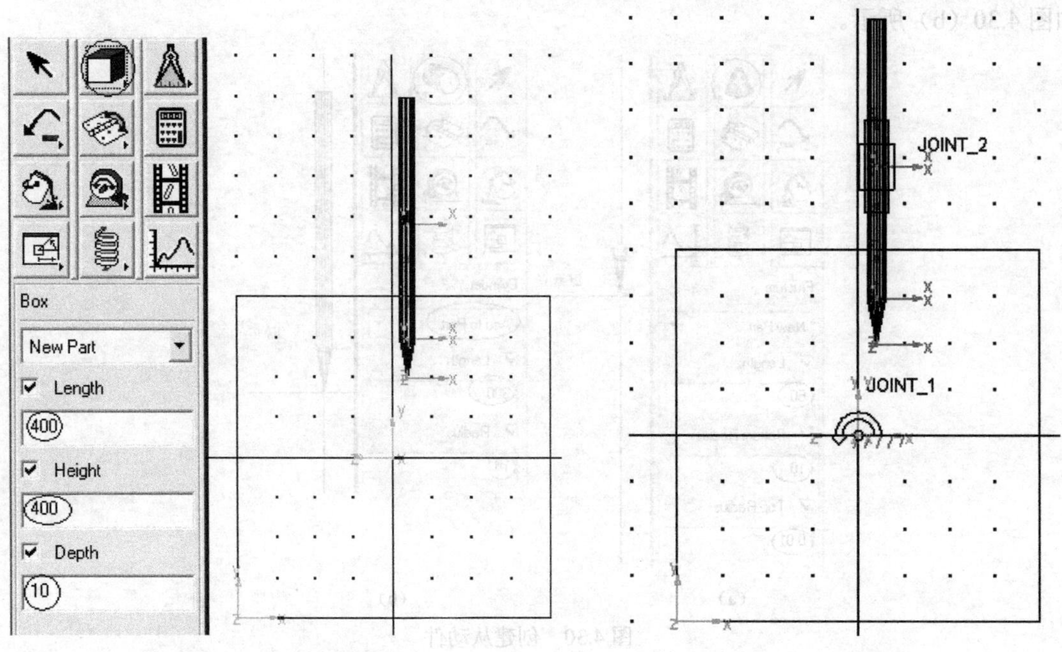

图 4.33　创建凸轮板　　　　图 4.34　创建运动副

（7）施加驱动。

在旋转副上施加一个旋转驱动，其角速度为 30（°）/s，如图 4.35 所示。

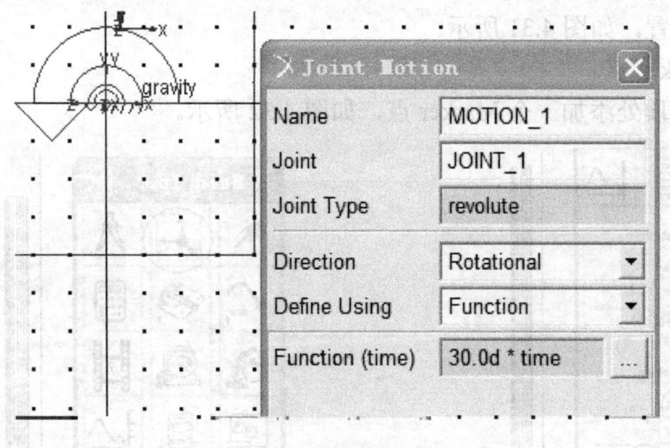

图 4.35　施加驱动

在移动副上施加一个移动驱动，右键选择该驱动，在 Modify 中修改其表达式为 IF 函数形式：

IF（time-6：200/180*30*time，200，200/2*（1+cos（PI/180*（30*time-180）））），如图 4.36 所示。

检查函数的正确性，连续单击“OK”按钮，则进入主工作区域。

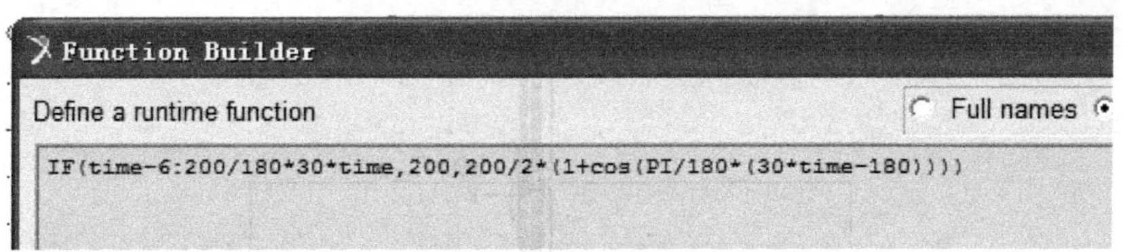

图 4.36　函数构造器

（8）仿真模型。

按图 4.37 所示设置仿真模型。

（9）获取凸轮轮廓曲线。

选择 Review→Create Trace Spline 菜单项，单击上述步骤所创建的位于移动从动件上的 Marker 点 MARKER_3，单击凸轮，得到从动件尖顶相对于凸轮的运动轨迹，亦即凸轮的轮廓曲线 CURVE_4，如图 4.38 所示。

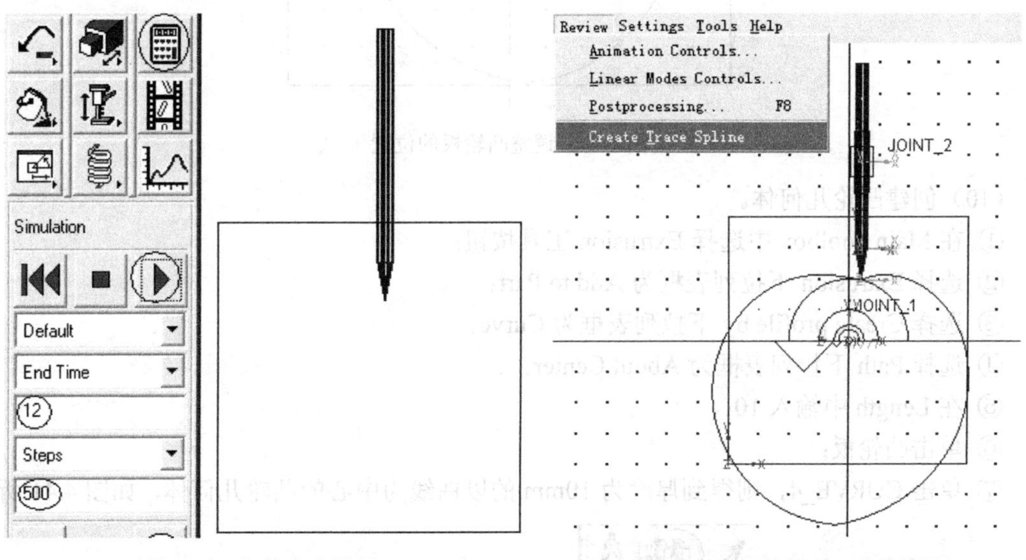

图 4.37　机构仿真设置　　图 4.38　追踪 Marker 点的轨迹

从图中可见，凸轮板过小，右击凸轮板弹出 Geometry Modify Shape Block，修改凸轮板尺寸，如图 4.39 所示。

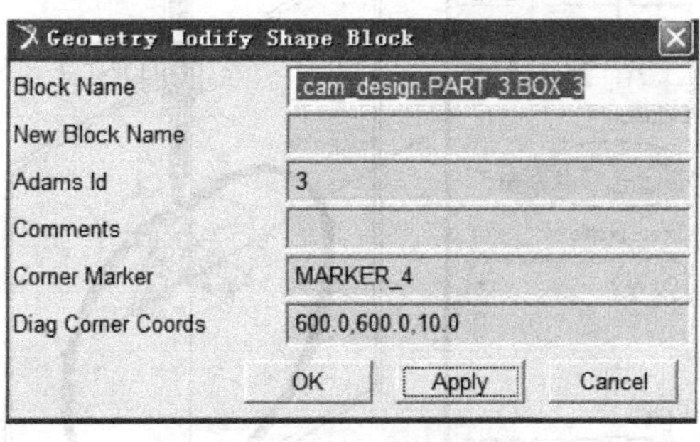

图 4.39　调整凸轮板的大小

将其中的 Diag Corner Coords 修改为 600.0，600.0，10.0，单击“OK”按钮，发现凸轮板变大，但中心不在（0，0，0）点，可通过移动工具进行移动，使其中心与（0，0，0）点重合，如图 4.40 所示。

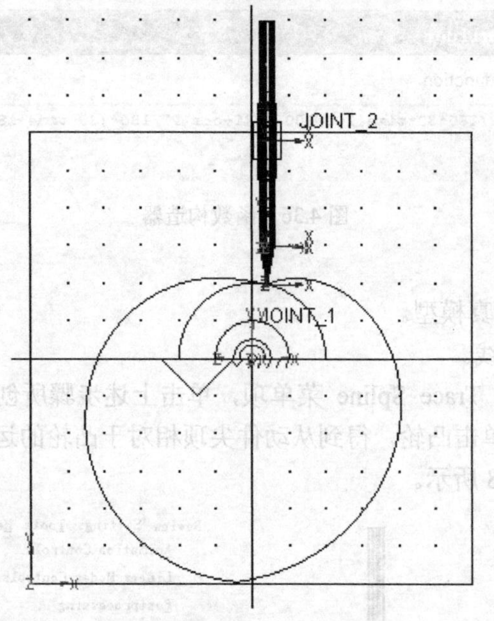

图 4.40　调整凸轮板的位置

（10）创建凸轮几何体。

① 在 Main Toolbox 中选择 Extrusion 工具按钮；

② 选择 Extrusion 下拉列表框为 Add to Part；

③ 选择 Create profile by 下拉列表框为 Curve；

④ 选择 Path 下拉列表框为 About Center；

⑤ 在 Length 中输入 10；

⑥ 单击凸轮板；

⑦ 单击 CURVE_4，则得到厚度为 10mm 的以曲线为中心的凸轮几何体，如图 4.41 所示。

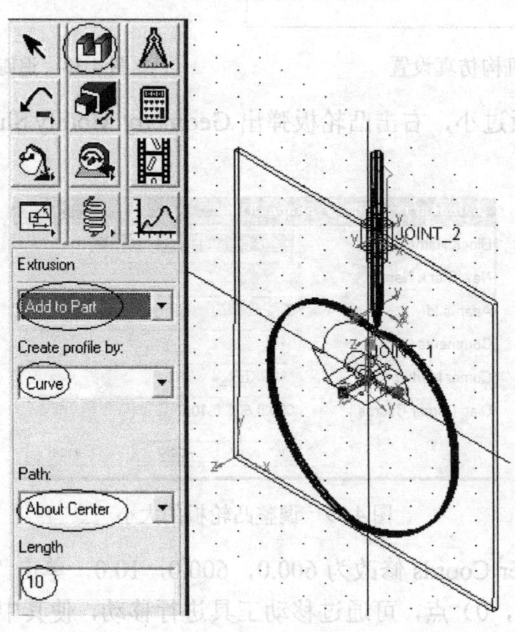

图 4.41　拉伸曲线

（11）删除凸轮板，如图 4.42 所示。

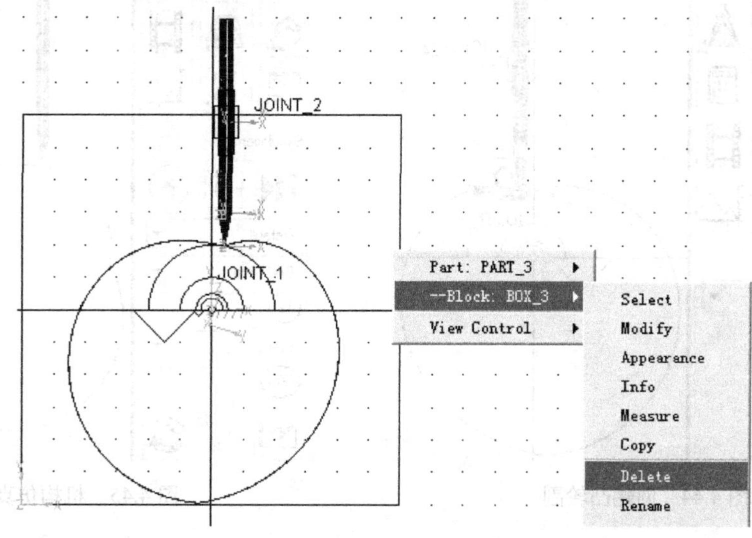

图 4.42 删除凸轮板

（12）删除原移动驱动，如图 4.43 所示。

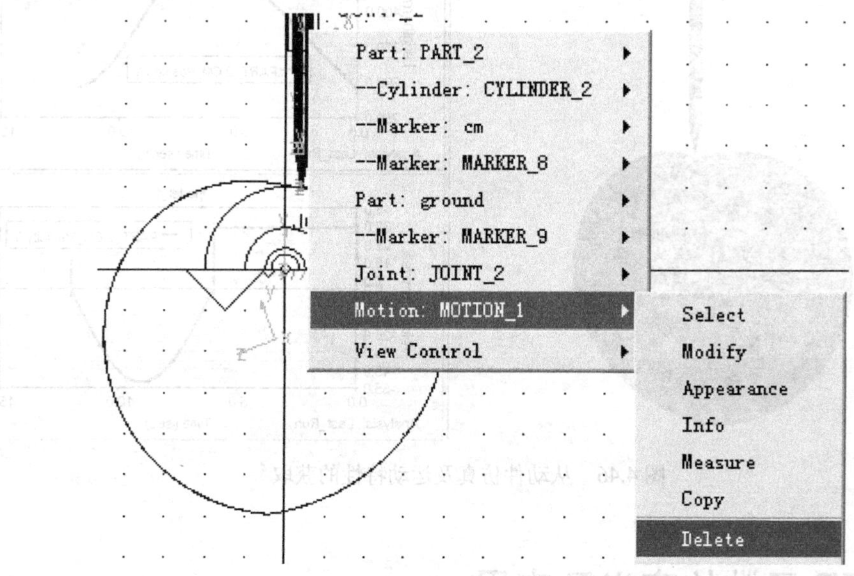

图 4.43 删除原移动驱动

（13）创建凸轮副。

选择凸轮副工具按钮，单击位于移动从动件尖顶的 Marker 点（前述步骤所创建的），选择 CURVE_4，则可创建出凸轮副，如图 4.44 所示。

（14）仿真机构。

按图 4.45 所示设置仿真该凸轮机构。

（15）测试从动件位移。

进入后处理模块，对从动件沿 Y 方向的位移及速度进行测量，获取其位移及速度曲线图，如图 4.46 所示。

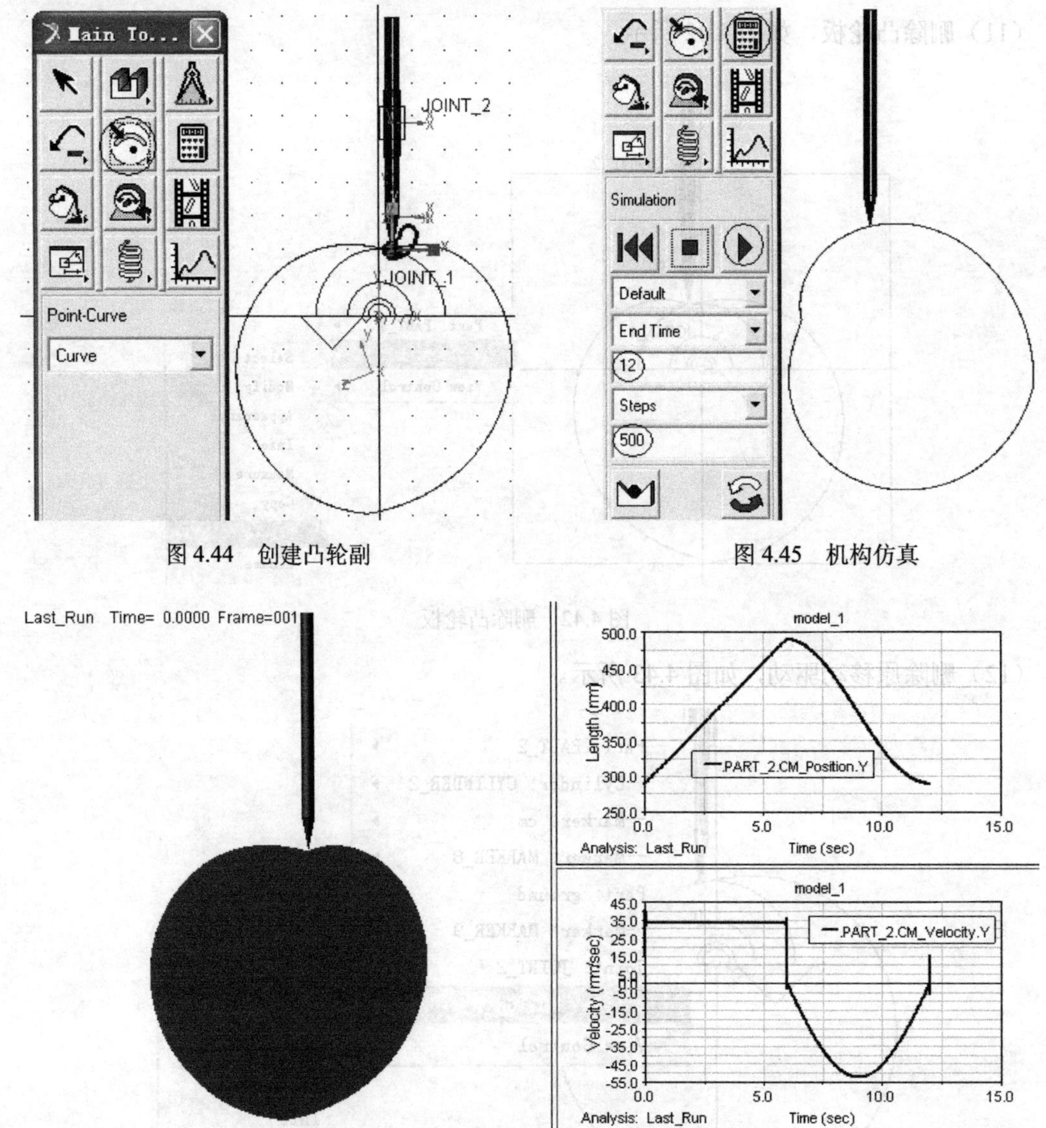

图 4.44 创建凸轮副

图 4.45 机构仿真

图 4.46 从动件仿真及运动特性的获取

4.3 STEP 函数的定义及应用

STEP 函数可以实现阶跃。其格式为：

$$\mathrm{STEP}(x,\ x_0,\ h_0,\ x_1,\ h_1)$$

式中，x 为变量，x_0，x_1 分别为变量 x 的初始值和终止值；h_0 和 h_1 分别为对应 x_0 和 x_1 的函数值。

对于函数 F=STEP(x，x_0，h_0，x_1，h_1)，其含义为：

$$F=\begin{cases} h_0 & (x \leqslant x_0) \\ h & (x_0 < x < x_1) \\ h_1 & (x \geqslant x_1) \end{cases}$$

式中，h 为由 STEP 函数自动拟合给出的值。与上述函数表达式对应的曲线如图 4.47 所示。

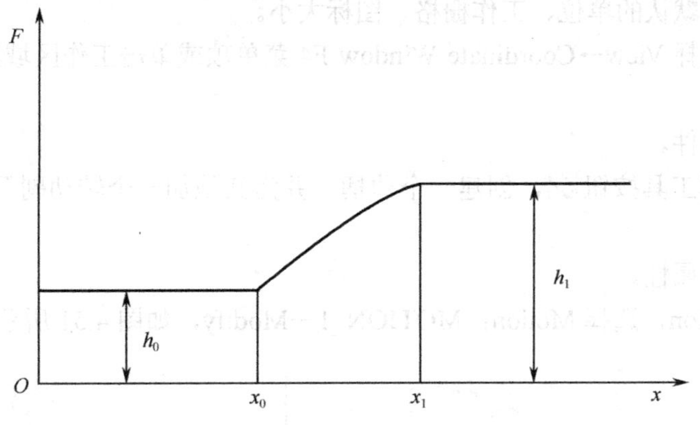

图 4.47　STEP 函数曲线图

例　若已知某机械上曲柄角速度的初始值为 10（°）/s，要求每过 1s 就增加 10°，如图 4.48 所示，试为该曲柄添加合适的驱动函数，使之满足图 4.48 所示的要求。

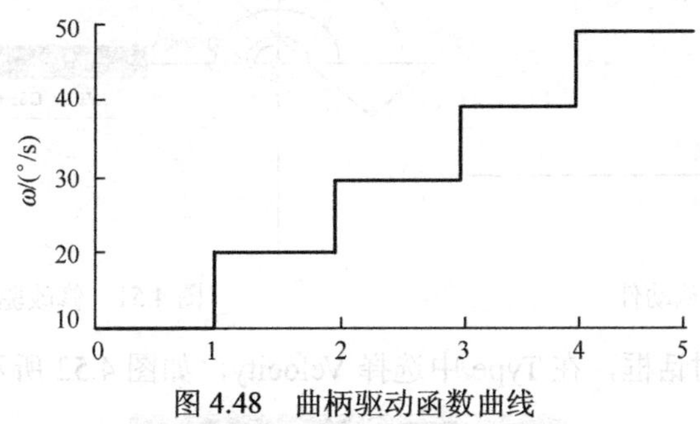

图 4.48　曲柄驱动函数曲线

创建该函数的步骤如下：

（1）启动 ADAMS，创建模型名称。

双击桌面上的图标，启动 ADAMS/View。按照图 4.49 所示的步骤完成模型名称的创建：

- 选择创建新的模型（How would you like to proceed）：Create a new model；
- 设置起始位置（Start in）：F:\adams_examples；
- 输入模型名称（Model name）：step；
- 单击"OK"按钮，完成模型名称的创建，如图 4.49 所示。

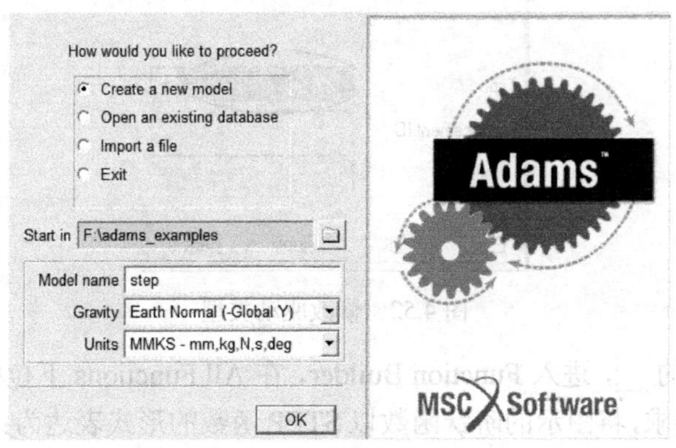

图 4.49　创建模型名称

（2）设置工作环境。

本模型可使用默认的单位、工作栅格、图标大小。

在主菜单中选择 View→Coordinate Window F4 菜单项或单击工作区域后按 F4 键打开光标位置显示。

（3）创建从动件。

单击几何建模工具按钮，创建一个曲柄，并为其施加一个转动副及一个旋转驱动，如图 4.50 所示。

（4）修改驱动属性。

右击驱动 motion，选择 Motion：MOTION_1→Modify，如图 4.51 所示。

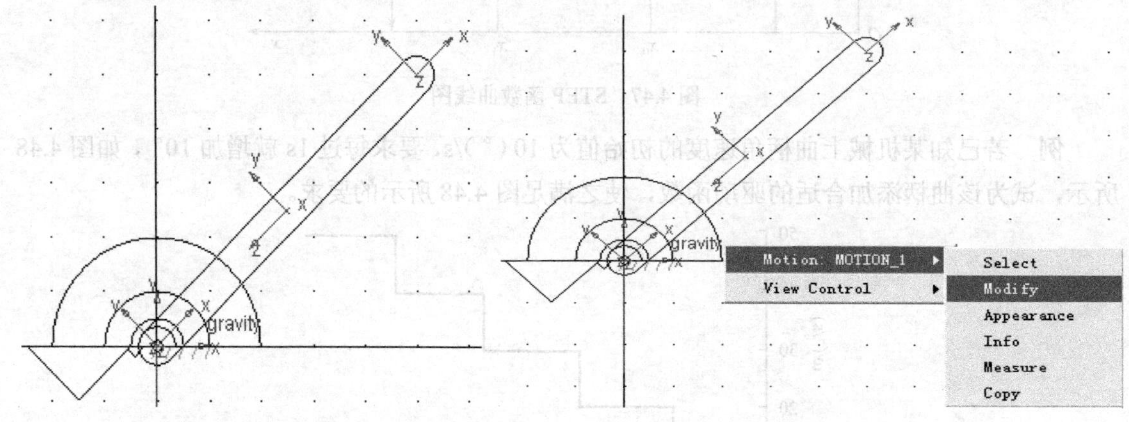

图 4.50　创建从动件　　　　图 4.51　修改驱动属性

进入 Joint Motion 对话框，在 Type 中选择 Velocity，如图 4.52 所示。

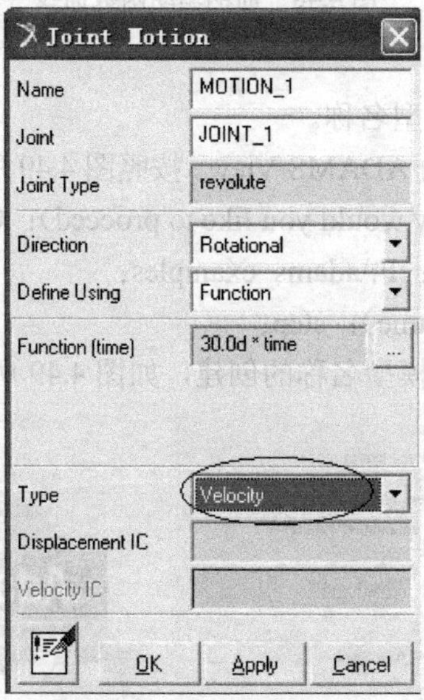

图 4.52　修改驱动类型

单击 Function 后的，进入 Function Builder，在 All Functions 下拉框中找到 STEP 函数并双击，此时根据题目要求，将图示的阶跃函数以 STEP 函数的形式表达为：10*pi/180+STEP(time，1,0,1.01,10*pi/180)+STEP(time，2,0,2.01,10*pi/180)+STEP(time，3,0,3.01,10*pi/180)+STEP(time，

4,0,4.01,10*pi/180)。

将 STEP 函数输入 Define a runtime function 中，如图 4.53 所示。

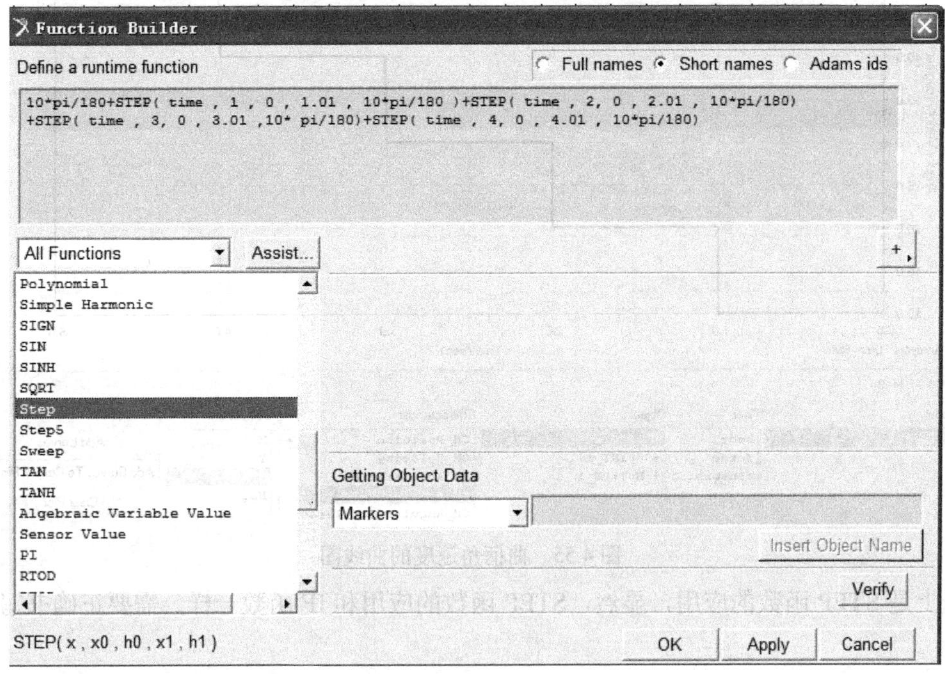

图 4.53　添加 STEP 函数

检查函数的正确性，连续单击“OK”按钮，进入主工作区，按图 4.54 所示设置仿真模型。

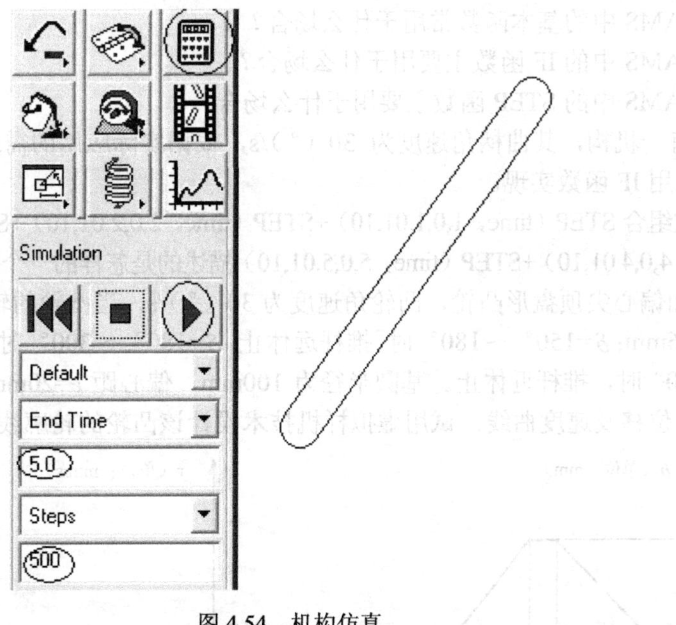

图 4.54　机构仿真

进入后处理模块，添加曲柄的角速度，如图 4.55 所示。

可见，曲柄较好地完成了题目要求的阶跃函数。

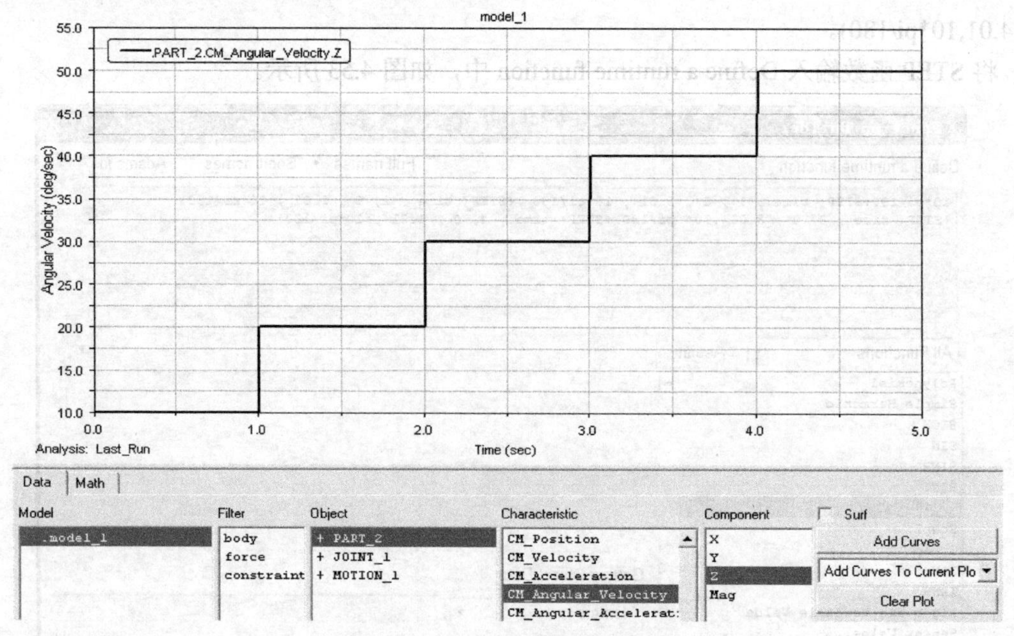

图 4.55　曲柄角速度的曲线图

以上是 STEP 函数的应用，显然，STEP 函数的应用和 IF 函数一样，需要正确书写函数。

习　题　4

4.1　ADAMS 中的基本函数常用于什么场合？

4.2　ADAMS 中的 IF 函数主要用于什么场合？

4.3　ADAMS 中的 STEP 函数主要用于什么场合？

4.4　现有一机构，其曲柄角速度为 30（°）/s，根据实际应用的需求，该曲柄正转一周后反转一周。试用 IF 函数实现。

4.5　函数组合 STEP（time，1,0,1.01,10）+STEP（time，2,0,2.01,10）+STEP（time，3,0,3.01,10）+STEP（time，4,0,4.01,10）+STEP（time，5,0,5.01,10）描述的是怎样的一个函数？试用图形表示之。

4.6　已知偏心尖顶盘形凸轮，凸轮角速度为 30（°）/s，当凸轮的转角δ =0～150°时，推杆等速上升 16mm；δ=150°～180°时，推杆远休止；δ=180°～300°时，推杆等速下降 16mm；δ=300°～360°时，推杆近休止。基圆半径为 100mm，偏心距 e=20mm，右偏置。图 4.56 所示为从动件的位移及速度曲线，试用虚拟样机技术设计该凸轮的轮廓线。

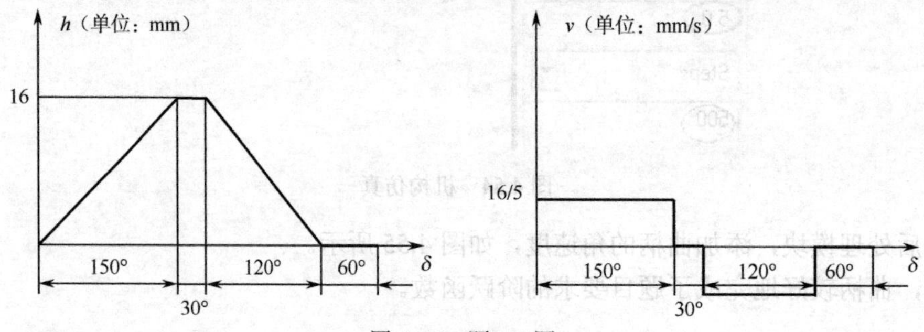

图 4.56　题 4.6 图

第 5 章　用户化设计简介

ADAMS/View 的用户化设计可通过其二次开发功能为用户提供依据用户特殊用途的设计接口。

ADAMS/View 用户化设计主要包括定制用户界面（对话框和菜单）、宏命令和条件循环语句。它们建立在 ADAMS 命令语言的基础上，是虚拟样机技术应用的核心内容之一。

5.1　对话框开发

对话框是用户交互最直接的界面。

例　设计一个铰链四杆机构对话框，可以输入各杆的长度，并且可以进行仿真分析。

对话框的设计过程如下。

（1）启动 ADAMS，创建模型名称。

双击桌面上的图标，启动 ADAMS/View。按照图 5.1 所示的步骤完成模型名称的创建：

- 选择创建新的模型（How would you like to proceed）：Create a new model；
- 设置起始位置（Start in）：F:\adams examples；
- 输入模型名称（Model name）：Dialog_Box；
- 单击“OK”按钮，完成模型名称的创建。

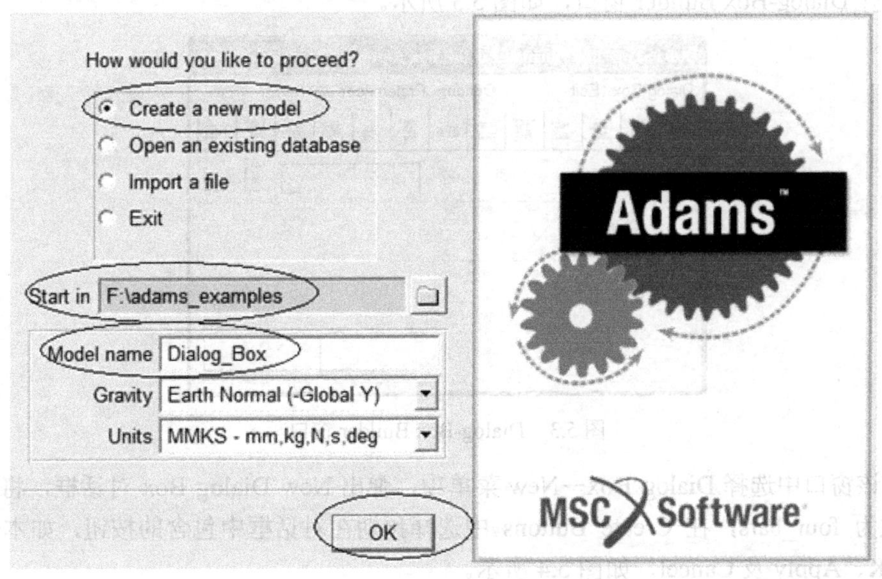

图 5.1　创建机构名称

（2）创建新的对话框。

创建新对话框的步骤如下。

● 选择 Tools→Dialog Box→Create 菜单项，如图 5.2 所示。

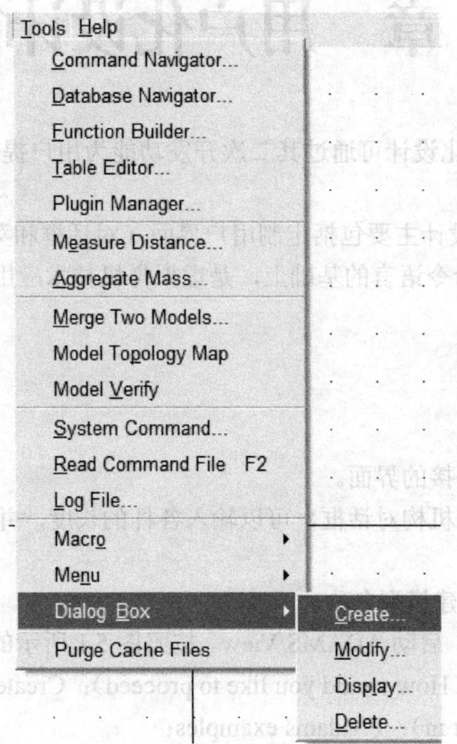

图 5.2 创建对话框菜单项

● 打开 Dialog-Box Builder 窗口，如图 5.3 所示。

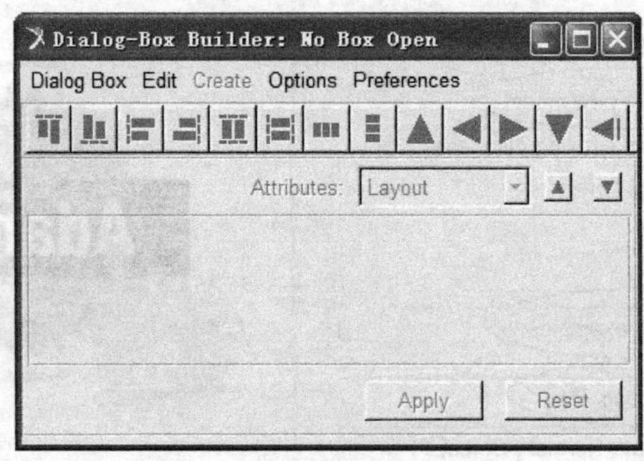

图 5.3 Dialog-Box Builder 窗口

● 在该窗口中选择 Dialog Box→New 菜单项，弹出 New Dialog Box 对话框，将 Name 修改为 four_bars，在 Create Buttons 中选择预期在对话框中包含的按钮，如本例中选择 OK、Apply 及 Cancel，如图 5.4 所示。

● 形成新的对话框，如图 5.5 所示。

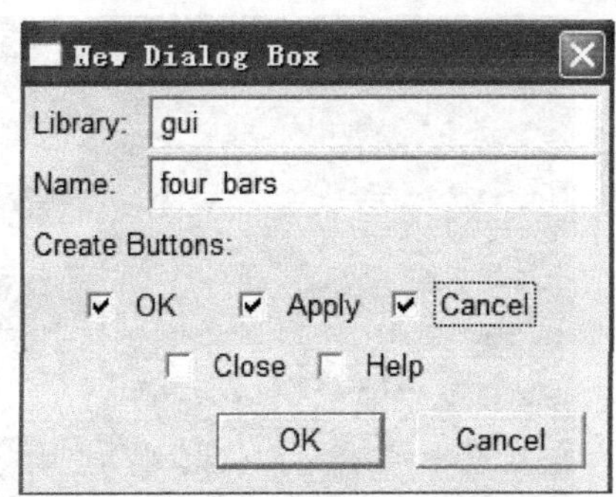

图 5.4　创建新对话框

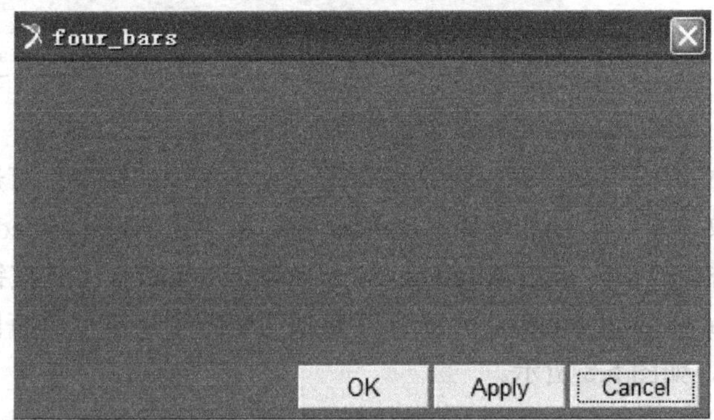

图 5.5　形成新对话框

可对新对话框的尺寸进行修改：在 Dialog Box 窗口的 Attributes 下拉列表框中选择 Layout，更改宽度 Width 为 400、高度 Height 为 300，单击“Apply”按钮完成对话框大小的调整，如图 5.6 所示。

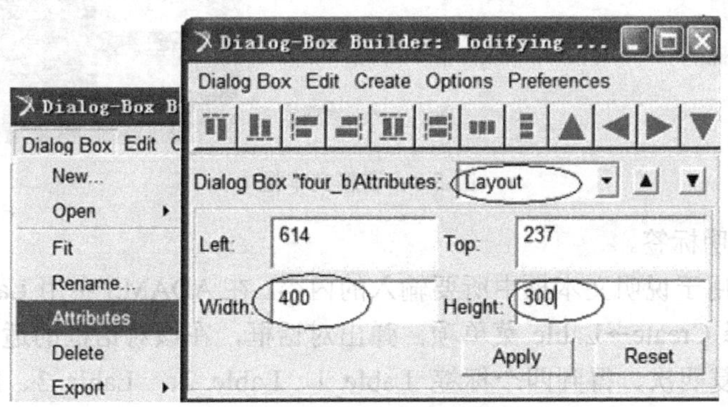

图 5.6　对话框尺寸的修改

● 添加文本框。

本例中的对话框包含四个杆长的输入值，因此对话框中应含有四个输入杆长的文本框，在 ADAMS 中文本框用 field。

在 Dialog Box Builder 窗口中选择 Create→Field 菜单项，弹出对话框，在对话框的适当位置单击得到的文本框，重复选择 Field，单击对话框三次，则依次得到四个文本框 field_1、field_2、field_3、field_4，如图 5.7 所示。

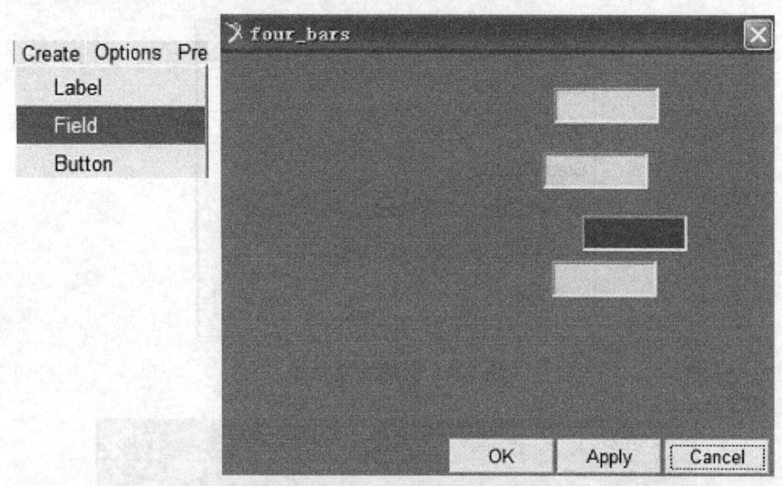

图 5.7 添加文本框

显然，所创建的文本框位置不齐，有时还会出现大小不一的情况，可进行适当调整，方法是：选中需要调整的文本框，在 Dialog Box Builder 窗口中单击 Align left edge of selected objects 工具按钮使三个文本框左对齐；单击 Align height of selected objects 工具按钮使三个文本框具有同等高度；单击 Align width of selected objects 工具按钮使三个文本框具有同等长度，这样就完成了对文本框的调整，如图 5.8 所示。

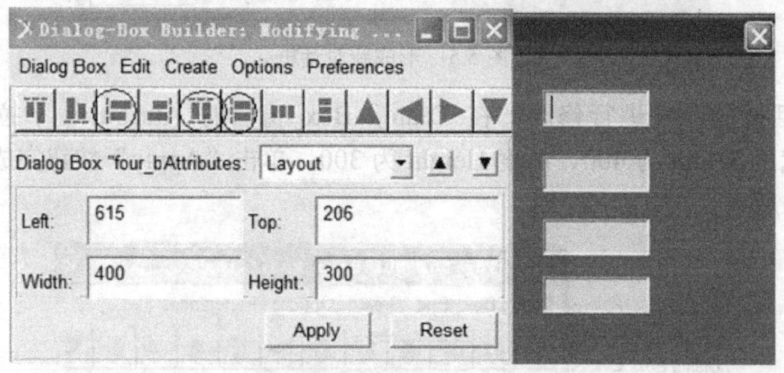

图 5.8 调整文本框

● 创建文字说明标签。

文字说明标签用于说明文本框中所要输入的内容。在 ADAMS 中用 Lable。在 Dialog Box Builder 窗口中选择 Create→Lable 菜单项，弹出对话框，在该对话框的适当位置单击，得到标签 Lable_1，重复四次，得到四个标签 Lable_1、Lable_2、 Lable_3、Lable_4，如图 5.9 所示。

为了更明确地表达文本框的意思，需要修改标签标识：双击标签 Label_1，在 Dialog Box Builder 窗口中选择 Attributes 下拉列表框中的 Appearance，将 Label Text 文本框中的内容 Label 更改为 L_AB，选中 Justified 选项组中的 Center，单击“Apply”按钮完成标签的修改。

同理，将 Lable_2、 Lable_3、Lable_4 标识分别修改为 L_BC、L_CD、L_AD，如图 5.10 所示。

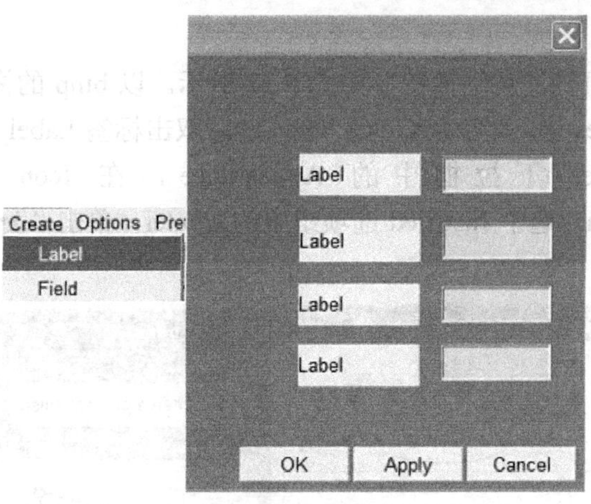

图 5.9　添加标签

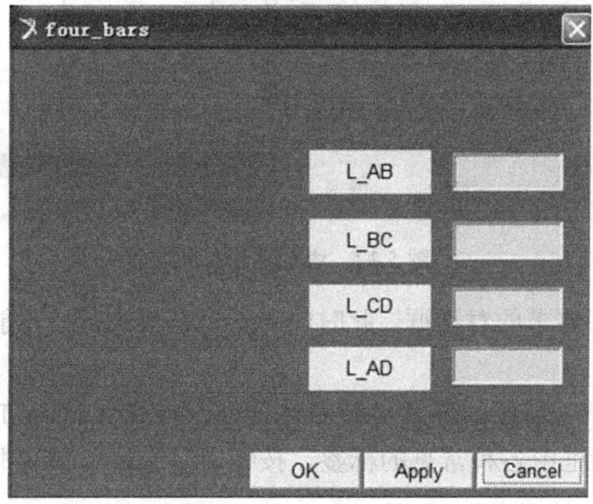

图 5.10　修改标签标识

● 创建图形说明标签。

创建一个用于显示四杆机构运动简图的标签 Label_4，同时创建一个标识机构运动简图的名称 Label_5，并将其修改为 The scheme of mechanism，如图 5.11 所示。

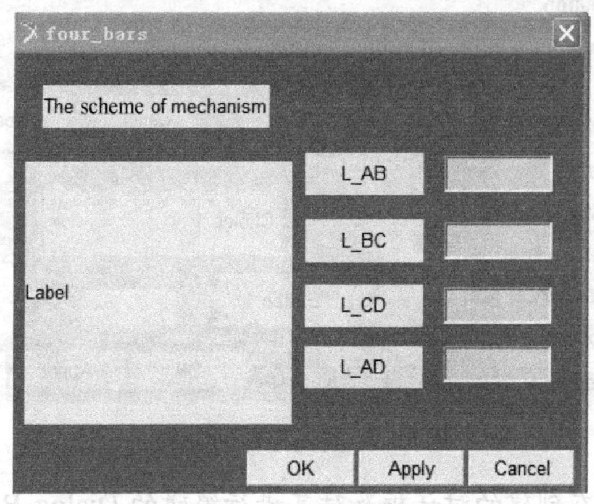

图 5.11　创建图形说明标签

● 添加标签图形。

创建一个铰链四杆机构的运动简图，如图 5.12 所示。以 bmp 的格式保存。本例中将该图保存在 F:\adams_examples 中，命名为 sketch.bmp。然后双击标签 Label_4，在 Dialog Box Builder 窗口中选择 Attributes 下拉框中的 Appearance，在 Icon File 文本框中输入 F:\adams_examples\sketch，选中 Justified 选项组中的 Center，单击“Apply”按钮完成标签图形的添加。

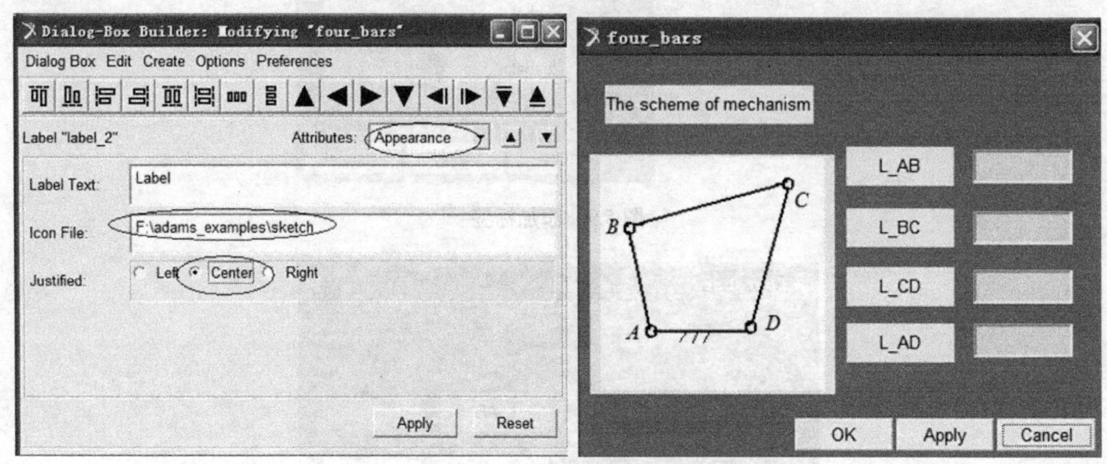

图 5.12　添加图形标签

以上步骤完成了预期要求的对话框。此时的对话框是静态的，不能实现与用户的交流，在本章 5.3 节再做介绍。

同理，可以定制用户所需要的任意类型的对话框，打开 Dialog Box Builder 对话框中的 Create 菜单，可创建对话框中各种常见的标签、按钮、复选框、单选框等，操作方法同前，如图 5.13 所示。

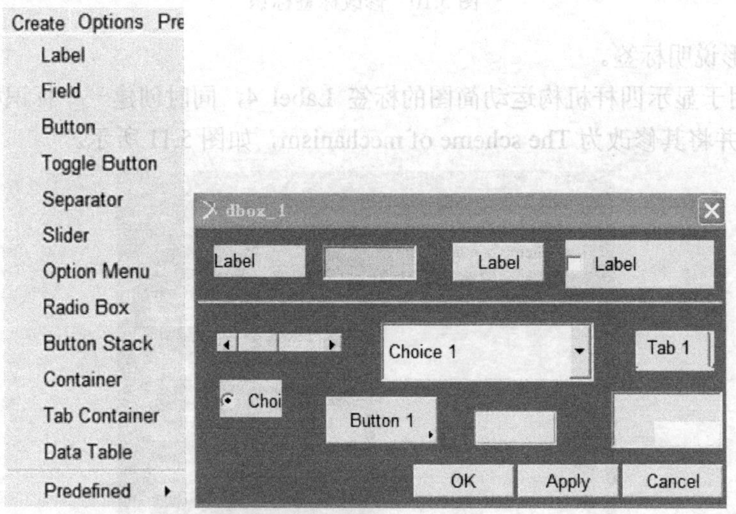

图 5.13　其他控件的添加

注：若不慎关闭了正在创建的对话框及对其进行编辑的 Dialog Box Builder 窗口，可以通过以下步骤重新打开。

打开菜单 Tools，在其下拉菜单中选择 Dialog Box 下面的 Modify 菜单项，如图 5.14 所示，弹出 Database Navigator 窗口，按照字母的先后排列顺序，可找到先前所创建的对话框（按名称查找），如图 5.15 所示。

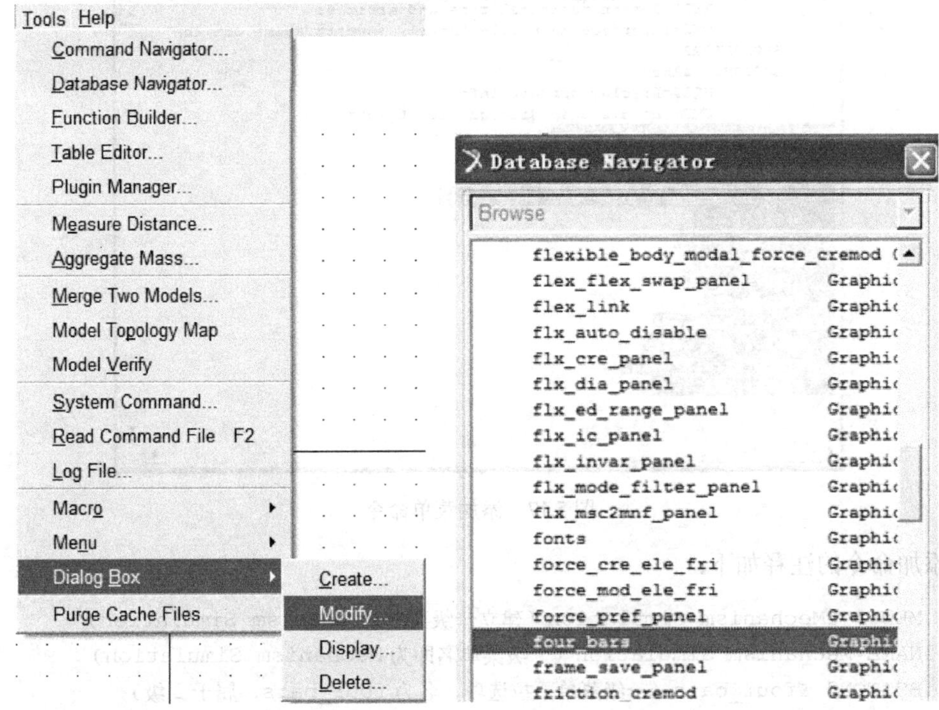

图 5.14　重新打开对话框菜单项　　　　图 5.15　查找最新添加的对话框

5.2　菜单开发

对话框创建完毕之后，希望能够方便地对其进行调用。

例　创建一个菜单名为 Mechanism Simulation 的主菜单，其下有三个下拉菜单，分别为 four_bars、cam 及 gear，并用分隔符分隔，gear 子菜单的下拉菜单有两个子菜单 fixed_gear 及 train_gear。其中 four_bars 菜单调用上节创建的对话框。

步骤如下。

（1）选择 Tools→Menu→Modify 菜单项，如图 5.16 所示。

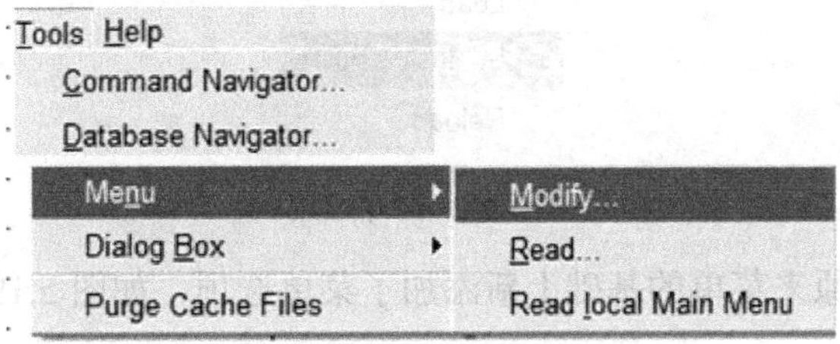

图 5.16　开发菜单选择

（2）打开 Menu Builder 窗口，在该窗口的最后一行添加如图 5.17 所示的命令。

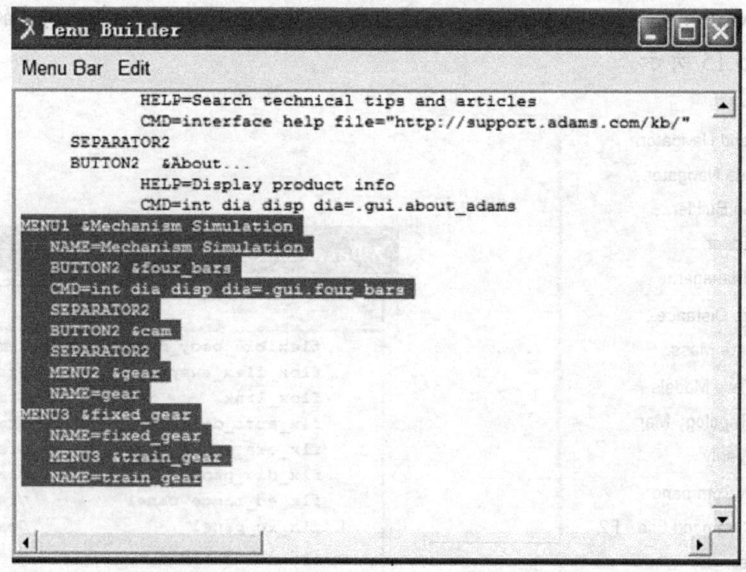

图 5.17　添加菜单命令

所添加命令的注释如下：

```
MENU1 &Mechanism Simulation（建立一级菜单 Mechanism Simulation）
NAME=Mechanism Simulation（一级菜单名即为 Mechanism Simulation）
BUTTON2 &four_bars（一级菜单下拉选项，名为 four_bars，属于 2 级）
CMD=int dia disp dia=.gui.four_bars（此选项调用名为 four_bars 的对话框）
SEPARATOR2（在选项间设立分隔符，属于 2 级）
BUTTON2 &cam（一级菜单下拉选项，名为 cam，属于 2 级）
SEPARATOR2（在选项间设立分隔符，属于 2 级）
MENU2 &gear（建立新的菜单选项，此选项有下拉菜单，属于 2 级）
NAME=gear（菜单名为 gear）
MENU3 &fixed_gear（该菜单的下拉菜单 fixed_gear，属于 3 级）
NAME=fixed_gear（子菜单名即为 fixed_gear）
MENU3 &train_gear（该子菜单的另外一个下拉菜单 train_gear，属于 3 级）
NAME=train_gear（子菜单的名即为 train_gear）
```

添加完命令后，在 Menu Bar 中选择 Apply，如图 5.18 所示。

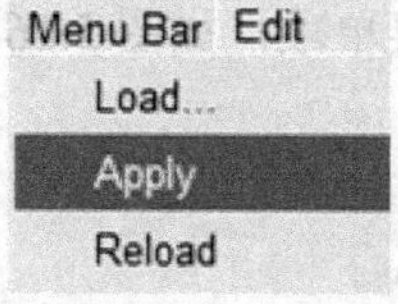

图 5.18　命令应用

返回主界面，则在原来菜单的基础上新添加了菜单选项，如图 5.19 所示。

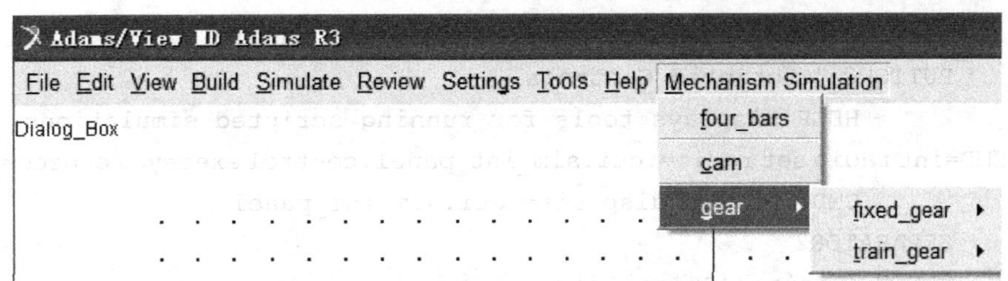

图 5.19 添加菜单项后的主界面

若选择 four_bars，则弹出 5.1 节所创建的对话框，如图 5.20 所示。

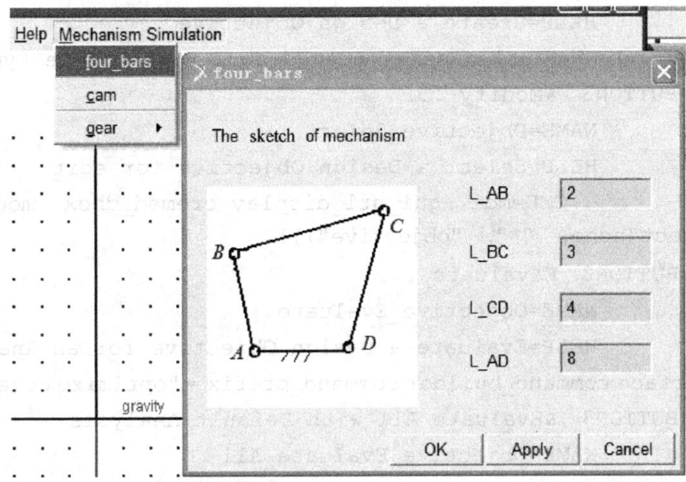

图 5.20 调用对话框

菜单创建完毕。可见，菜单的创建主要是添加命令，可在 Tools→Menu→Dialog Box 中参考即成菜单选项的命令编写方式。

如在主界面中，Simulate 的部分菜单项如图 5.21 所示。

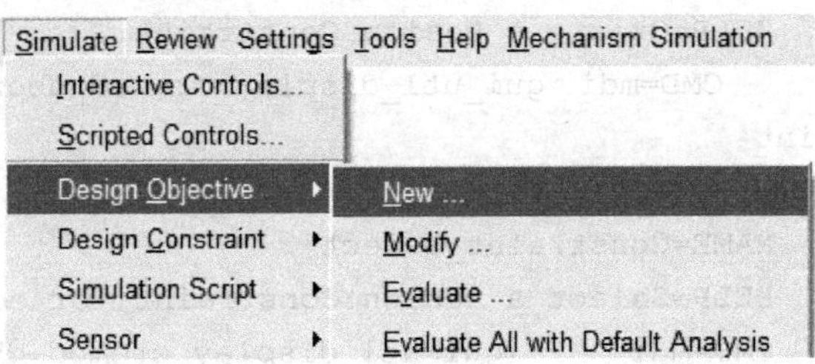

图 5.21 Simulate 下拉菜单

在 Menu Builder 中对应的命令如下。

```
MENU1  &Simulate
   NAME=simulate
   HELP=Perform various types of simulations on your current model
   BUTTON2  &Interactive Controls...
         HELP=Displays tools for controlling simulations
 CMD=int radio set radio=.gui.sim_int_panel.control exec=yes choice=Interactive
```

```
            CMD=int dia disp dia=.gui.sim_int_panel
        BUTTON2  &Scripted Controls...
            HELP=Displays tools for running scripted simulations
    CMD=int radio set radio=.gui.sim_int_panel.control exec=yes choice=Scripted
            CMD=int dia disp dia=.gui.sim_int_panel
        SEPARATOR2
        MENU2  Design &Objective
            NAME=Design_Objective
            BUTTON3  &New ...
                NAME=Objective_New
                HELP=Create a Design Objective
         CMD=mdi gui_utl_display_cremod_dbox mode=create type=objective
            BUTTON3  &Modify ...
                NAME=Objective_Select
                HELP=Select a Design Objective for edit
                  CMD=mdi  gui_utl_display_cremod_dbox  mode=modify  ent=
(eval(select_object(none, "*", "objective")))
            BUTTON3  E&valuate ...
                NAME=Objective_Evaluate
                HELP=Evaluate a Design Objective for an Analysis
    CMD=interface command_builder command_prefix = "optimize objective evaluate"
            BUTTON3  &Evaluate All with Default Analysis
                NAME=Objective_Evaluate_All
              HELP=Evaluate all Design Objectives in the default Analysis
                CMD=mdi optimize evaluate type=objective
        MENU2  Design &Constraint
            NAME=Design_Constraint
            BUTTON3  &New ...
                NAME=Constraint_New
                HELP=Create a Design Constraint
                  CMD=mdi  gui_utl_display_cremod_dbox  mode=create  type=
optimization_constraint
            BUTTON3  &Modify ...
                NAME=Constraint_Select
                HELP=Select a Design Constraint for edit
                CMD=mdi      gui_utl_display_cremod_dbox      mode=modify
ent=(eval(select_object(none, "*", "optimization_constraint")))
            BUTTON3  E&valuate ...
                NAME=Constraint_Evaluate
                HELP=Evaluate a Design Constraint for an Analysis
    CMD=interface  command_builder  command_prefix  =  "optimize  constraint
evaluate"
            BUTTON3  &Evaluate All with Default Analysis
                NAME=Constraint_Evaluate_All
              HELP=Evaluate all Design Constraints in the default Analysis
                CMD=mdi optimize evaluate type=constraint
```

```
          MENU2  Si&mulation Script
               NAME=Simulation_Script
               BUTTON3  &New ...
                      NAME=Simulation_Script_New
                      HELP=Create a Simulation Script
                      CMD=mdi       gui_utl_display_cremod_dbox       mode=create
type=Simulation_Script
               BUTTON3  &Modify ...
                      NAME=Simulation_Script_Select
                      HELP=Select a Simulation Script for edit
                      CMD=mdi       gui_utl_display_cremod_dbox       mode=modify
ent=(eval(select_object(none,  "*",  "Simulation_Script")))
               BUTTON3  &Import ACF...
                      NAME=Simulation_Script_Import
         HELP=Create a Simulation Script by importing an Adams Command File (.acf)
       CMD=mdi gui_utl_display_cremod_dbox mode=create type=Simulation_Script
                   CMD=int opt set opt=.gui.simulation_script_cremod.v_script_
type value="3" exec=yes
      CMD=int opt set opt=.gui.simulation_script_ cremod.c_solver_ commands.
option_acf value=convert exec=yes
          MENU2  Se&nsor
               BUTTON3  &New ...
                      NAME=sensor_New
                      HELP=Create a Sensor
               CMD=mdi gui_utl_display_cremod_dbox mode=create type=sensor
               BUTTON3  &Modify ...
                      NAME=sensor_Select
                      HELP=Select a Sensor for edit
                         CMD=mdi      gui_utl_display_cremod_dbox      mode=modify
ent=(eval(select_object(none,  "*",  "sensor")))
          SEPARATOR2
```

5.3 宏命令

宏命令用来完成重复性的操作或命令，是 ADAMS/View 命令的集合，是用户化设计最有用的工具之一。

例 创建一个菜单 MYMENU，该菜单有一个名为 MACRO 的子菜单，该子菜单调用一个对话框，该对话框中有“OK”按钮。当单击“OK”按钮时，完成一个曲柄摇杆机构的创建。试用宏命令来实现。

设计过程如下。

（1）启动 ADAMS，创建模型名称。

双击桌面上的图标，启动 ADAMS/View。按照图 5.22 所示的步骤完成模型名称的创建。

- 选择创建新的模型（How would you like to proceed）：Create a new model;

- 设置起始位置（Start in）：F:\adams examples；
- 输入模型名称（Model name）：Macro；
- 单击“OK”按钮，完成模型名称的创建。

图 5.22　创建模型名称

使用系统默认的工作环境。

（2）创建菜单及相应的对话框，如图 5.23 所示为菜单创建及命令添加，获得的新菜单如图 5.24 所示。

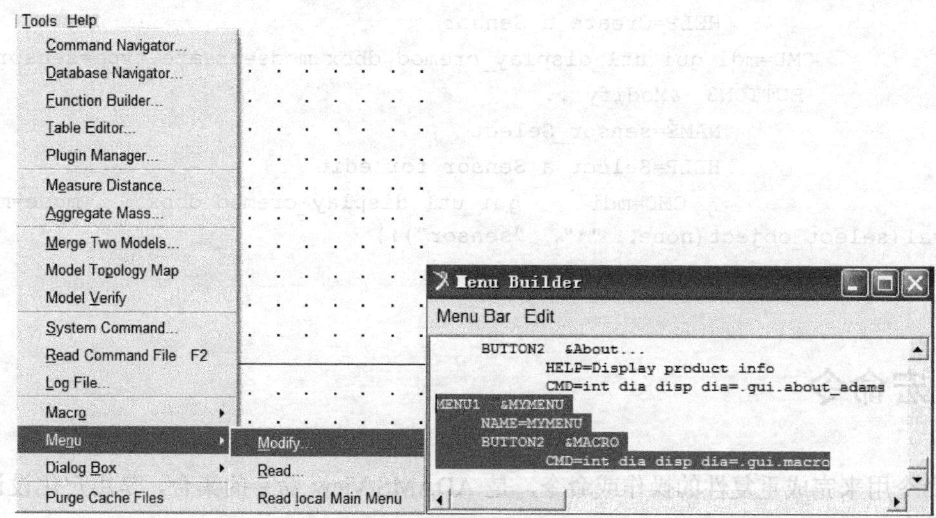

图 5.23　添加菜单命令

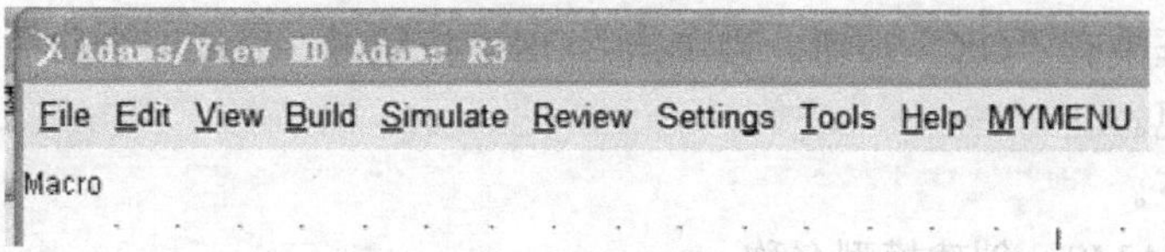

图 5.24　新菜单界面

创建对话框的过程及对话框如图 5.25 所示。

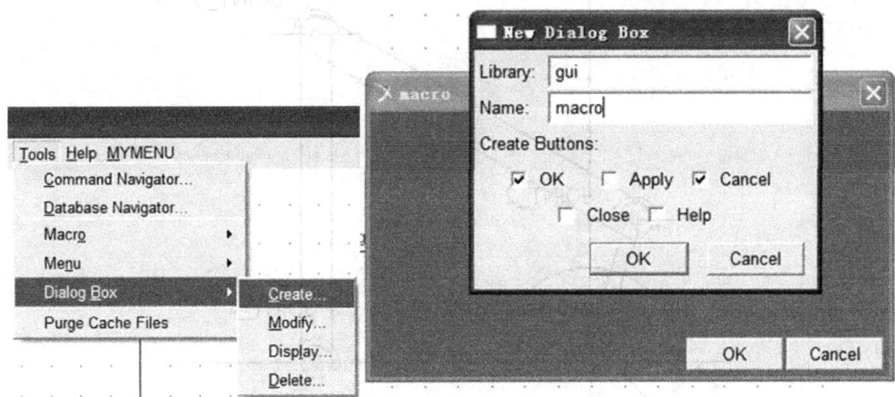

图 5.25　对话框的创建

（3）打开宏。

打开 Tools→Macro→Record/Replay→Record Start 菜单选项，开始记录宏命令，如图 5.26 所示。

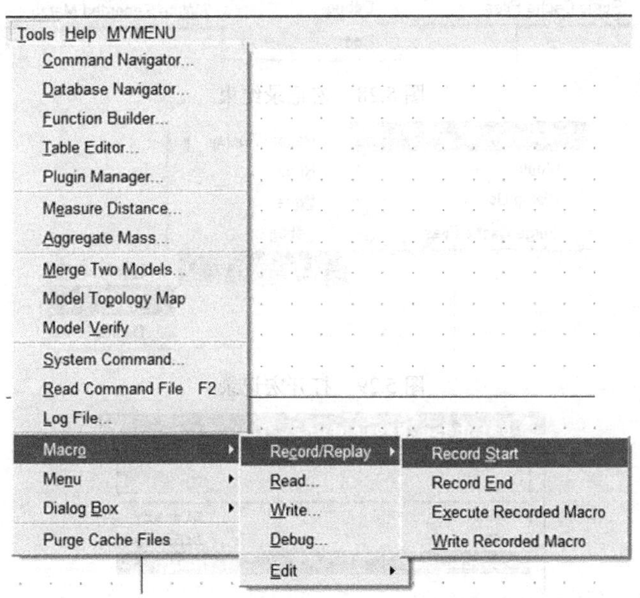

图 5.26　打开宏菜单项

（4）创建曲柄摇杆机构。

创建一个曲柄摇杆机构，施加一个 30（°)/s 的驱动，如图 5.27 所示，则可以看到该曲柄摇杆机构可以运动。

选择 Macro→Record/Replay→Record End 菜单项结束宏命令记录，如图 5.28 所示。

现在开始复制刚才建模及仿真过程中的宏命令，打开 Tools→Macro→Edit→Modify 菜单选项，如图 5.29 所示。

打开 Database Navigator，找到 record_macro 单击“OK”按钮，如图 5.30 所示，则打开宏命令窗口，如图 5.31 所示。

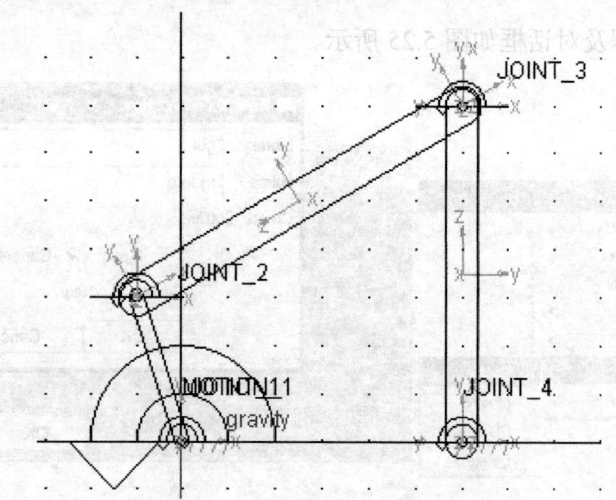

图 5.27　曲柄摇杆机构虚拟模型

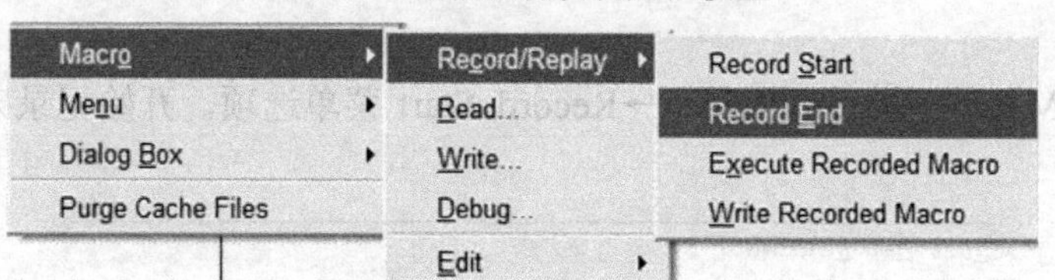

图 5.28　宏记录结束

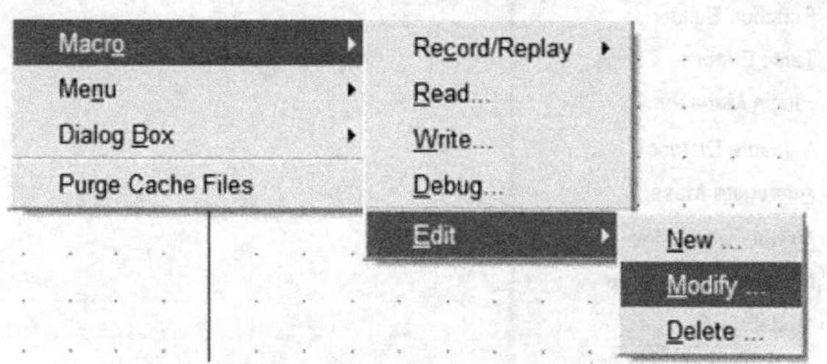

图 5.29　打开宏记录

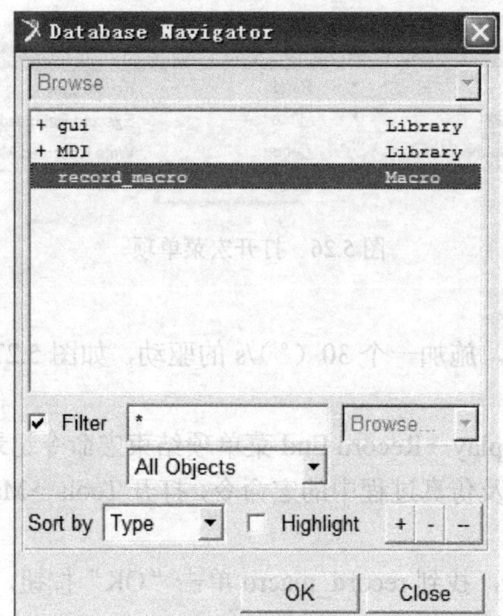

图 5.30　宏记录获取

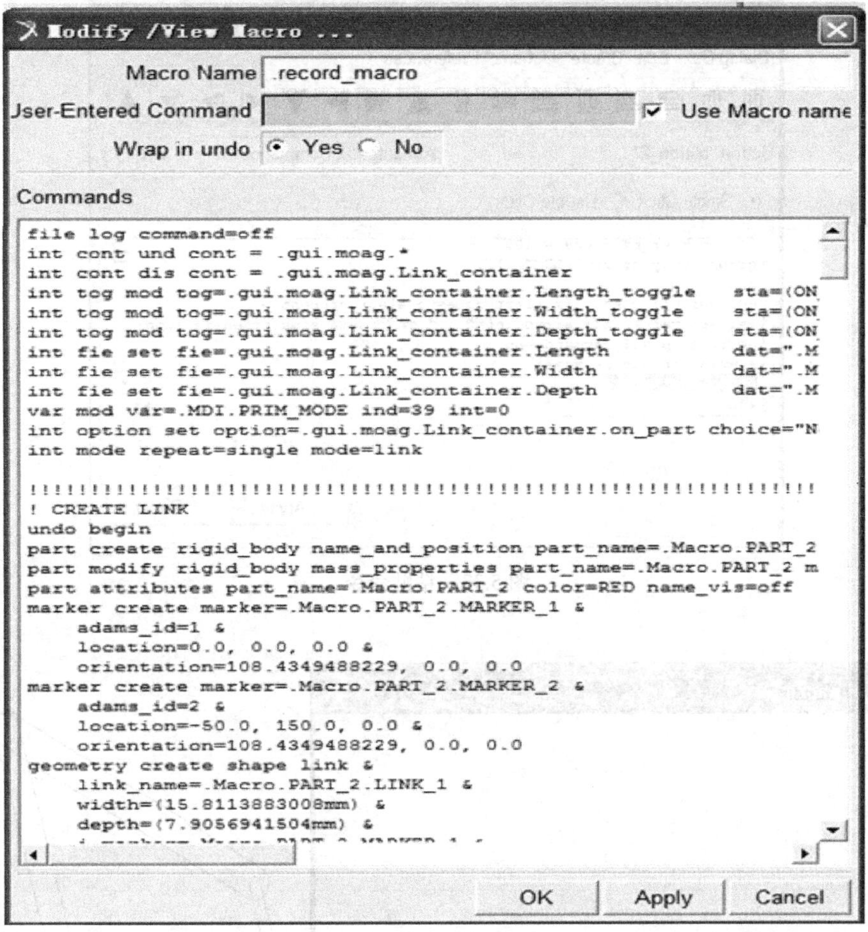

图 5.31　宏命令窗口

复制所有的命令，打开刚才创建的名为 macro 的对话框，双击“OK”按钮，在 Attributes 选项中选择 Commands，如图 5.32 所示。

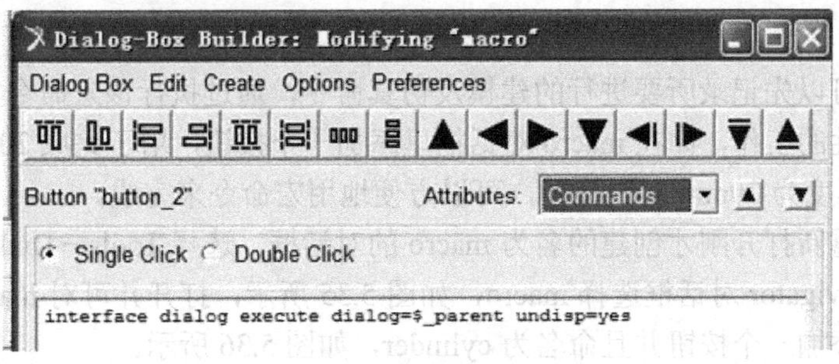

图 5.32　选择 Commands

将其中的 interface dialog execute dialog=$_parent undisp=yes 删除，然后粘贴刚才复制的命令，如图 5.33 所示。

将最后一行“macro end_record”删除，单击“Apply”按钮，进入主界面，将已经创建的曲柄摇杆机构删除，选择 MYMENU 菜单项下的 MACRO，则弹出刚才创建的对话框，单击“OK”按钮，则出现曲柄摇杆机构并进行仿真，如图 5.34 所示。

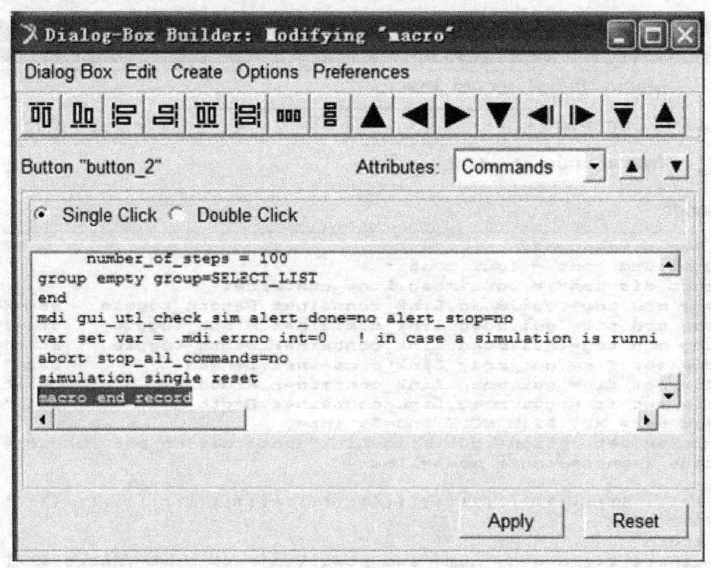

图 5.33　粘贴命令

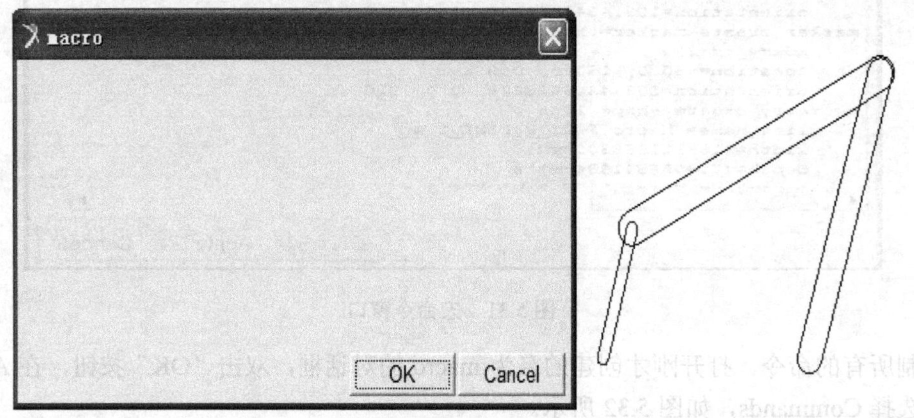

图 5.34　调用对话框并执行

宏命令操作可以先记录所要进行的建模及仿真命令，通过执行该宏命令重复之前的操作，特别是一些重复性的工作，如在 macro 对话框里添加一个按钮，用于完成 20 个间隔为 20mm，半径为 50mm，厚度为 20mm 的圆柱体，可以方便地用宏命令来完成。

此时，需要重新打开刚才创建的名为 macro 的对话框，选择 Tools→Dialog Box→Modify，进入 Database Navigator 对话框选择 macro，如图 5.35 所示，打开并可对 macro 对话框进行编辑，在对话框里添加一个按钮并且命名为 cylinder，如图 5.36 所示。

确定退出，在主工作区建立一个半径为 50mm，厚度为 20mm 的圆柱体，如图 5.37 所示。

打开宏记录，选中圆柱体，在编辑菜单 Edit 中选择 Copy 命令复制圆柱体，如图 5.38 所示。

再选择移动工具将圆柱体向右移动 20mm，如图 5.39 所示。

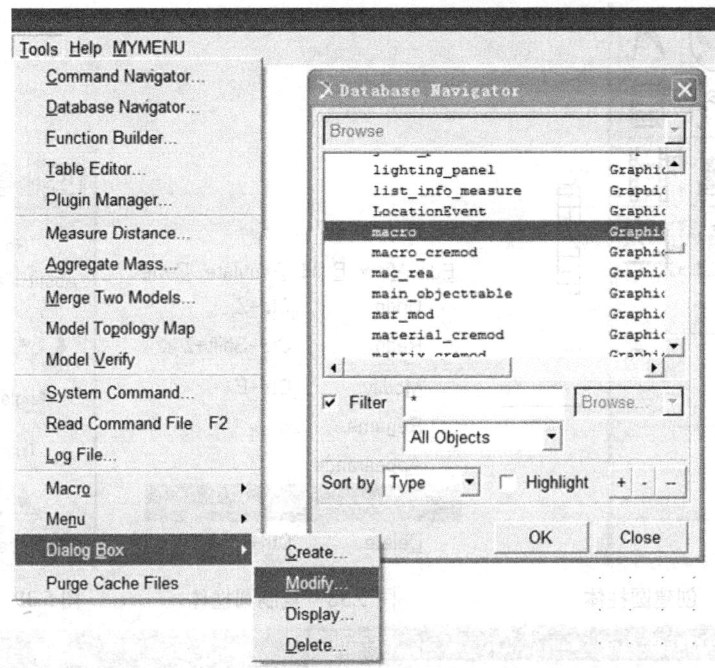

图 5.35　打开宏命令

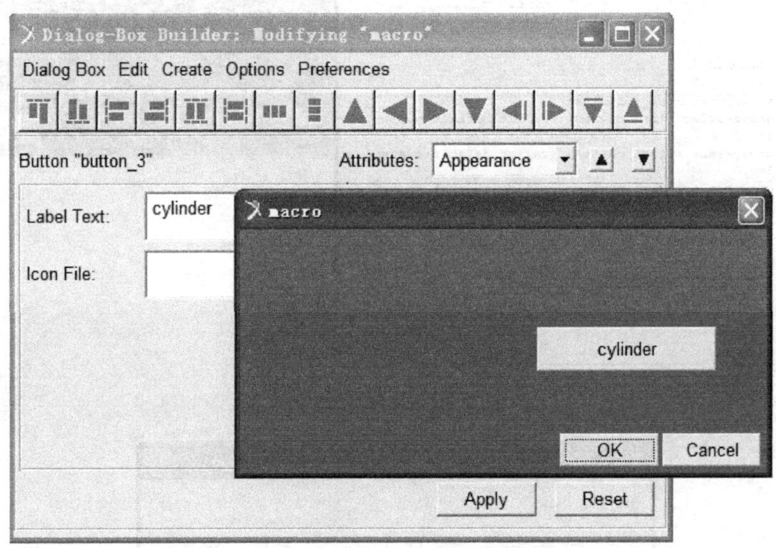

图 5.36　添加按钮

结束宏记录，打开 Database Navigator 对话框，找到 record_macro 并打开，将这些宏命令复制、粘贴到 cylinder 的 Commands 中，如图 5.40 所示。

注意，此时不删除最后一行 macro end_record，单击“Apply”按钮，关闭对话框，不删除原来创建的圆柱体（因为复制命令需要原构件），在 MYMENU 菜单中打开对话框，如图 5.41 所示，单击 cylinder 则发现可以创建并按要求的距离移动圆柱体，单击 19 次，完成题目要求，如图 5.42 所示。

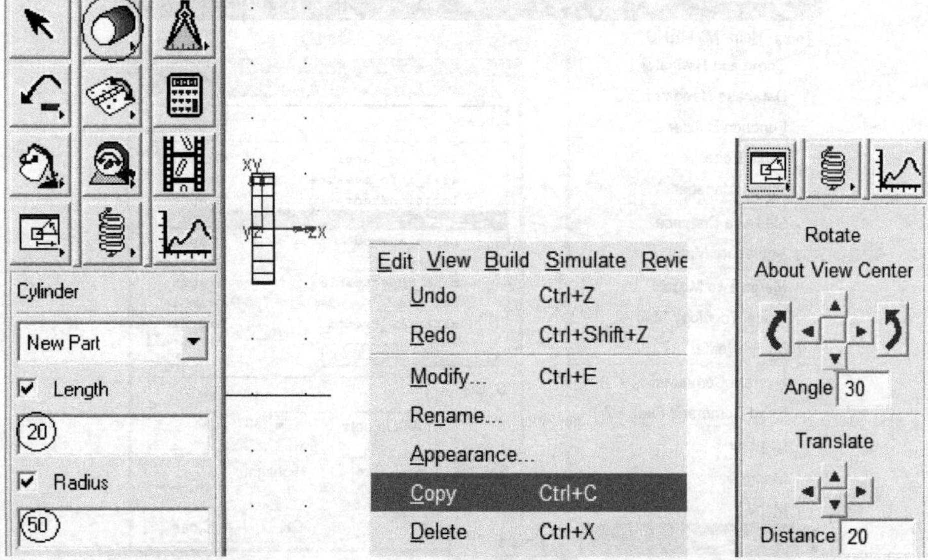

图 5.37　创建圆柱体　　图 5.38　复制圆柱体　　图 5.39　移动圆柱体

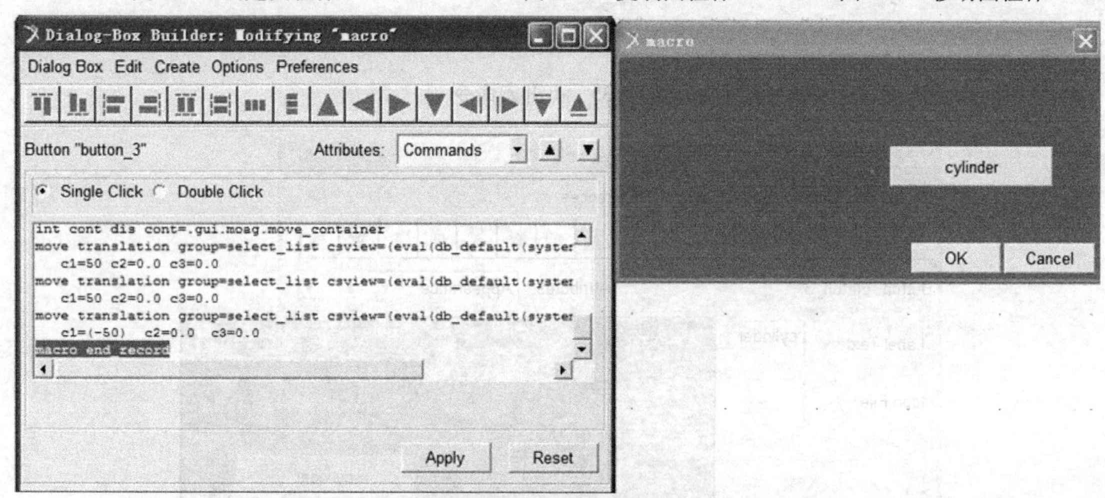

图 5.40　粘贴宏命令

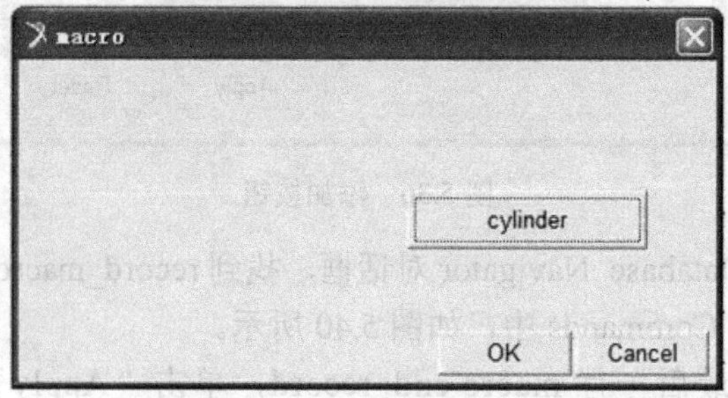

图 5.41　macro 对话框

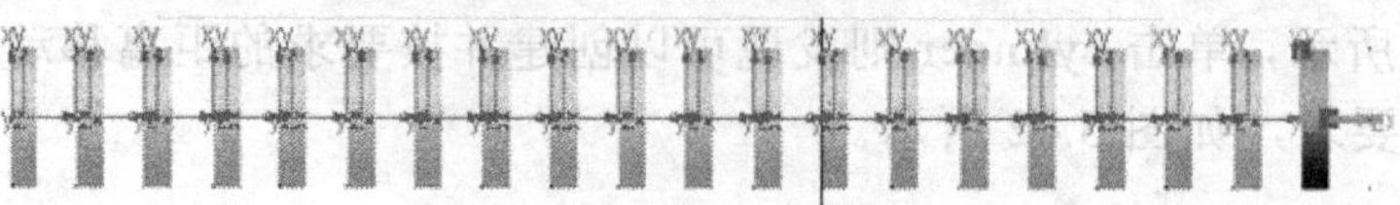

图 5.42　执行宏命令的结果

以上是应用宏命令记录来完成重复性的工作，也可以通过编写宏命令来完成其他操作和命令，如图 5.43 所示，新建一个宏，然后在 Commands 命令框中编写相应命令，这要求熟悉并掌握宏命令的编写，请参考其他书籍。

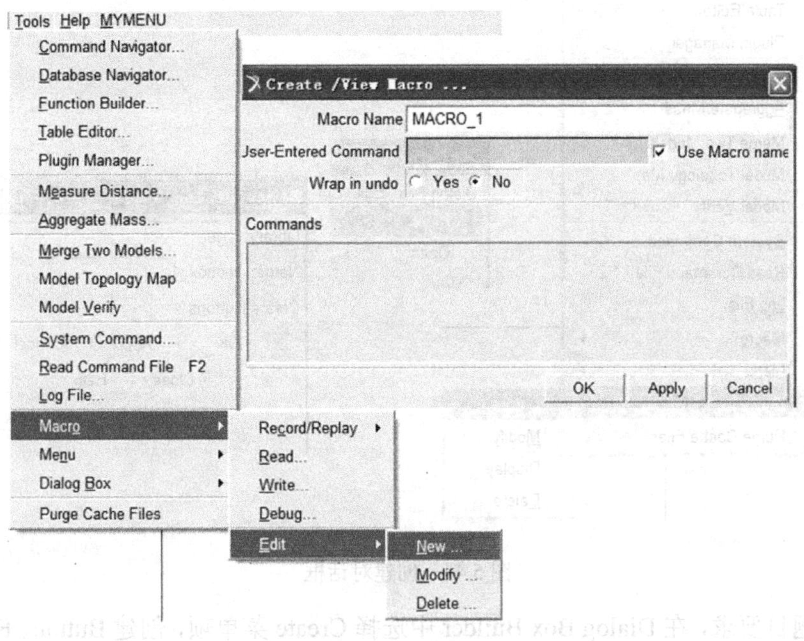

图 5.43 宏命令的编写

5.4 用户交互及参数化的实现

通过前几章的学习，读者已经可以对虚拟样机进行建模、仿真分析及数据后处理，下面就可以开发菜单、对话框并使用宏命令了。在实际应用过程中，有时需要对虚拟样机可能出现的各种情况做进一步的深入分析，此时可以用以上介绍的知识，采用人工的方式一次次修改虚拟样机，然后进行反复的仿真分析，直至获得满意的样机模型和分析设计结果为止。但是，这种分析方法往往需要进行大量的、单调乏味的重复性建模工作，这就需要花费大量的机时和人工，有时工程实际中更希望使用一种可以与用户交互的、友好的、直观的界面，用户只需输入关键参数，虚拟样机模型即可按照所给定的参数修改，至于后台如何进行运算、处理，往往并不关心，因此用户交互及参数化驱动的实现就显得非常必要，下面举例说明。

例 试创建一个名为 Crank 的菜单，其子菜单 crank 可以打开一个名为 dbox_1 的对话框，该对话框可以完成一个绕机架转动的曲柄的参数化。用户可以在对话框中输入的数值有曲柄的长度、宽度、厚度，以及驱动的大小。

完成上述命令的步骤如下。

（1）创建对话框。

- 按照前述步骤新建一个模型，并使用系统的默认设置。
- 选择 Tools→Dialog Box→Create 菜单项，打开 Dialog Box Builder，选择 New 创建一个新的对话框，对话框名为 dbox_1，如图 5.44 所示。

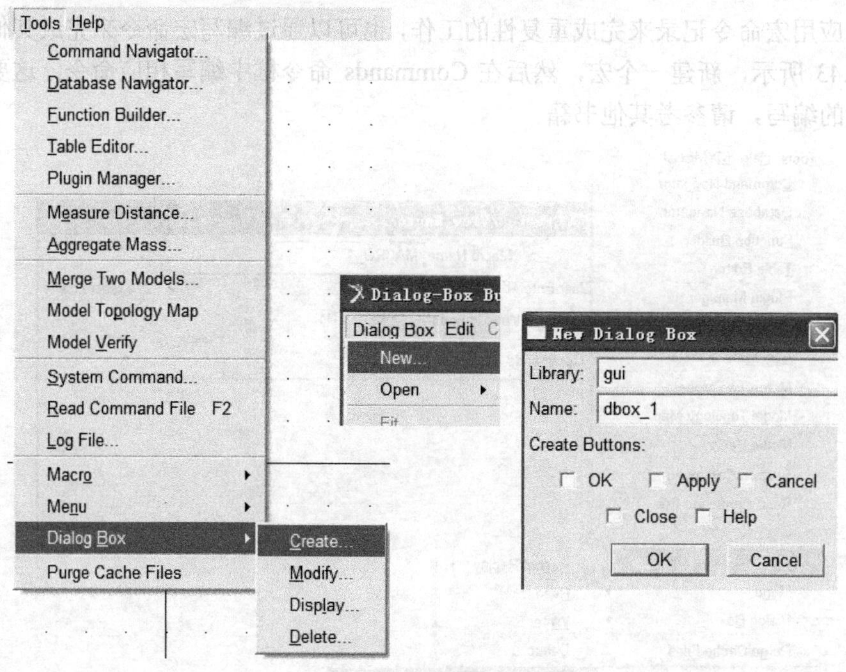

图 5.44 创建对话框

- 根据题目要求，在 Dialog Box Builder 中选择 Create 菜单项，创建 Button、Field 等控件，并修改名称，如图 5.45 所示，在对话框下方的 Justified 中选择 Center，则控件名称位于控件正中。

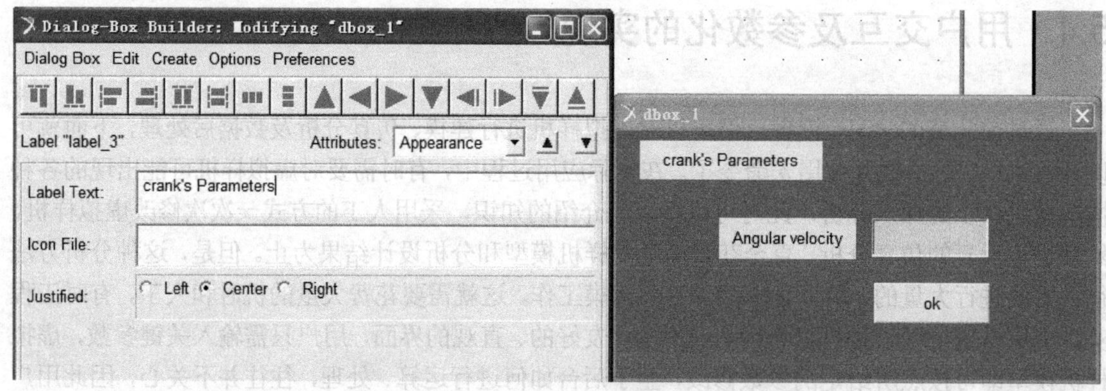

图 5.45 添加菜单控件

- 根据题目要求，最终创建的对话框如图 5.46 所示。

（2）创建打开对话框的菜单。

- 选择 Tools→Menu→Modify 菜单项，如图 5.47 所示。
- 填写代码，如图 5.48 所示。
- 返回主界面，则在菜单列中添加了新的菜单 Crank，选择其下拉菜单 crank，弹出先前创建的对话框，如图 5.49 所示。

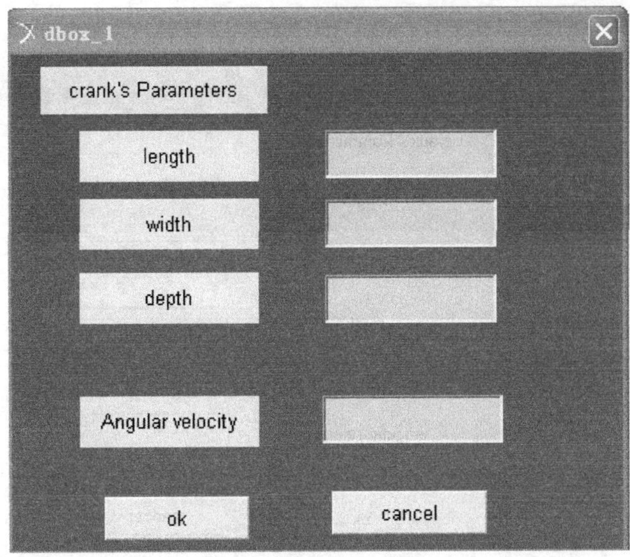

图 5.46　最终创建的对话框界面

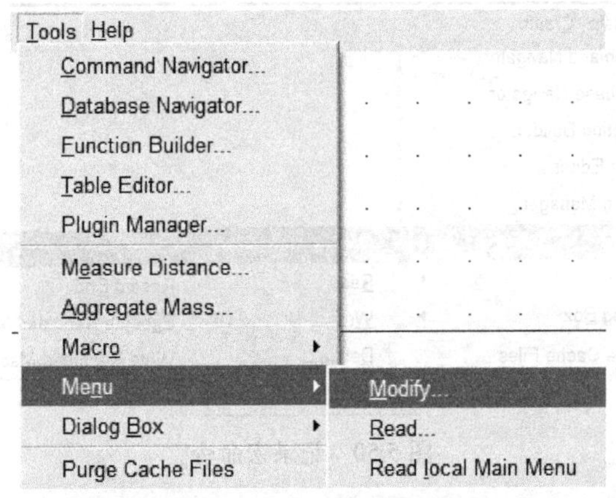

图 5.47　创建菜单选项

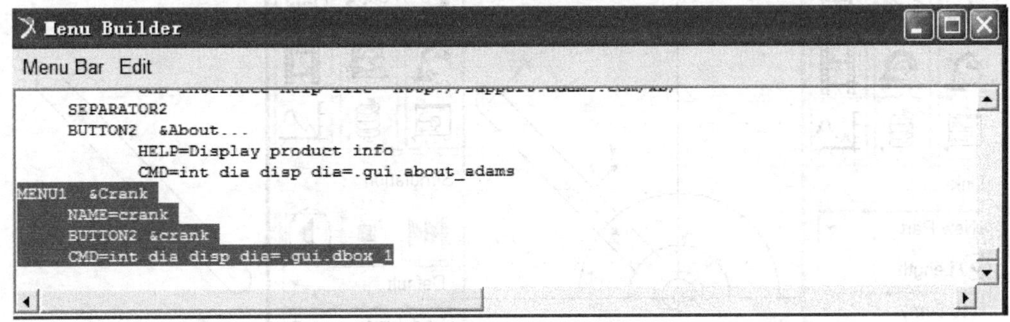

图 5.48　填写代码

（3）记录宏命令。

- 选择 Tools→Macro→Record/Replay→Record Start 菜单项，如图 5.50 所示。
- 创建一个 40cm×4cm×2cm 的曲柄，并建立其与机架的转动副，施加一个 30（°）/s 的旋转驱动，修改仿真时间为 12s，步长 steps 为 100，然后仿真，如图 5.51 所示。

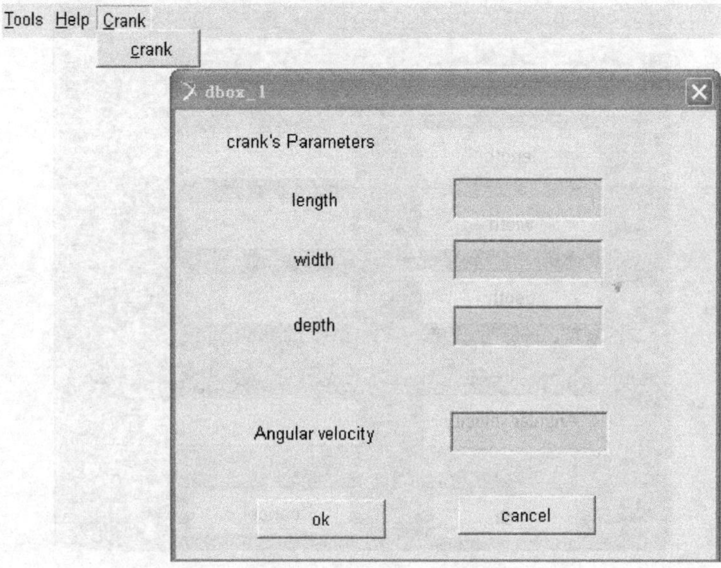

图 5.49　调用对话框

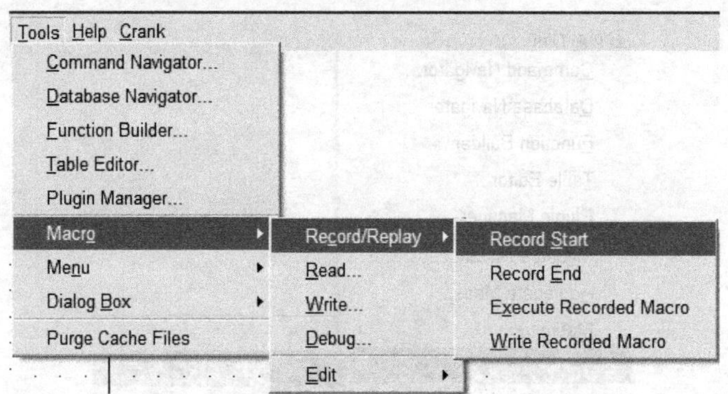

图 5.50　记录宏命令

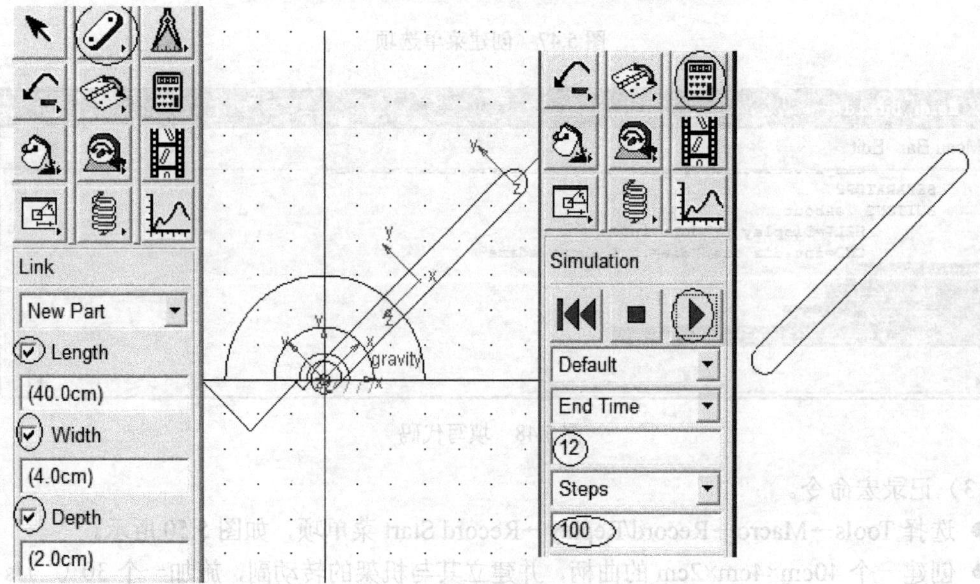

图 5.51　曲柄虚拟样机及仿真

（4）结束记录宏。

打开菜单项 Tools→Macro→Record/Replay→Record End，如图 5.52 所示。

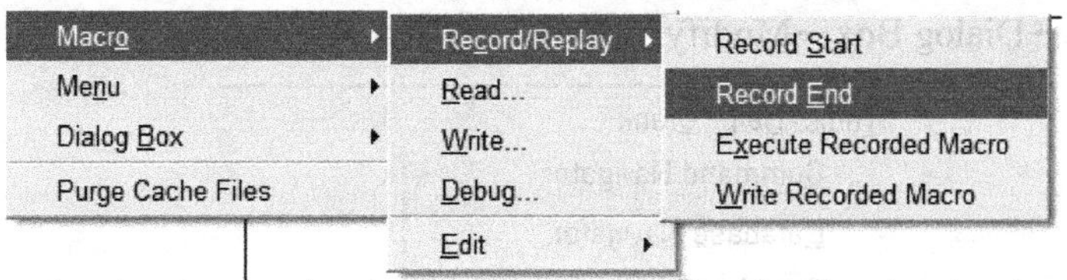

图 5.52 结束宏记录

（5）读取宏命令。

● 选择菜单项 Tools→Macro→Edit→Modify，如图 5.53 所示。

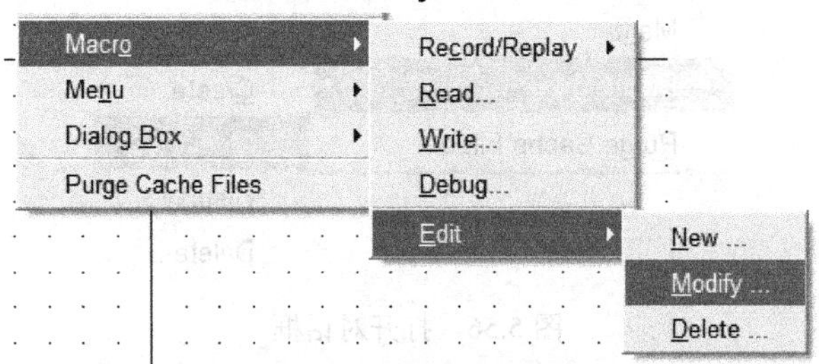

图 5.53 读取宏命令

● 打开 Database Navigator 对话框，如图 5.54 所示。

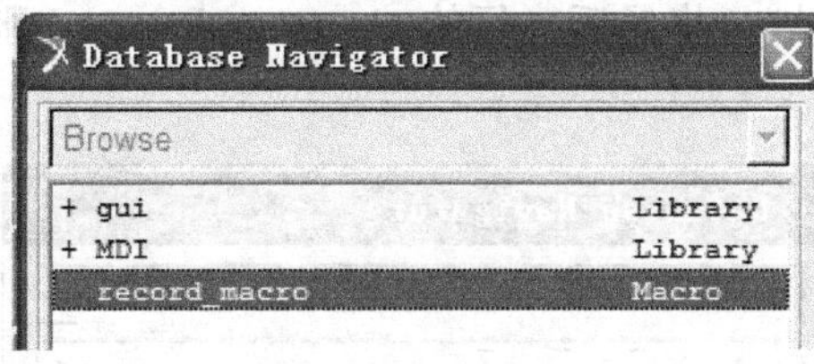

图 5.54 打开宏记录

● 双击 record_macro，打开宏命令，如图 5.55 所示。

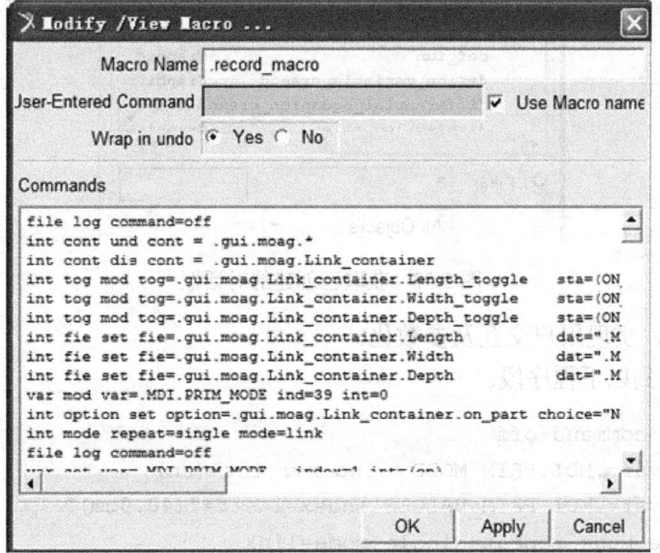

图 5.55 宏命令

- 选择全部宏命令并复制。

（6）在对话框中添加宏命令。

- 选择 Tools→Dialog Box→Modify 菜单项，如图 5.56 所示。

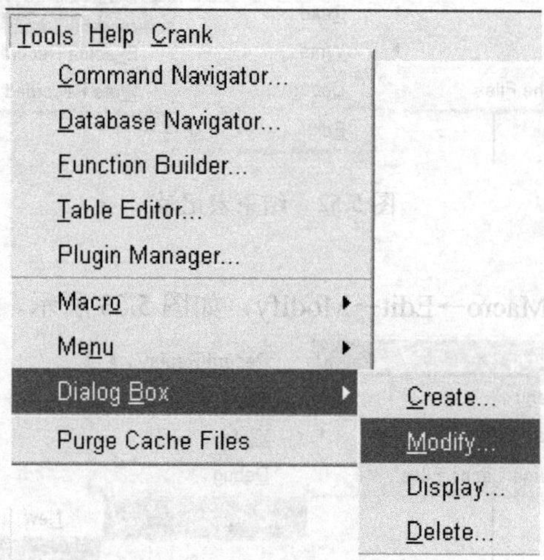

图 5.56　打开对话框

- 在弹出的 Database Navigator 中找到 dbox_1，如图 5.57 所示。
- 打开对话框，双击“OK”按钮，在对话框编辑器的 Attributes 下拉选项中选择 Commands，将宏命令粘贴在该区域，将最后一行的 macro end_record 删除，单击“Apply”按钮，如图 5.58 所示。

图 5.57　获取已创建的对话框

（7）修改程序，实现用户交互及参数化。

- 打开程序找到以下程序段。

```
file log command=off
var set var=.MDI.PRIM_MODE  index=1 int=(on)
var set var=.MDI.PRIM_VALUES index=1 str="(40.0cm)"
interface mode repeat=single mode=link
file log command=off
```

```
var set var=.MDI.PRIM_MODE  index=2 int=(on)
var set var=.MDI.PRIM_VALUES index=2 str="(4.0cm)"
interface mode repeat=single mode=link
file log command=off
var set var=.MDI.PRIM_MODE  index=3 int=(on)
var set var=.MDI.PRIM_VALUES index=3 str="(2.0cm)"
interface mode repeat=single mode=link
```

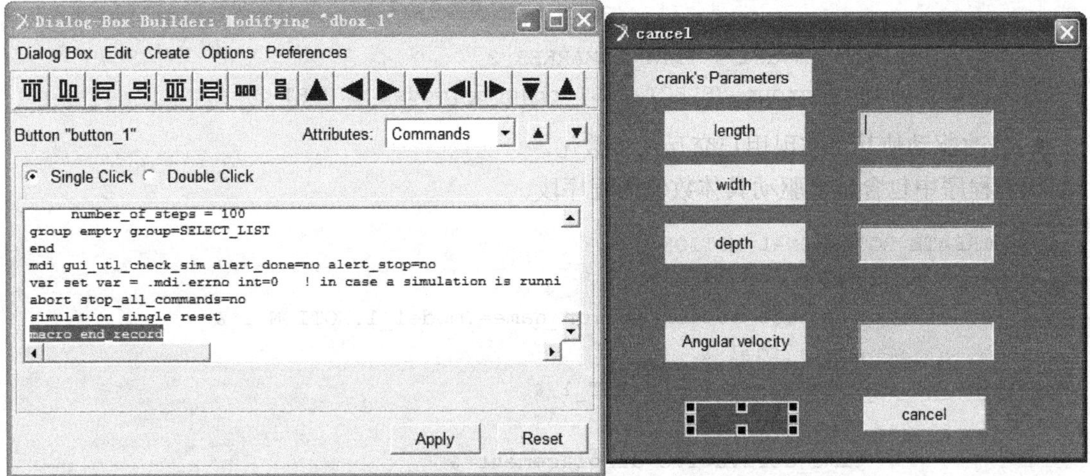

图 5.58 宏命令的添加

● 修改加粗部分，将宏记录中具体的杆长数值修改为用户在对话框中输入的对应值。

```
file log command=off
var set var=.MDI.PRIM_MODE  index=1 int=(on)
var set var=.MDI.PRIM_VALUES index=1 str="($field_3)"
interface mode repeat=single mode=link
file log command=off
var set var=.MDI.PRIM_MODE  index=2 int=(on)
var set var=.MDI.PRIM_VALUES index=2 str="($field_2)"
interface mode repeat=single mode=link
file log command=off
var set var=.MDI.PRIM_MODE  index=3 int=(on)
var set var=.MDI.PRIM_VALUES index=3 str="($field_4)"
interface mode repeat=single mode=link
```

其中，$field_3 对应对话框中的 length，$field_2 对应 width，$field_4 对应 depth，可双击对应的 Field 查看其名称。

同理，找到其他包含杆件尺寸信息的程序，将对应尺寸修改为对应的 Field 名称：

```
part attributes part_name=.model_1.PART_2 color=GREEN name_vis=off
marker create marker=.model_1.PART_2.MARKER_1 &
    adams_id=1 &
    location=0.0, 0.0, 0.0 &
    orientation=45.0, 0.0, 0.0
```

```
    marker create marker=.model_1.PART_2.MARKER_2 &
        adams_id=2 &
        location=(LOC_RELATIVE_TO({($field  _3),0.0,0.0},.model_1.PART_2.MAR
KER_1)) & orientation=45.0, 0.0, 0.0
    geometry create shape link &
        link_name=.model_1.PART_2.LINK_1 &
        width=($field_2) &
        depth=($field_4) &
        i_marker=.model_1.PART_2.MARKER_1 &
        j_marker=.model_1.PART_2.MARKER_2
    group modify group=SELECT_LIST object=.model_1.PART_2
```

● 修改驱动使其可实现用户交互及参数化。

找到程序中包含旋转驱动具体数值的程序段。

```
    CREATE ROTATIONAL MOTION
    undo begin
    constraint create motion motion_name=.model_1.MOTION_1 &
            adams_id=1 &
            joint=.model_1.JOINT_1 &
            type=rotational &
            time_derivative=displacement &
            function="30d* time"
```

将具体值修改为用户输入值：

```
    ! CREATE ROTATIONAL MOTION
    undo begin
    constraint create motion motion_name=.model_1.MOTION_1 &
            adams_id=1 &
            joint=.model_1.JOINT_1 &
            type=rotational &
            time_derivative=displacement &
            function="$'field_1'd*time"
```

注意：此时的变量用单引号引起来。

单击“Apply”按钮，关闭对话框构造器，进入主界面，选择菜单项 Crank，选择其下拉菜单 crank，弹出已构建的对话框，输入如图 5.59 所示的数值，单击“ok”按钮，则曲柄按照所输入的参数变化尺寸及角速度。

若将参数进行如图 5.60 所示的修改，则曲柄尺寸根据用户的输入发生改变，并完成仿真，从曲柄角速度曲线可知，机构实现了参数化。

可见，用宏命令实现用户交互及参数化的思路为：打开宏记录，将需要执行的功能以随机的参数操作一遍；结束宏记录，则会产生整个操作过程的宏命令程序，将该程序复制到对话框中预期执行该功能的按钮的 Commands 中，最后在程序中找到将要参数化的具体数值，将其替换为对话框中对应需要用户输入的 field 即可。

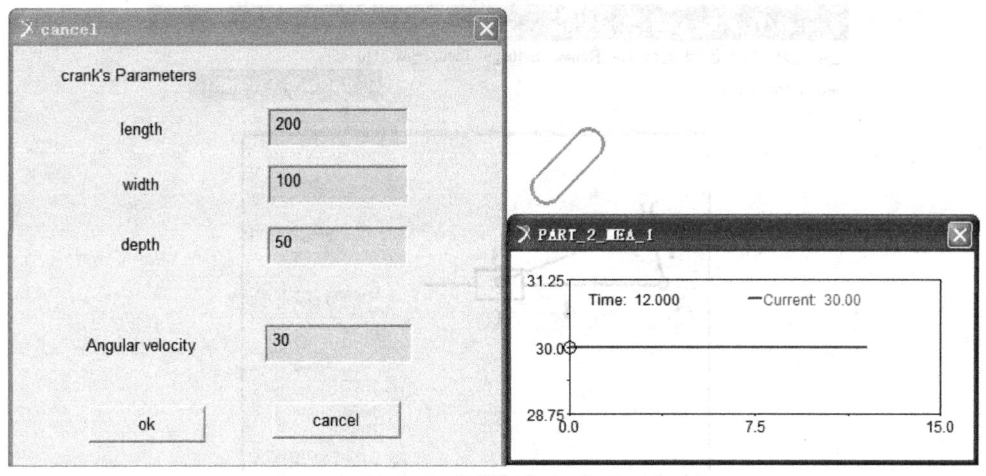

图 5.59 参数化机构示例 1

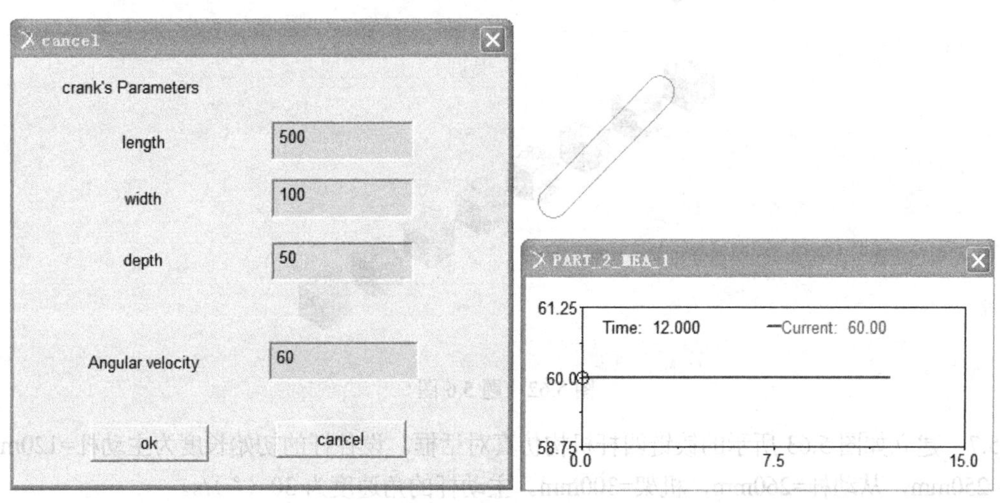

图 5.60 参数化机构示例 2

习 题 5

5.1 用户化设计主要有哪些方面？

5.2 定制用户菜单的作用是什么？

5.3 定制用户对话框的作用是什么？

5.4 使用宏命令的优点是什么？

5.5 创建一个如图 5.61 所示的对话框，用于实现当选择机构中不同构件作为机架时观察机构的演化情况（即机构的倒置），将对话框命名为 mechanism_change，创建一个主菜单，菜单名为 Mymenu，其下拉菜单 mechanism_change 可调用该对话框。

5.6 试应用宏命令创建大小完全一样的 8 个正方体（尺寸为 50mm×50mm×50mm），要求它们沿着水平方向按照 100mm 的间距均匀分布，如图 5.62 所示。

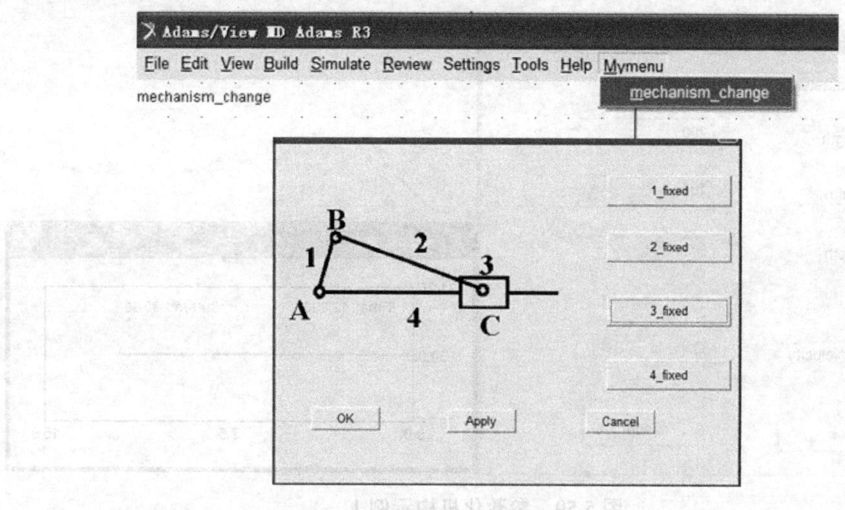

图 5.61　题 5.5 图

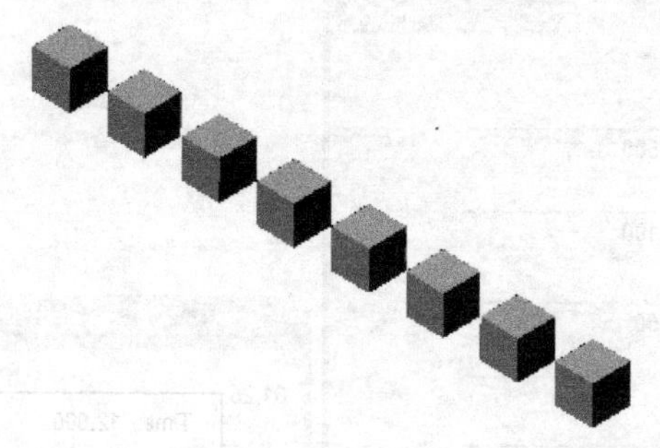

图 5.62　题 5.6 图

5.7　建立如图 5.63 所示的铰链四杆机构仿真对话框。设各杆的初始长度为主动杆=120mm，连杆=250mm，从动杆=260mm，机架=300mm。主动杆的角速度为 30（°）/s。

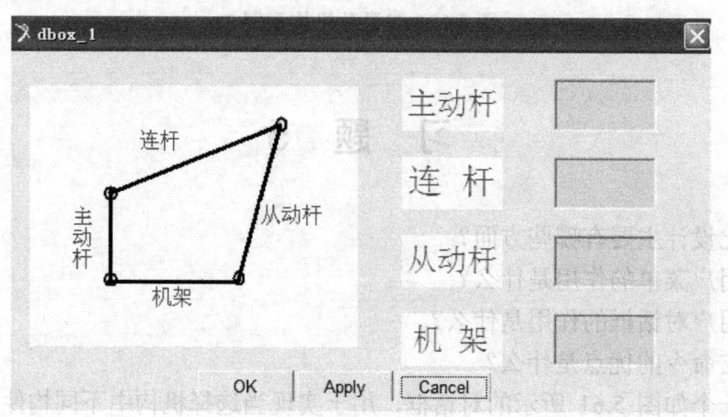

图 5.63　题 5.7 图

拓展思考：试实现该机构的参数化，即当输入不同杆长时，机构会发生变化。添加“建模、约束、仿真、处理”4 个按钮，其中“建模”按钮用于创建各构件，“约束”按钮用于施加各铰链，“仿真”按钮用于仿真机构，“处理”按钮用于绘制从动杆的运动特性曲线。

5.8　试创建一个如图 5.64 所示的菜单项。

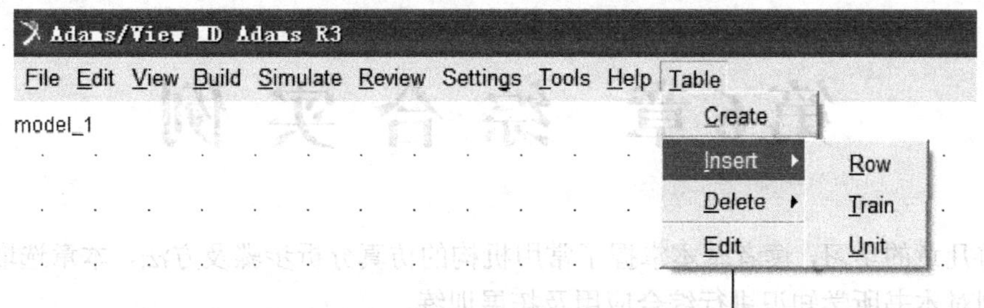

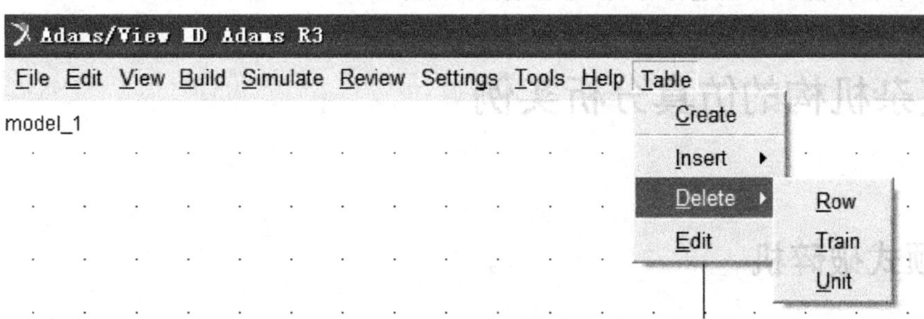

图 5.64　题 5.8 图

第6章 综 合 实 例

通过前几章的学习，读者基本掌握了常用机构的仿真分析步骤及方法，本章选取一些典型的综合实例对本书所学知识进行综合应用及拓展训练。

6.1 复杂机构的仿真分析实例

6.1.1 颚式破碎机

例 图 6.1（a）所示为一颚式破碎机，图 6.1（b）为其机构运动简图，已知曲柄长度 $OA = 10$ mm，$AB = 50$ mm，$AD = 50$ mm，$BD = 30$ mm，连杆 $BC = 40$ mm，动颚 $CF = 50$ mm，铰链 F 相对于铰链 O 的水平距离为 25mm，垂直距离为 10mm，铰链 E 相对于铰链 O 的水平距离为 45mm，垂直距离为 45mm。试建立该机构的虚拟样机模型，绘制动颚板的摆角、角速度及角加速度曲线图。曲柄角速度为 $\omega_1 = 30$（°）/s。

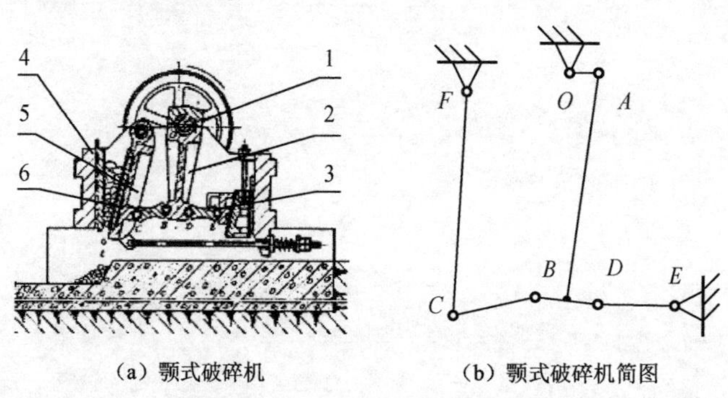

（a）颚式破碎机　　（b）颚式破碎机简图

图 6.1 颚式破碎机及其简图

颚式破碎机的建模及仿真过程如下。

（1）启动 ADAMS，创建模型名称。

双击桌面上的图标，启动 ADAMS/View。按照图 6.2 所示步骤完成模型名称的创建：

- 选择创建新的模型（How would you like to proceed）：Create a new model；
- 设置起始位置（Start in）：F:\adams examples；
- 输入模型名称（Model name）：Jaw_crusher；
- 单击 OK 按钮，完成模型名称的创建。

（2）设置工作环境。

如图 6.3 所示，修改栅格间距的大小为 10mm。

如图 6.4 所示，修改图标大小，将图标缩小为默认值的 1/5。

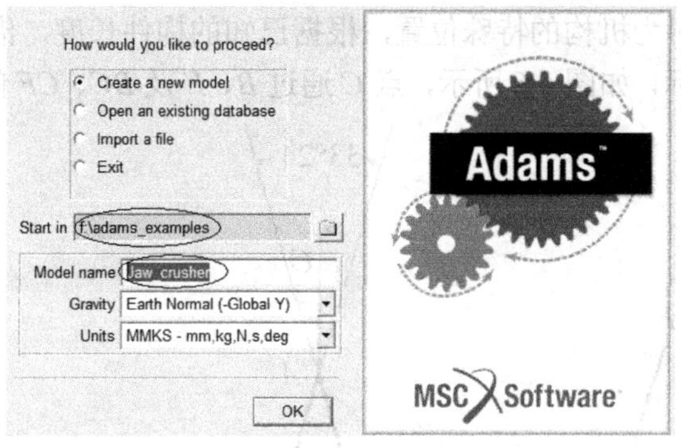

图 6.2　创建模型名称

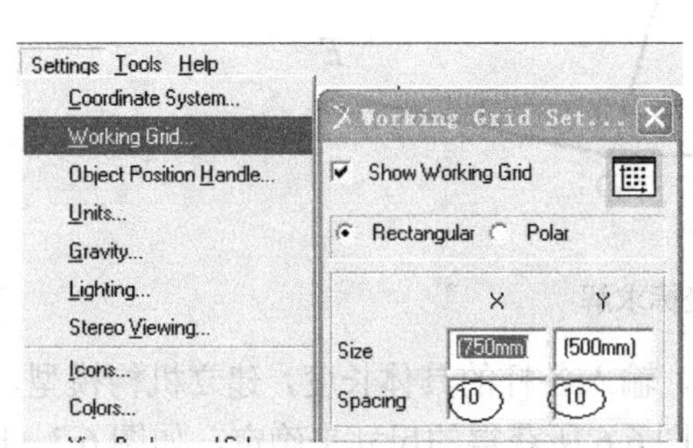

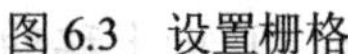

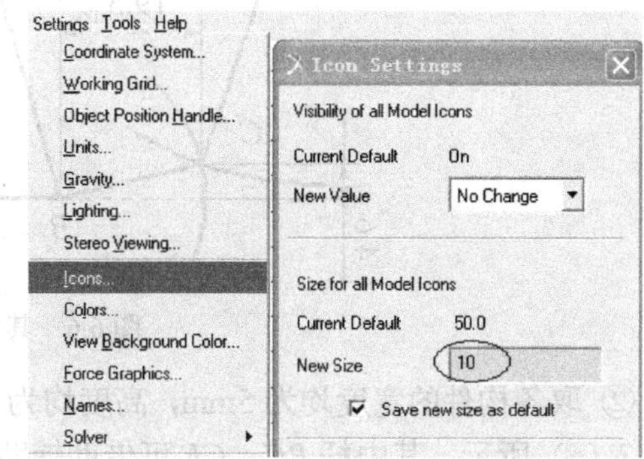

图 6.3　设置栅格　　　　　　　　　　　图 6.4　更改图标大小

在主菜单中选择 View→Coordinate Window F4 菜单项或单击工作区域后按 F4 键打开光标位置显示。

（3）创建虚拟样机模型。

① 求特殊位置时各点的坐标。

将固定铰链 O 的位置确定在坐标原点，根据题目给定的坐标距离确定固定铰链 E、F 的位置，如图 6.5 所示。

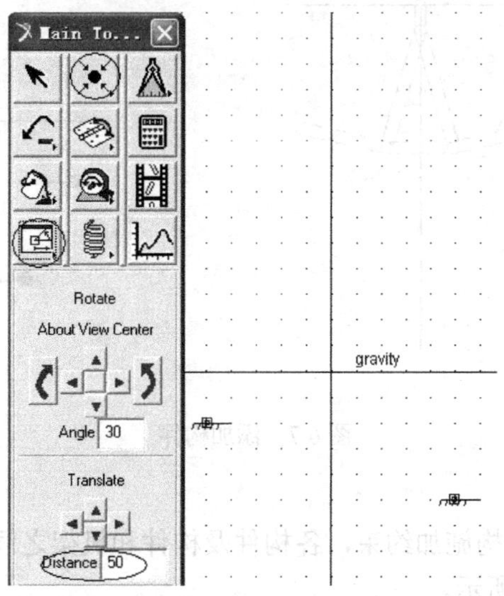

图 6.5　创建固定点

确定曲柄 OA 竖直时为机构的特殊位置，根据已知的构件长度，借助 AutoCAD 或 CAXA 电子图版确定各点的坐标，如图 6.6 所示，点 C 通过 B、F 及 BC、CF 的长度画弧求交点获得。

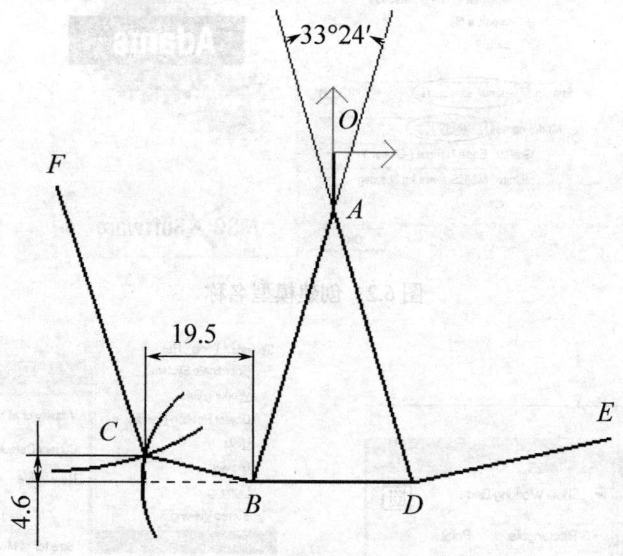

图 6.6　其他点坐标求解

② 取各构件的宽度均为 5mm，高度均为 2mm，输入各杆的具体长度，建立机构模型，如图 6.7（a）所示，其中杆 BC、CF 可借助辅助点由图 6.6 所获得的尺寸来确定，如图 6.7（b）所示，首先在 B 点创建一个一般点，然后将该点向左移动 19.5mm，再向上移动 4.6mm，即可获得 C 点。D、E 两点获得后，选择几何建模工具，勾选 Width 及 Depth 选项，分别输入 5mm 和 2mm，连接 D、E 两点，即可获得杆 DE。

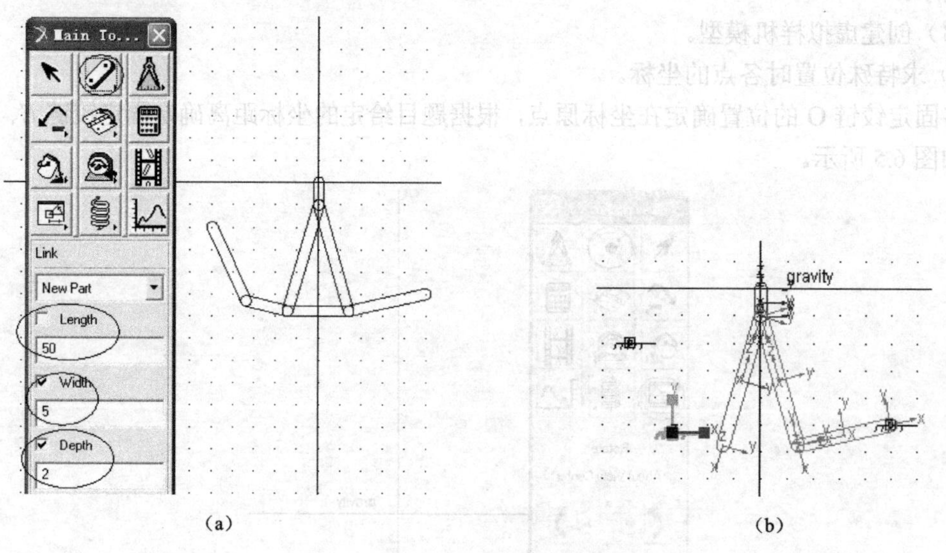

图 6.7　添加构件

（4）施加约束。

根据机构运动简图为机构施加约束，各构件及构件和机架之间均为转动副，同时将 ABD 固定为一个构件，如图 6.8 所示。

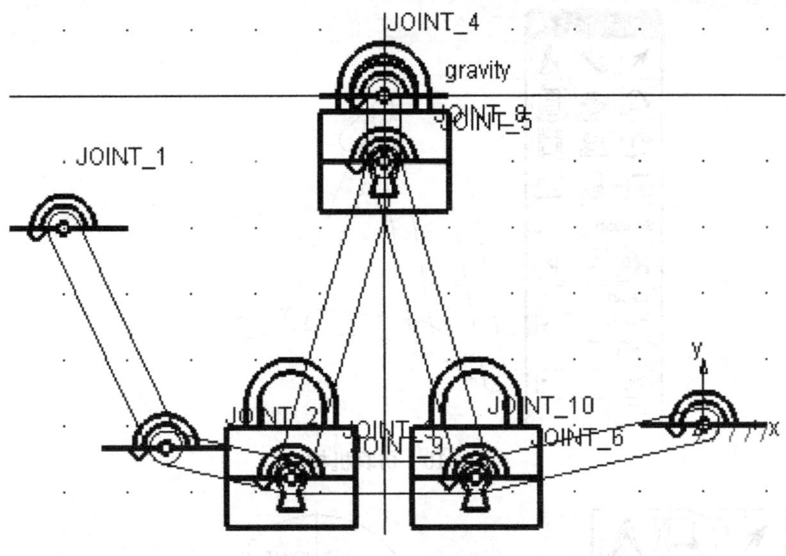

图 6.8 施加约束

（5）施加驱动。

如图 6.9 所示，为曲柄施加旋转驱动。

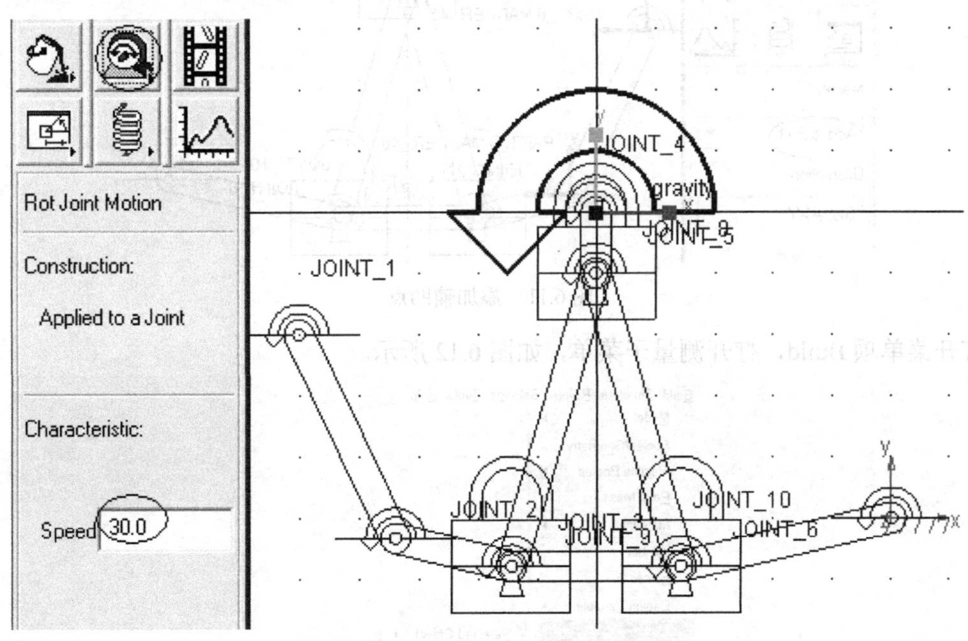

图 6.9 施加驱动

（6）仿真机构。

如图 6.10 所示，输入仿真时长为 12s，仿真步数为 200 步，运行仿真。

（7）测量机构的运动参数。

① 测量动颚摆角。

测量摆角需要借助辅助点，如图 6.11 所示，在点（50，-10）创建 MARKER_56 点，同时，在构件 *FC* 上的 *F* 点和 *C* 点创建两个 Marker 点，创建这两个点时，一定要注意选择 Add to Part 选项。

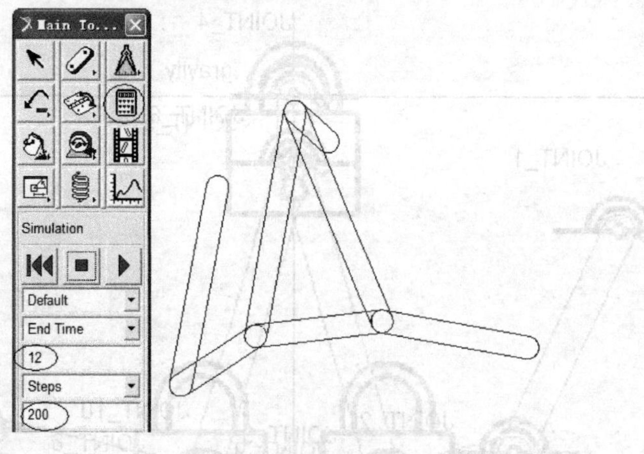

图 6.10　仿真机构

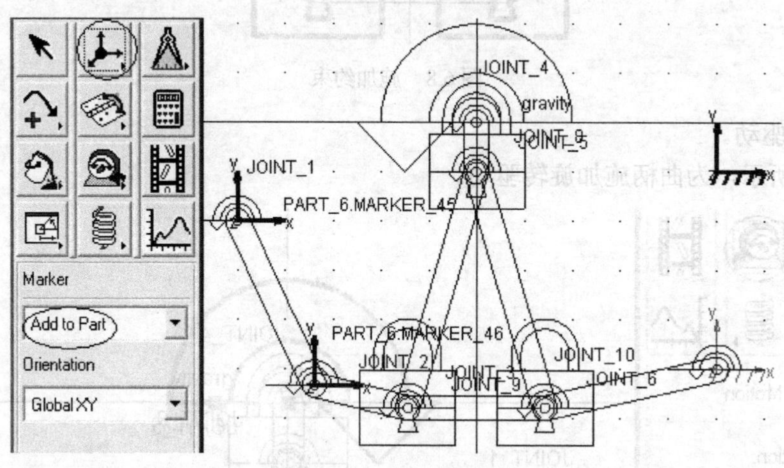

图 6.11　添加辅助点

打开菜单项 Build，打开测量子菜单，如图 6.12 所示。

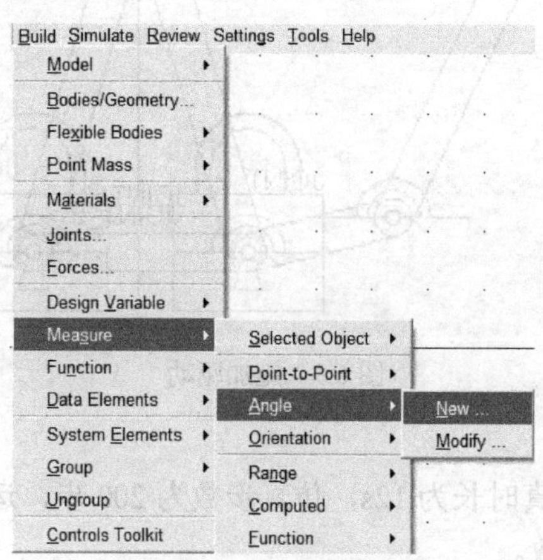

图 6.12　新建测量

打开对应的角度测量对话框，依次选择位于 *C*、*F* 上的 MARKER_58、MARKER_57 及位于地面上的 MARKER_56 点，如图 6.13 所示。若同一位置的 Marker 点过多，则可以在该点的所在位置单击鼠标右键，会弹出对话框列出该位置所有的点，从列表中选择需要的点，如图 6.14

所示，则可获得动颚相对于水平位置摆角的变化规律，如图 6.15 所示。

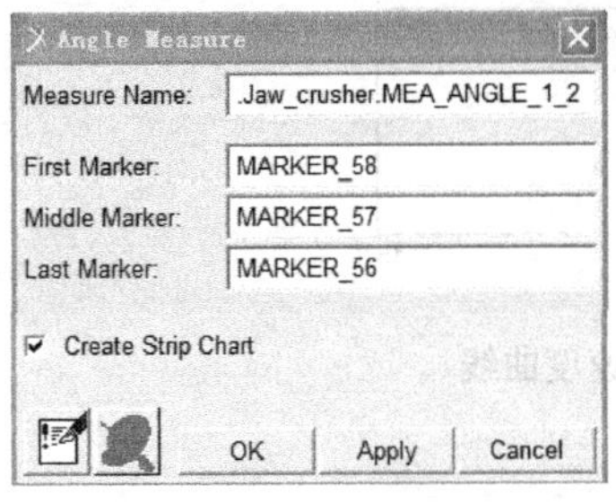

图 6.13　测量选项

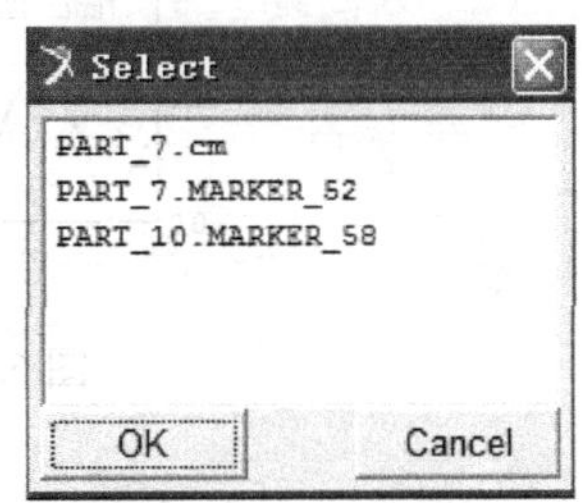

图 6.14　辅助选择对话框

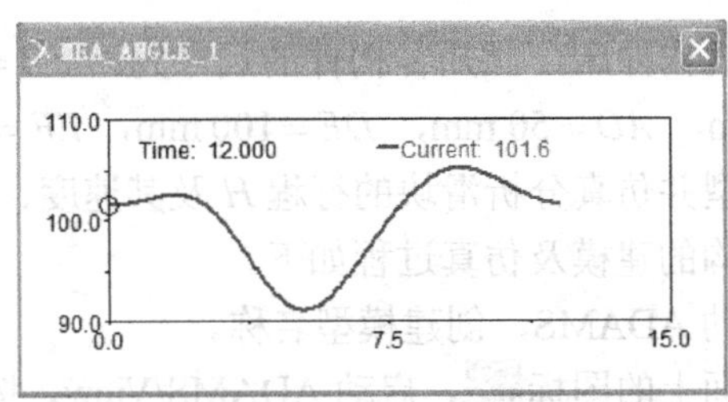

图 6.15　动颚摆角曲线

② 测量动颚角速度。

右键单击动颚，选择 Measure 选项，如图 6.16 所示。

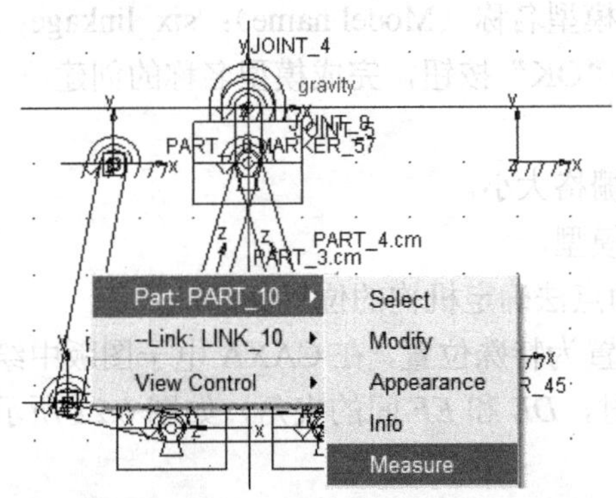

图 6.16　动颚角速度测量

在弹出的对话框中选择测量 CM angular velocity，在 Component 中选择 mag 选项，如图 6.17 所示，则可获得动颚的合成角速度，如图 6.18 所示，同理可获得动颚的角加速度曲线，如图 6.19 所示。

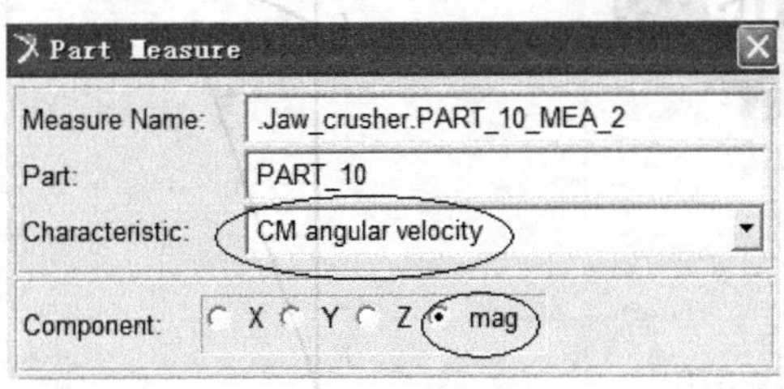

图 6.17　测量选择位置

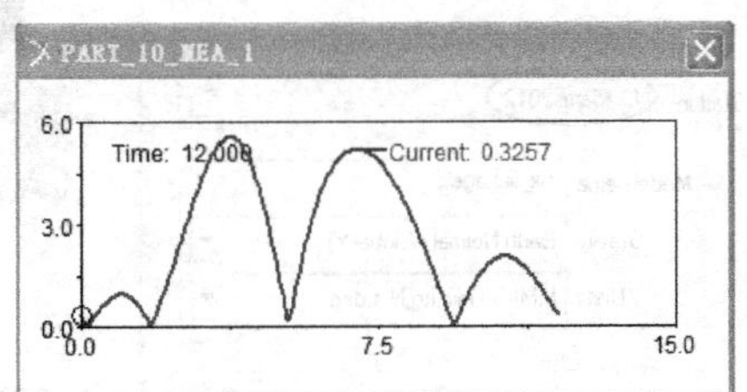

图 6.18　动颚角速度曲线

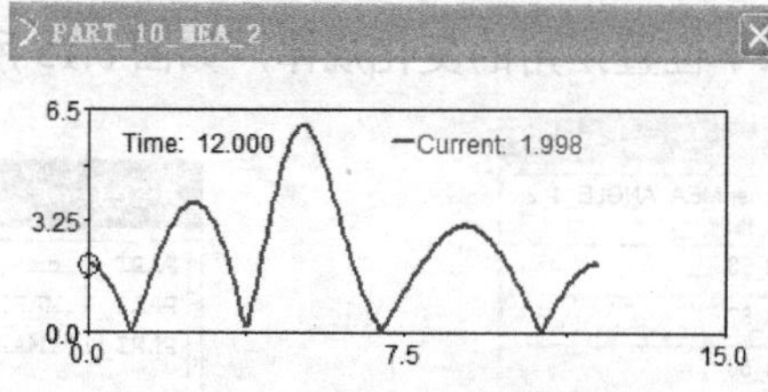

图 6.19　动颚角加速度曲线

6.1.2　六杆机构

如图 6.20 所示为六杆机构冲床，已知各构件的尺寸为：$AB = 200$ mm，$BC = 260$ mm，$CD = 200$ mm，$AD = 50$ mm，$DE = 100$ mm，$EF = 300$ mm。试建立该机构的虚拟样机模型并仿真分析滑块的行程 H 及其速度、加速度的变化情况。

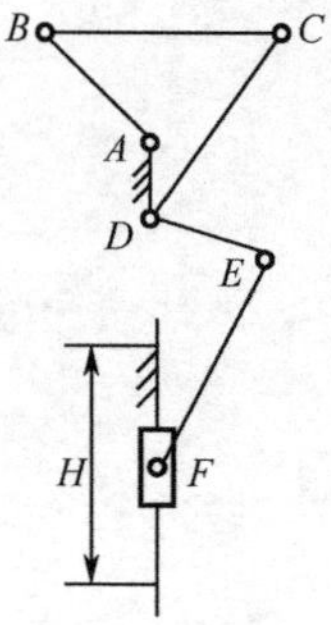

图 6.20　六杆机构简图

六杆机构的建模及仿真过程如下。

（1）启动 ADAMS，创建模型名称。

双击桌面上的图标，启动 ADAMS/View。按照图 6.21 所示的步骤完成模型名称的创建：

- 选择创建新的模型（How would you like to proceed）：Create a new model；
- 设置起始位置（Start in）：F:\adams examples；
- 输入模型名称（Model name）：six_linkage；
- 单击“OK”按钮，完成模型名称的创建。

（2）设置工作环境。

使用系统默认的单位及栅格大小。

（3）建立机构虚拟样机模型。

① 利用特殊位置及辅助点法确定机构的位置。

取 B、A、D 共线时的位置为特殊位置，在 CAXA 电子图版中绘图求解 C 点相对于 D 点的坐标，同时计算出 DE 水平时，DE 和 EF 间的夹角，如图 6.22 所示。

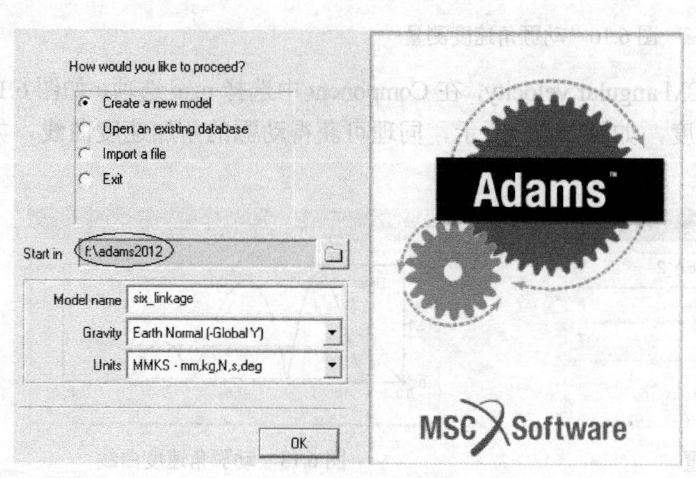

图 6.21　创建模型名称

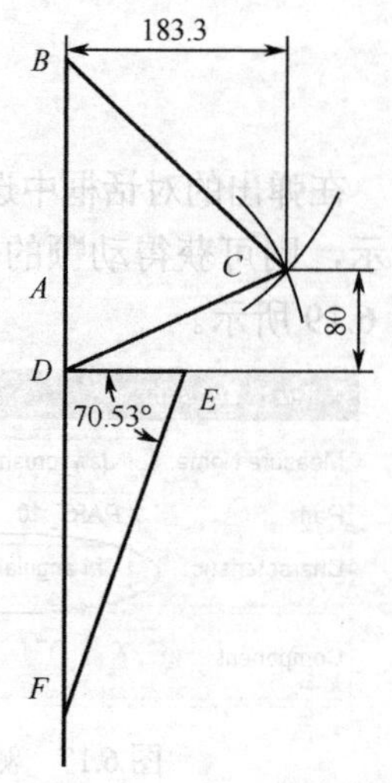

图 6.22　点坐标的求取

② 将机构的 D 点置于坐标原点，取各杆宽度 Width=20mm，厚度 Depth=10mm，输入各杆长度，建立机构虚拟样机模型，C 点的确定如图 6.23 所示，即先在原点创建一个一般位置点 POINT_1，然后用移动工具将其按图 6.22 所求得的尺寸平移。

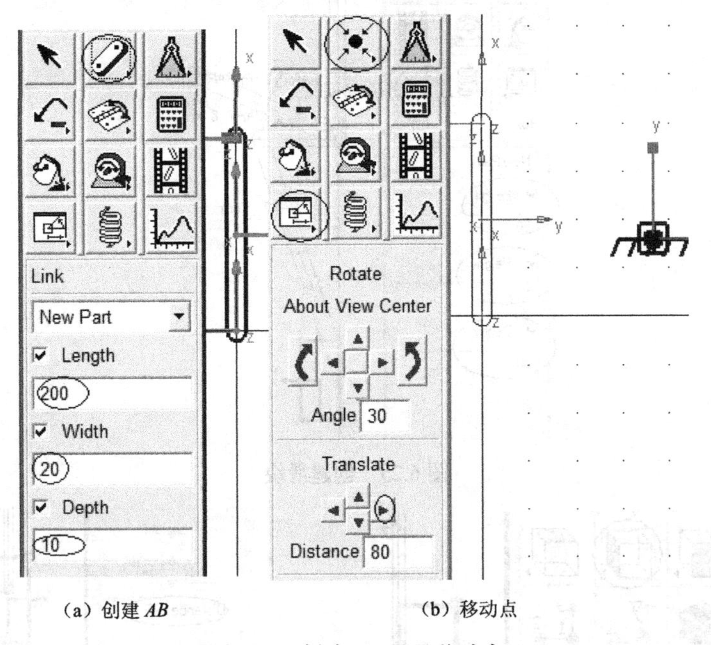

（a）创建 *AB*　　　　（b）移动点

图 6.23　创建 *AB* 及及移动点

EF 杆的创建过程如图 6.24 所示，即先创建一个长为 300mm、与 *DE* 重合的水平杆，然后用旋转工具将该杆绕着 *E* 点（视图中心选择 *E* 点）逆时针旋转 70.53°。

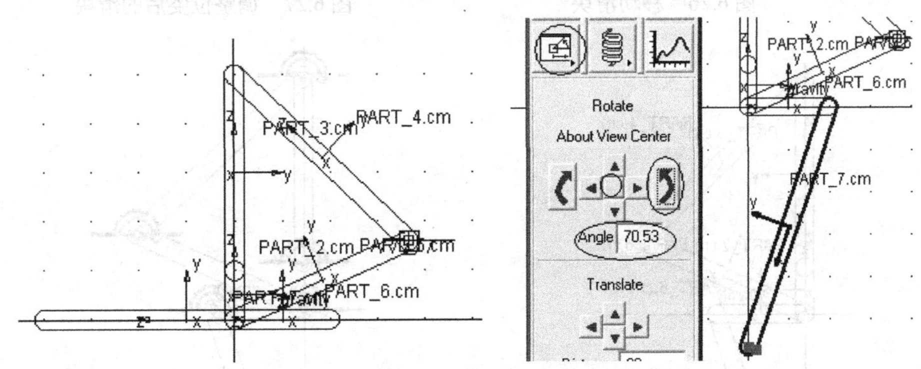

图 6.24　构件的旋转

取滑块尺寸为 50mm×100mm×50mm，创建滑块，如图 6.25 所示。

选择移动工具使滑块相对于视图平面对称，如图 6.26 所示。

移动后的滑块位姿如图 6.27 所示。

最终创建的模型如图 6.28 所示。

（4）施加约束。

除了滑块和机架之间以移动副相连之外，其他构件均以转动副相连，分别选择、工具按钮，施加约束后的虚拟样机模型如图 6.29 所示。确定 *AB* 杆的位置后，可以将机架 *AD* 删除以方便建模。

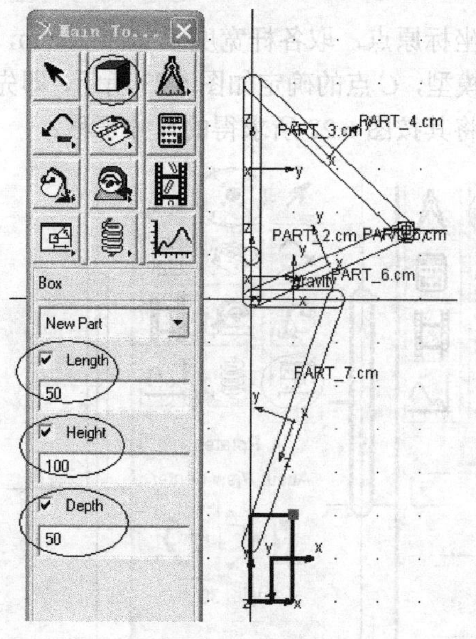

图 6.25 创建滑块

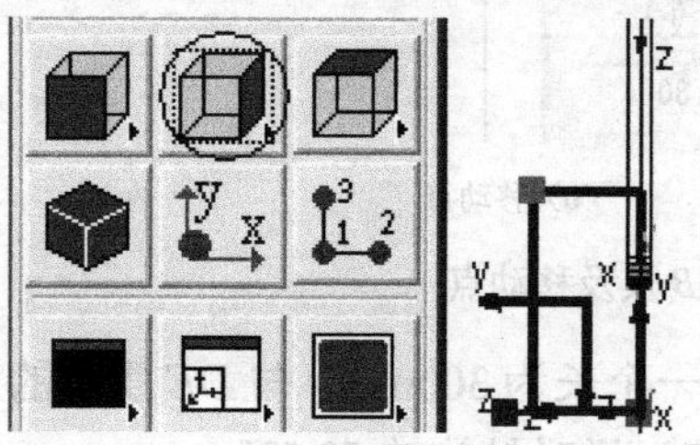

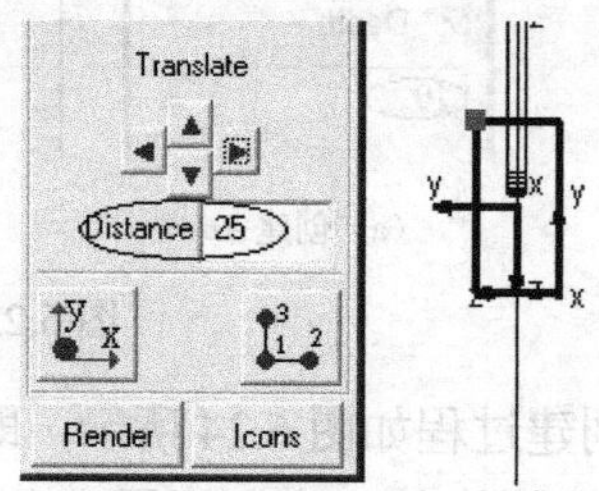

图 6.26 移动滑块　　　　图 6.27 调整位姿后的滑块

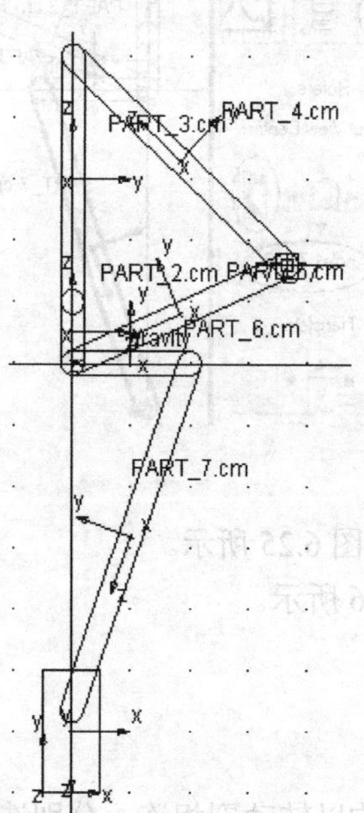

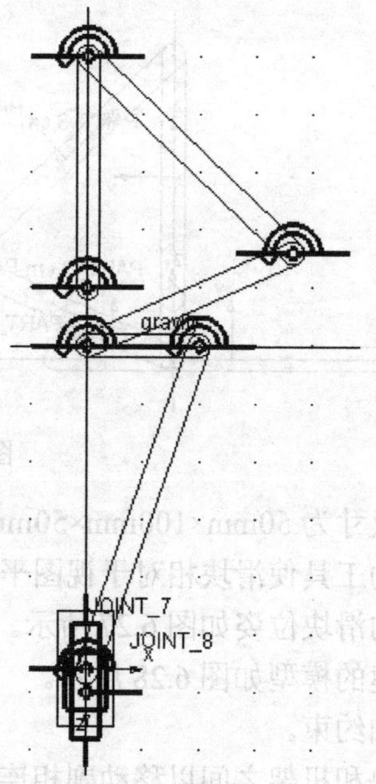

图 6.28 机构模型　　　　图 6.29 添加约束

（5）施加驱动，选择工具按钮，为两个曲柄均施加旋转驱动 30（°）/s，如图 6.30 所示。

（6）仿真机构。

设置仿真时长为 12s，仿真步长为 200。仿真机构如图 6.31 所示。

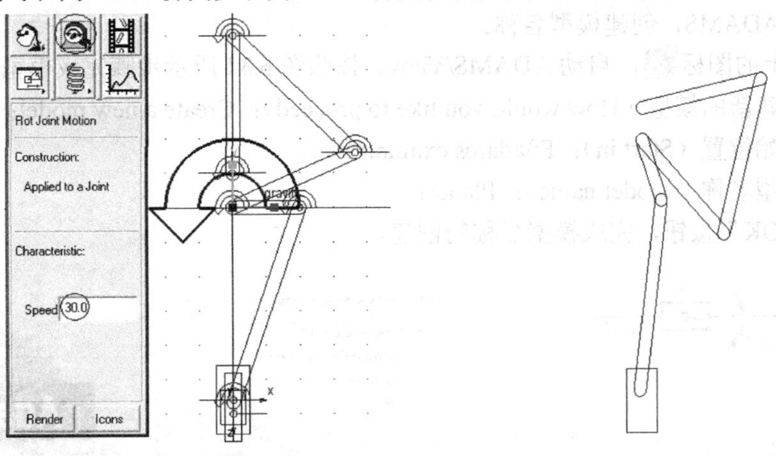

图 6.30 施加驱动　　图 6.31 机构仿真

注：单击右键，在弹出的 Select 中分别选择位于该处的两个铰链完成驱动添加。

右击滑块获得滑块的名称 PART_8，选择后处理模块工具按钮，进入后处理模块，按照图 6.32 所示操作，选择四个视图界面，在其中一个视图窗口中右击弹出下拉菜单选择 Load Animation 加载动画，在其他三个窗口添加滑块沿着 Y 方向的位移、速度和加速度。

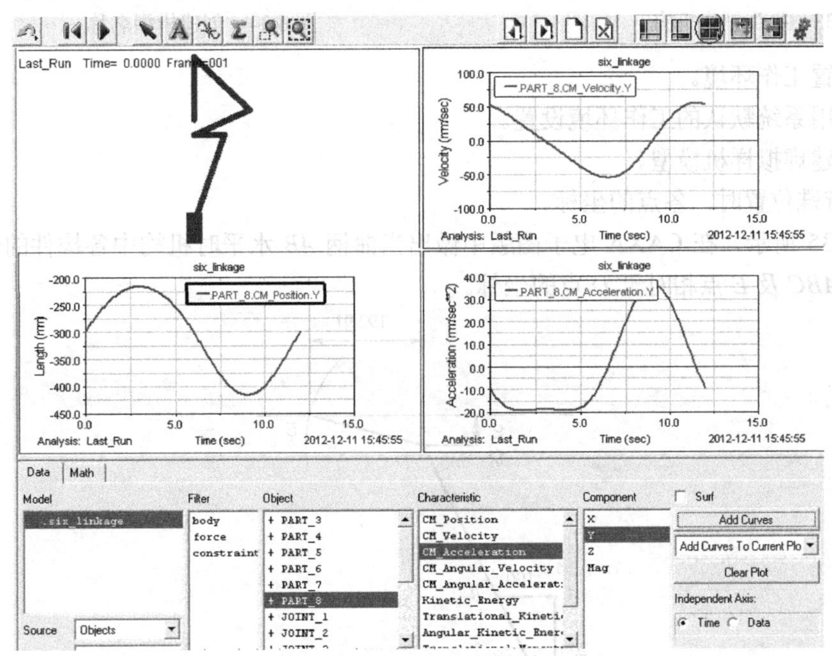

图 6.32 后处理模块获取滑块的运动特性曲线

6.1.3 牛头刨床导杆机构

例 如图 6.33 所示为牛头刨床机构，已知 $AB=100\,\text{mm}$，$AC=200\,\text{mm}$，$DC=500\,\text{mm}$，$DE=200\,\text{mm}$，滑块轨道偏心距 $e=300\,\text{mm}$，滑块尺寸自定。曲柄角速度 $\omega=60$（°）/s。试建

立该机构的虚拟样机模型，并仿真滑块的行程、速度及角加速度。

牛头刨床机构的建模及仿真过程如下。

（1）启动 ADAMS，创建模型名称。

双击桌面上的图标，启动 ADAMS/View。按照图 6.34 所示步骤完成模型名称的创建：

- 选择创建新的模型（How would you like to proceed）：Create a new model；
- 设置起始位置（Start in）：F:\adams examples；
- 输入模型名称（Model name）：Planer；
- 单击“OK”按钮，完成模型名称的创建。

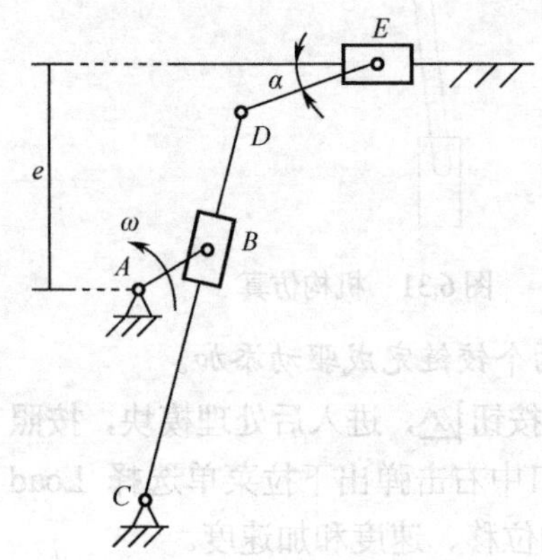

图 6.33 牛头刨床机构

图 6.34 创建模型名称

（2）设置工作环境。

本例使用系统默认的工作环境设置。

（3）创建虚拟样机模型。

① 求特殊位置时，各点的坐标。

如图 6.35 所示，在 CAXA 电子图版中做出当曲柄 *AB* 水平时机构中各构件的位置，并求出此时的 $\angle ABC$ 及 *E* 点相对于 *D* 点的坐标。

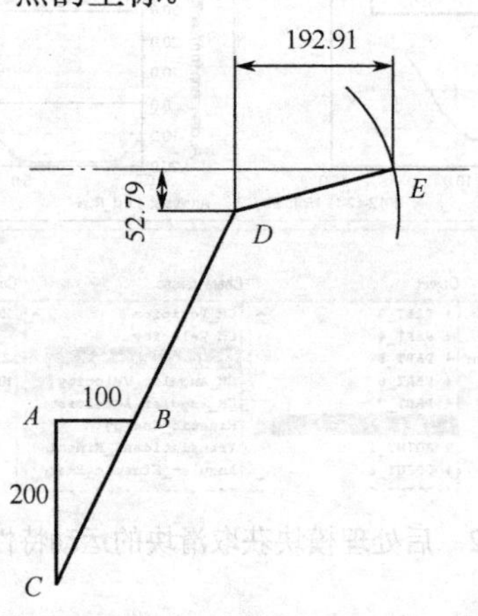

图 6.35 点坐标的求取

由图可知，$\tan\angle ABC=\dfrac{AC}{AB}=2$，则 $\angle ABC=63.44°$。连接 *CB* 并延长，使得 *DC* 长度为 500mm，则 *D* 点已知。作一条水平线与 *AB* 重合，然后将其向上平移 300mm，即可获得滑块

导路位置，以点 *D* 为圆心，*DE* 长 200mm 为半径画弧，与导路的交点即为 *E* 点，量出 *ED* 间水平及竖直方向的相对坐标。

② 在 ADAMS 中创建各构件。

取各杆件的 Width 均为 20mm，Depth 均为 10mm，将点 *A* 置于坐标中心，根据图 6.35 所求得的尺寸，使用工具按钮创建各杆件。为简化模型，机架 *AC* 可不用创建杆件，创建 *CD* 时，在（0，-200，0）坐标处创建长为 500mm 的构件，如图 6.36（a）所示，然后使用旋转工具按钮将其绕 *C* 点按顺时针方向旋转 $90^\circ-63.44^\circ=26.56^\circ$，旋转过程中要指定旋转中心，选择 *C* 点，如图 6.36（b）所示。

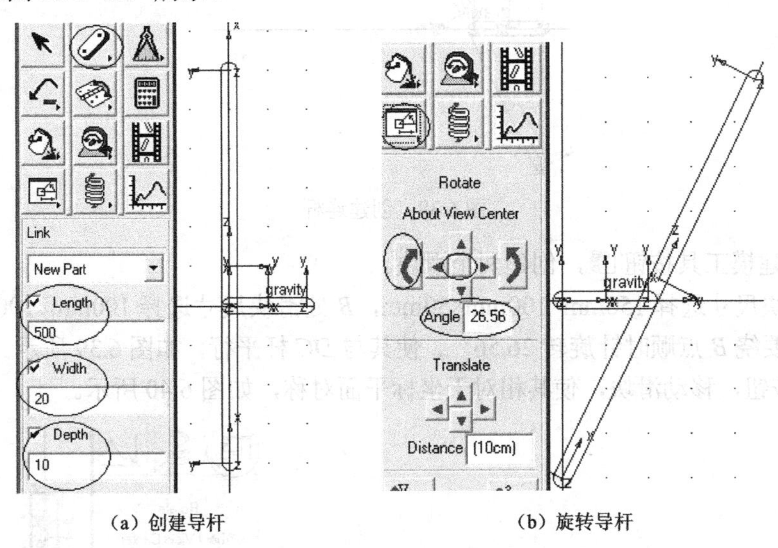

（a）创建导杆　　（b）旋转导杆

图 6.36　创建导杆和旋转导杆

确定 *D* 点后，在 *D* 点创建一个一般位置点 POINT_1，如图 6.37（a）所示，然后按照图 6.35 所求得的相对位置坐标用移动工具按钮将 POINT_1 向右移动 192.91mm，再向上移动 52.79mm，移动后点 POINT_1 的新位置如图 6.37（b）所示，该位置即为 *E* 点的位置。

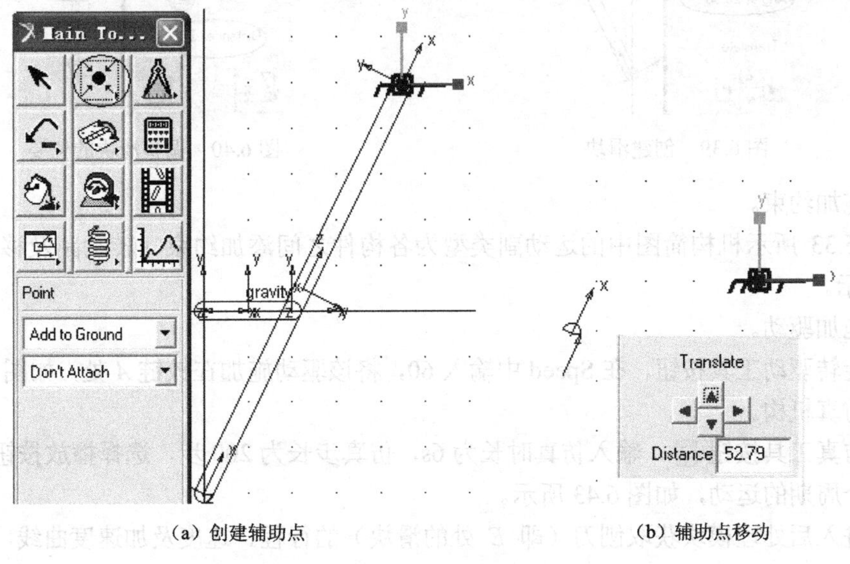

（a）创建辅助点　　（b）辅助点移动

图 6.37　创建辅助点和辅助点移动

选择几何建模工具按钮，在 Length 中输入 200mm（这样操作可检查 *E* 点位置是否正确），选择 *D*、*E* 两点，则构件 *DE* 被创建，如图 6.38 所示。

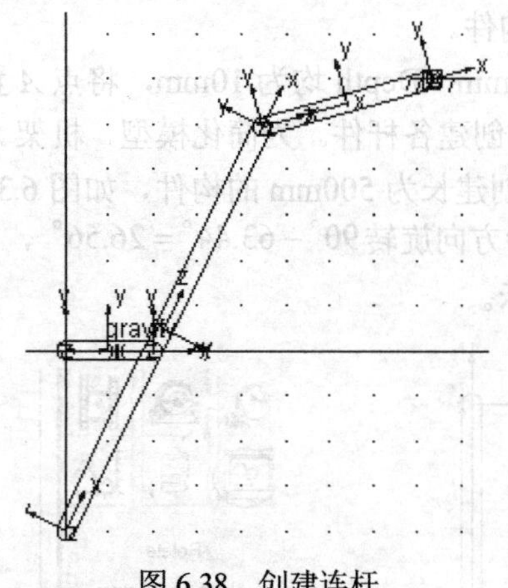

图 6.38　创建连杆

选择几何建模工具按钮，创建两个滑块。

E 处的滑块尺寸选择 150mm×100mm×50mm，*B* 处滑块尺寸选择 100mm×100mm×50mm，*B* 处的滑块需要绕 *B* 点顺时针旋转 26.56°，使其与 *DC* 杆平行，如图 6.39 所示。创建滑块后，选择视图按钮，移动滑块，使其相对于坐标平面对称，如图 6.40 所示。

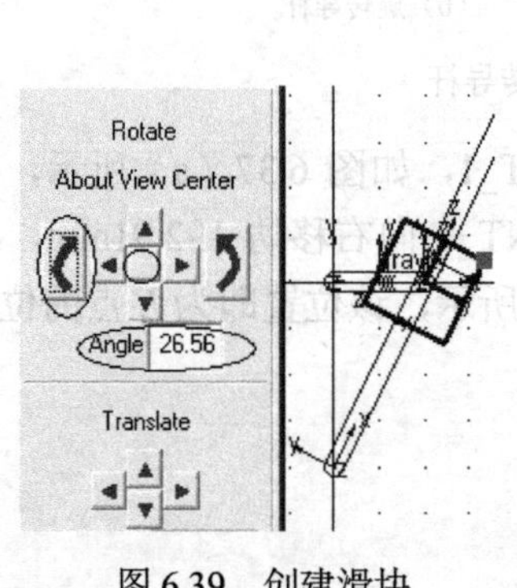

图 6.39　创建滑块

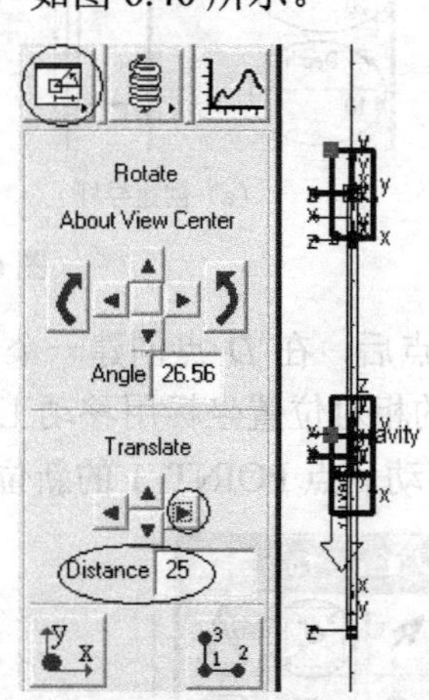

图 6.40　调整滑块的位姿

（4）施加约束。

按图 6.33 所示机构简图中的运动副类型为各构件之间添加约束（转动副及移动副），如图 6.41 所示。

（5）施加驱动。

选择旋转驱动工具按钮，在 Speed 中输入 60，将该驱动施加在铰链 *A* 处，如图 6.42 所示。

（6）仿真机构。

选择仿真工具按钮，输入仿真时长为 6s，仿真步长为 200 步，选择播放按钮，则机构完成一个周期的运动，如图 6.43 所示。

（7）进入后处理模块获取刨刀（即 *E* 处的滑块）的行程、速度及加速度曲线，如图 6.44 所示。

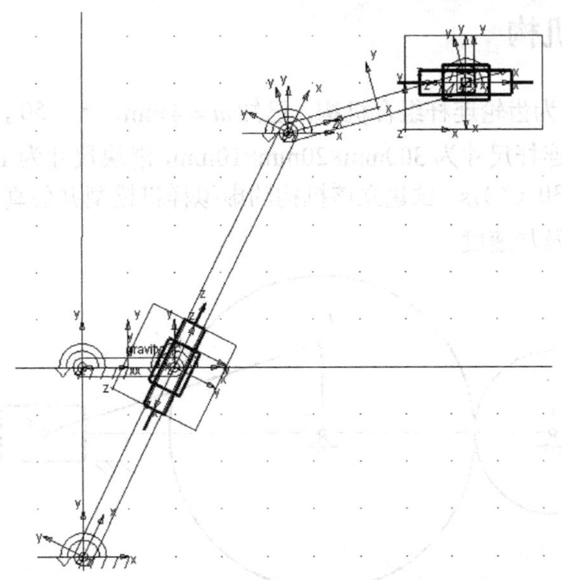

图 6.41　添加约束

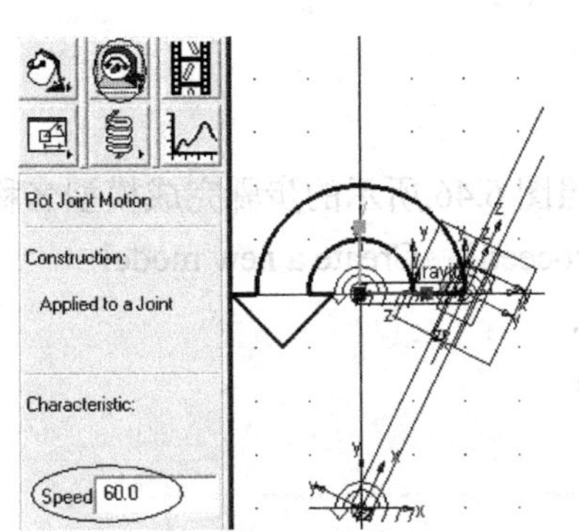

图 6.42　施加驱动

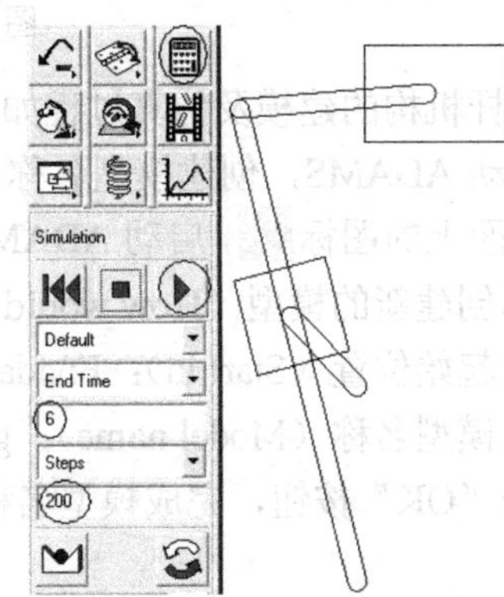

图 6.43　仿真机构

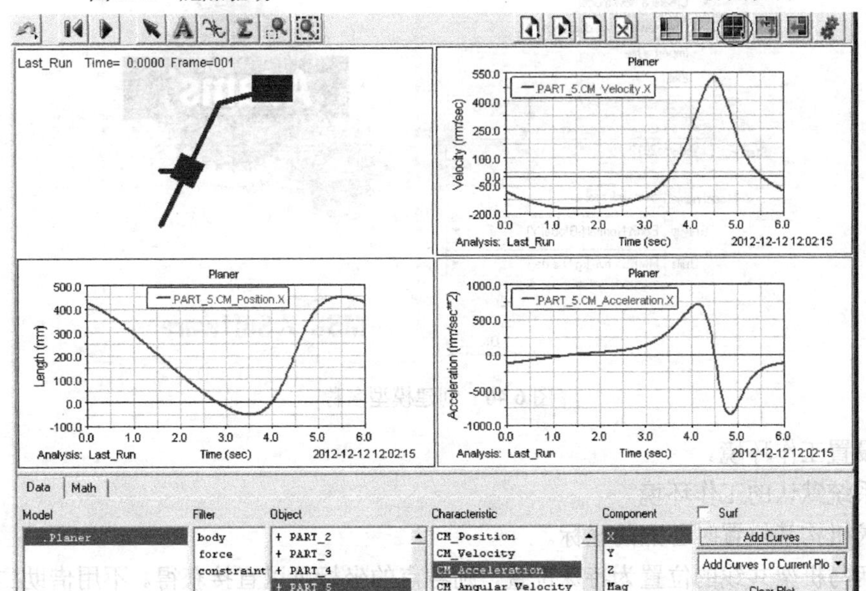

图 6.44　后处理模块获取滑块运动特性曲线

6.1.4 齿轮连杆机构

例 如图 6.45 所示为齿轮连杆组合机构，已知 $m = 4\,\text{mm}$，$z_1 = 50$，$z_2 = 100$，曲柄尺寸为 170mm×20mm×10mm，连杆尺寸为 300mm×20mm×10mm，滑块尺寸为 150mm×100mm×50mm，齿轮 1 的角速度为 $\omega_1 = 30$（°）/s。试建立该机构的虚拟样机模型并仿真获取当曲柄回转一周过程中滑块的位移、速度及加速度。

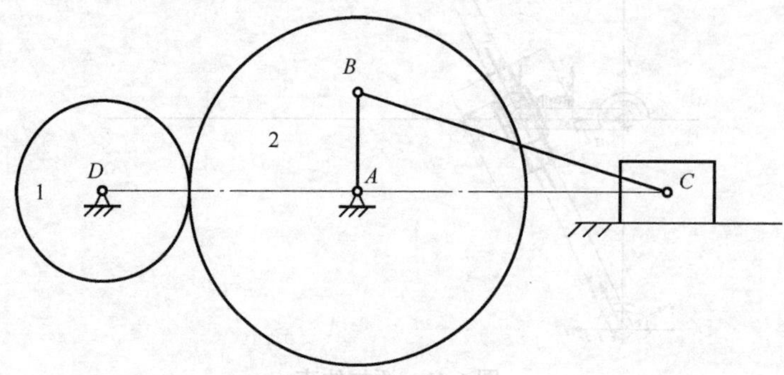

图 6.45 齿轮连杆机构

齿轮连杆机构的建模及仿真过程如下。

（1）启动 ADAMS，创建模型名称。

双击桌面上的图标，启动 ADAMS/View，按照图 6.46 所示的步骤完成模型名称的创建：

- 选择创建新的模型（How would you like to proceed）：Create a new model；
- 设置起始位置（Start in）：F:\adams examples；
- 输入模型名称（Model name）：gear_Linkage；
- 单击“OK”按钮，完成模型名称的创建。

图 6.46 创建模型名称

（2）设置工作环境。

使用系统默认的工作环境。

（3）求机构某位置时各点的坐标。

取曲柄与机架共线的位置为特殊位置，则各点的坐标可以直接获得。不用借助二维绘图工具进行求取。

（4）创建机构模型。

① 创建齿轮。

用圆柱体代替齿轮，计算两齿轮的分度圆直径 $d_1 = mz_1 = 4 \times 50 = 200$ mm，$d_2 = mz_2 = 4 \times 100 = 400$ mm。取齿轮宽度为 15mm，通过以下步骤创建两个齿轮。

- 选择几何建模工具，输入齿轮参数，在坐标原点创建齿轮 1，如图 6.47 所示。
- 选择位姿变换工具按钮，将齿轮 1 绕其轮心旋转 90°，注意此时是将齿轮旋转到 *xoy* 平面，所以要选择或者按钮，如图 6.48 所示。

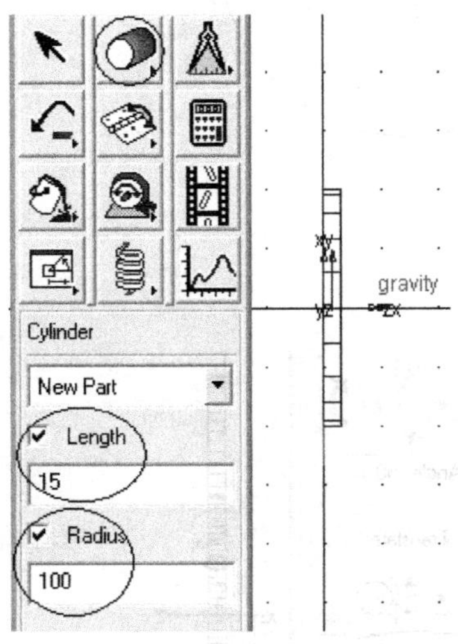

图 6.47　创建齿轮 1

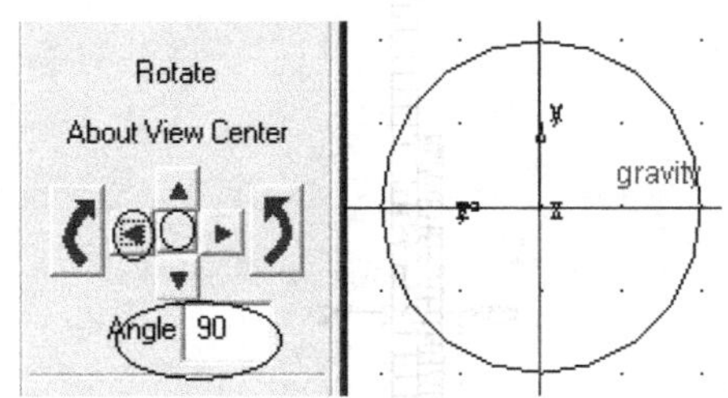

图 6.48　调整齿轮 1 的位姿

- 右键单击齿轮，在弹出的菜单中选择 Cylinder：CYLINDER_1→Modify，在弹出的对话框中将 Side Count For Body 及 Segment Count For Ends 均修改为 100，如图 6.49 所示。

Geometry Modify Shape Cylinder

Cylinder Name	.gear_linkage.PART_2.CYLINDER_1
New Cylinder Name	
Adams Id	1
Comments	
Center Marker	MARKER_1
Angle Extent	360.0
Length	15.0
Radius	100.0
Side Count For Body	100
Segment Count For Ends	100

OK　Apply　Cancel

图 6.49　修改齿轮的特性

确定后发现，与图 6.48 相比，圆柱体变得更加光滑。

同理，创建齿轮 2，齿轮 2 轮心的横坐标为 $r_1 + r_2 = 100 + 200 = 300$ mm，如图 6.50 所示。

选择视图工具按钮，如图 6.51 所示，发现两个齿轮不在同一个平面内，为此，再选择位姿变换工具按钮，将两个齿轮移动到同一个平面内，如图 6.52 所示。

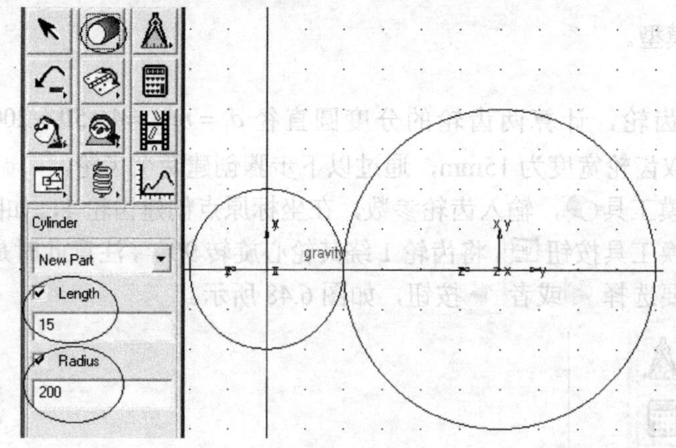

图 6.50　创建齿轮 2

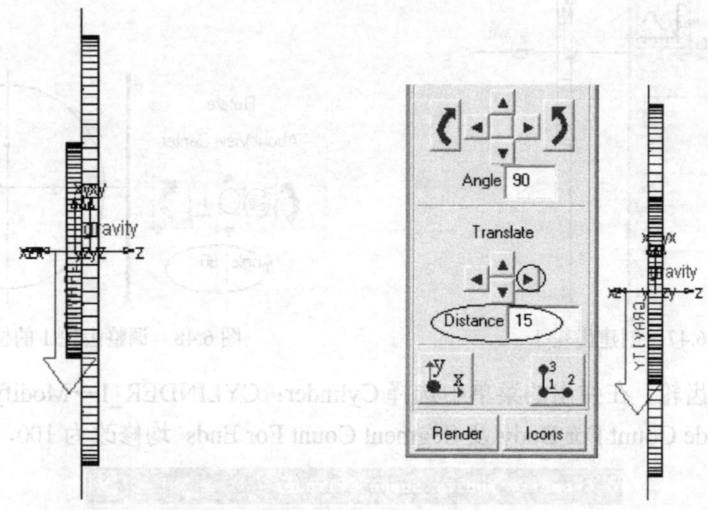

图 6.51　两齿轮的初始位姿　　　　图 6.52　调整后的两齿轮位姿

选择视图工具按钮，返回主视图。

② 创建曲柄滑块。

为方便建模，可以默认曲柄，直接在齿轮上找到 *B* 点即可。如图 6.53 所示，在齿轮 2 的轮心创建一个一般位置点 POINT_3。

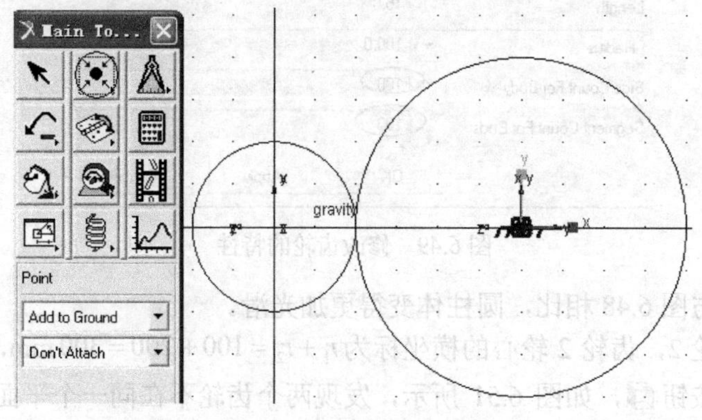

图 6.53　创建一般位置点

选择位姿变化工具按钮将点 POINT_3 按题目给定的曲柄长度向右移动 170mm，如图 6.54 所示。

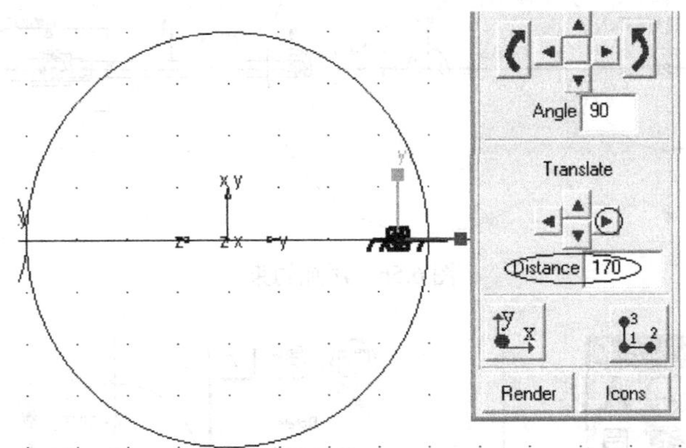

图 6.54 移动点

分别选择几何建模工具按钮及，根据题目给定的尺寸建立连杆及滑块，如图 6.55 所示。

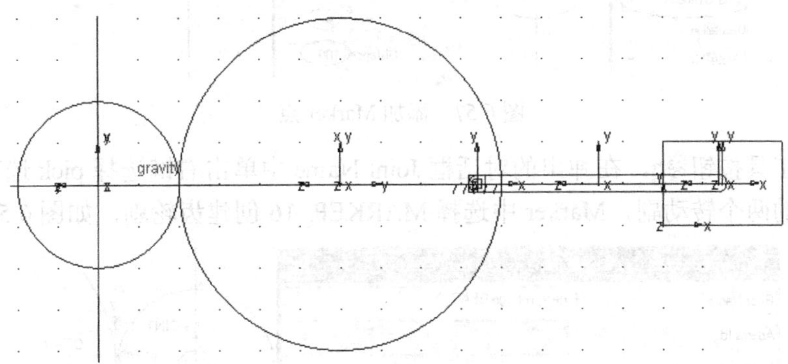

图 6.55 创建连杆及滑块

（5）施加约束。

① 施加转动副。

齿轮 1 与机架间、齿轮 2 与机架间、连杆和齿轮 2 间、连杆和滑块间为转动副，选择约束工具按钮添加上述约束。

注意：在齿轮和机架之间施加转动副时，一定要先选择齿轮再选择机架，两个齿轮与机架间转动副的创建都必须按此顺序才能顺利完成后续齿轮副的添加。

② 施加移动副。

滑块和机架之间为移动副，选择约束工具按钮为滑块和机架间施加移动副，如图 6.56 所示。

③ 施加齿轮副。

施加齿轮副时需要创建一个表示两齿轮在啮合点公共线速度方向的 Marker 点，选择几何建模工具按钮，在（100，0，0）处创建该 Marker 点，若不能直接点选该点，则可将 Marker 点置于原点，然后用移动工具按钮将其移动到啮合点。同时使用旋转工具按钮旋转 Marker 点，使其 z 轴沿着两齿轮啮合点的公共线速度方向，如图 6.57 所示。

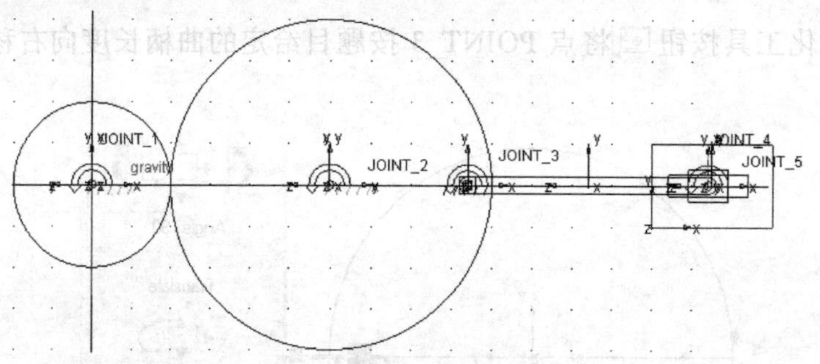

图 6.56　添加约束

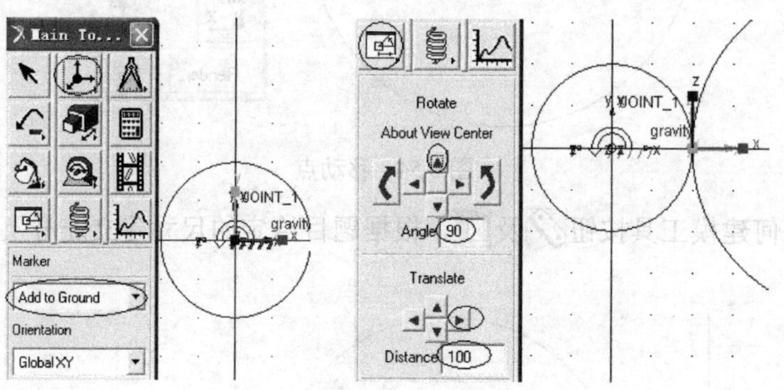

图 6.57　添加 Marker 点

选择约束工具按钮，在弹出的对话框 Joint Name 中单击右键选择 pick 选项依次选择齿轮与机架形成的两个转动副，Marker 中选择 MARKER_16 创建齿轮副，如图 6.58 所示。

图 6.58　添加齿轮副

（6）施加驱动。

本例中已知齿轮 1 的角速度为 $\omega_1 = 30$（°）/s，传动比 $i = \frac{z_2}{z_1} = \frac{100}{50} = 2$，要求曲柄回转一周，齿轮 1 需要回转两周。选择旋转驱动工具按钮，在 Speed 中输入 30，如图 6.59 所示。

（7）仿真机构。

选择仿真工具按钮，在 End Time 中输入 24，Steps 中输入 200，单击播放仿真按钮▶，完成该齿轮连杆机构的仿真，如图 6.60 所示。

（8）测量滑块运动特性。

右键单击滑块，获得滑块的名称为 PART_5，选择后处理工具按钮进入后处理模块，选择四个视图窗口，在其中一个视图窗口单击右键，在弹出的下拉菜单中选择 Load Animation，在下方进行相关选择，则完成滑块位移、速度、加速度的测量，如图 6.61 所示。

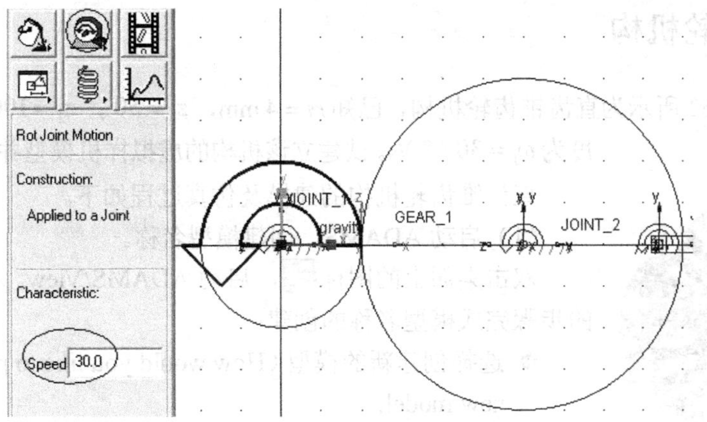

图 6.59　施加驱动

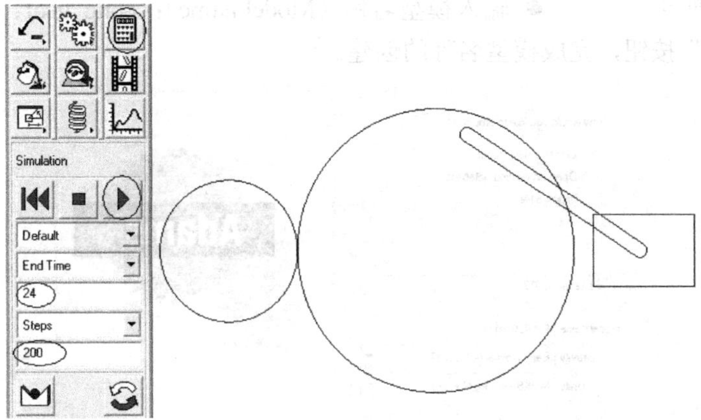

图 6.60　仿真机构

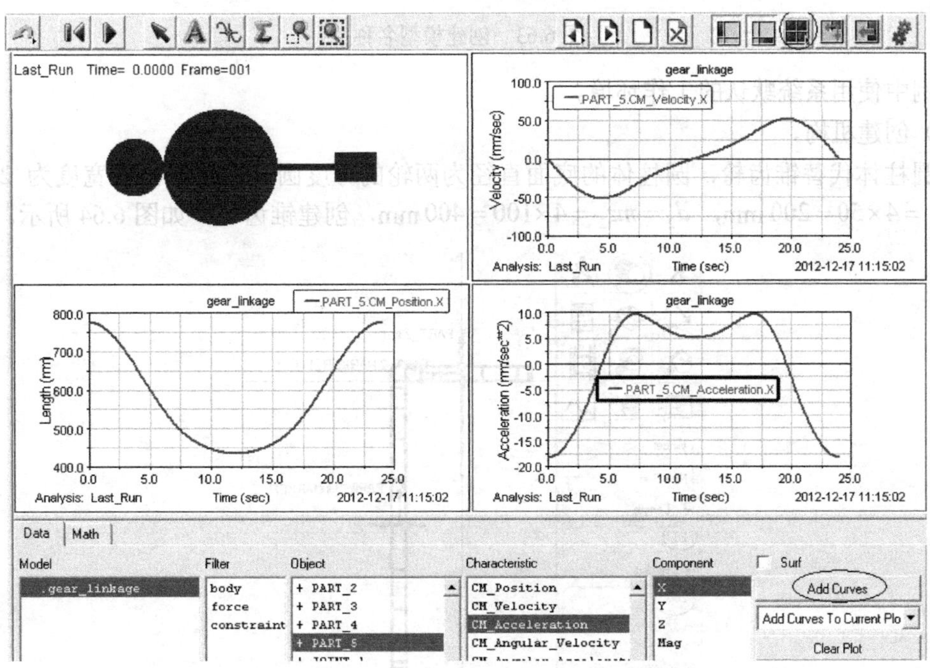

图 6.61　后处理模块获取滑块运动特性曲线

6.1.5 锥齿轮机构

例 如图 6.62 所示为直齿锥齿轮机构，已知 $m=4\,\text{mm}$，$z_1=50$，$z_2=100$，齿轮 1 的角速度为 $\omega_1=30\,(^\circ)/\text{s}$。试建立该机构的虚拟样机模型并仿真其动作过程。

图 6.62　锥齿轮机构

直齿锥齿轮机构的建模及仿真过程如下。

（1）启动 ADAMS，创建模型名称。

双击桌面上的图标，启动 ADAMS/View。按照图 6.63 所示的步骤完成模型名称的创建：

- 选择创建新的模型（How would you like to proceed）：Create a new model；
- 设置起始位置（Start in）：F:\adams examples；
- 输入模型名称（Model name）：cone_gear；
- 单击“OK”按钮，完成模型名称的创建。

图 6.63　创建模型名称

本例中使用系统默认的工作环境。

（2）创建机构。

用圆柱体代替锥齿轮，圆柱体的底面直径为两轮的分度圆直径，取齿轮宽度为 20mm，$d_1=mz_1=4\times50=200\,\text{mm}$，$d_2=mz_2=4\times100=400\,\text{mm}$，创建锥齿轮，如图 6.64 所示。

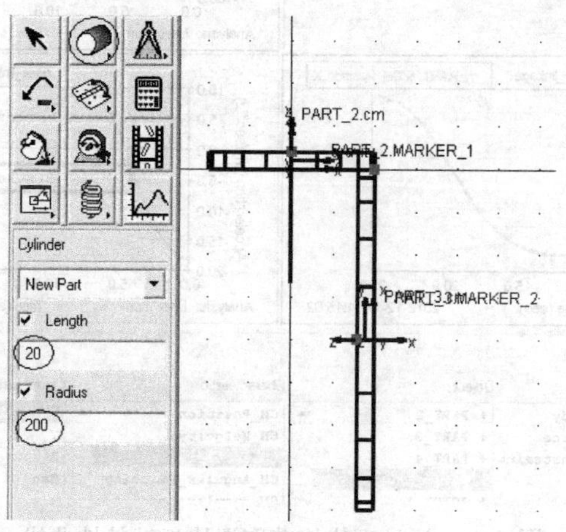

图 6.64　创建齿轮

（3）施加约束。

施加齿轮副需要借助一个位于机架上的 Marker 点，可先将该点置于原点，如图 6.65 所示。

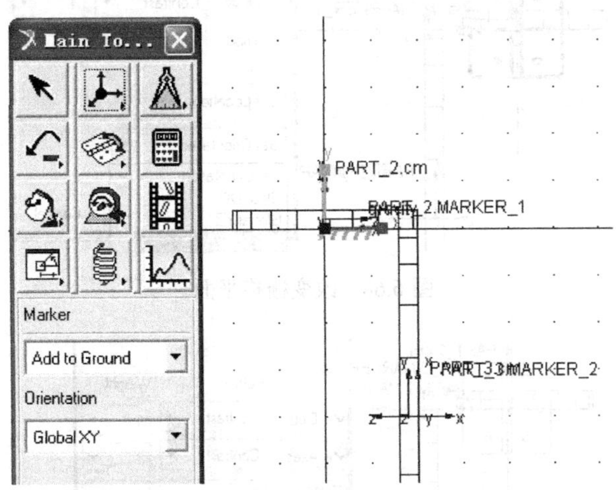

图 6.65　添加 Marker 点

用移动工具按钮将该点移到两齿轮的啮合点，如图 6.66 所示。此时，该 Marker 点的 *z* 方向应该表示两齿轮在啮合点的公共线速度方向，通过分析可知，公共线速度方向应该垂直于 *xoy* 面，因此，不需要旋转该 Marker 点。

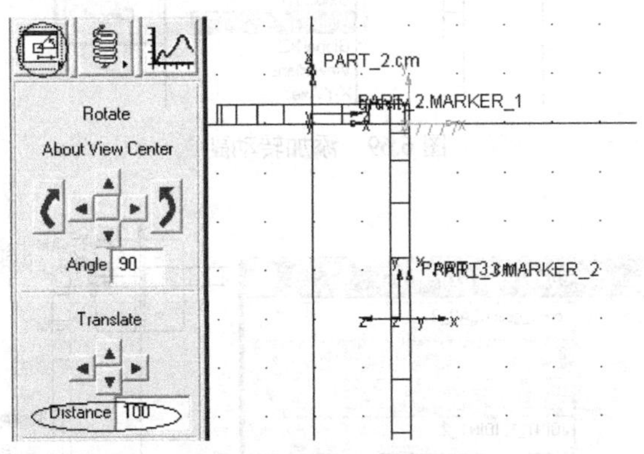

图 6.66　移动 Marker 点

因本例中的齿轮不在 *xoy* 平面，因而其与机架的转动副亦不在该平面上，需要进行坐标平面转换，选择 Settings→Working Gird 菜单项，如图 6.67 所示。

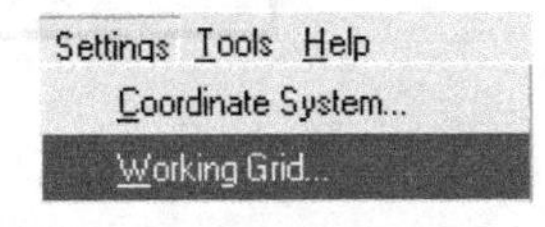

图 6.67　设置栅格菜单项

在所弹出对话框的 Set Orientation 选项中选择 Global XZ，可不关闭该对话框，直接在绘图区域创建齿轮 1 和机架间的转动副（这样做可以检查视图平面是否选择正确），如图 6.68 所示。

同理，在 Set Orientation 选项中选择 Global YZ 创建齿轮 2 和机架间的转动副，如图 6.69 所示。

选择约束工具按扭，在对话框中的相应位置单击右键，拾取齿轮和机架形成的两个转动副，以及位于啮合点的机架上的 Marker 点，如图 6.70 所示。

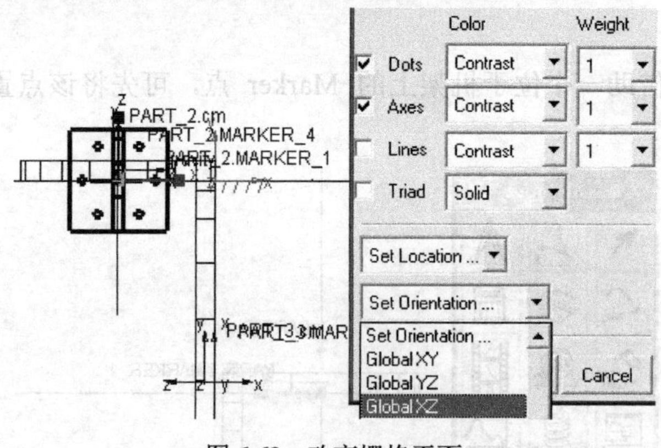

图 6.68　改变栅格平面

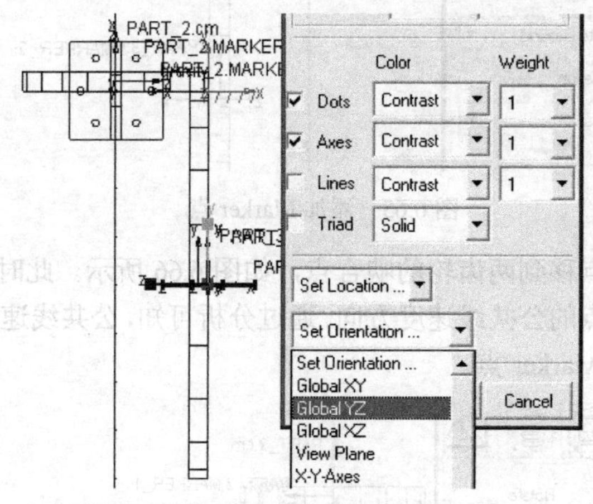

图 6.69　添加转动副

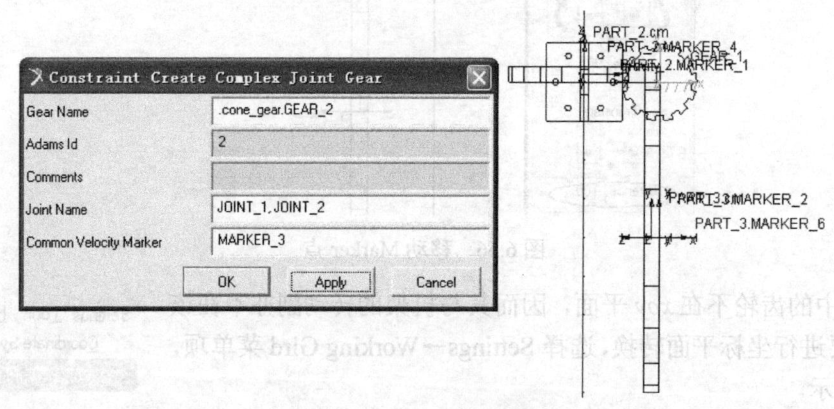

图 6.70　添加齿轮副

（4）施加驱动。

单击旋转驱动工具按钮，将驱动添加在齿轮 1 与机架形成的转动副上，如图 6.71 所示。

（5）仿真机构。

单击仿真工具按钮，在 End Time 中输入 12，Steps 中输入 200，单击播放仿真按钮，完成该直齿锥齿轮机构的仿真，如图 6.72 所示。

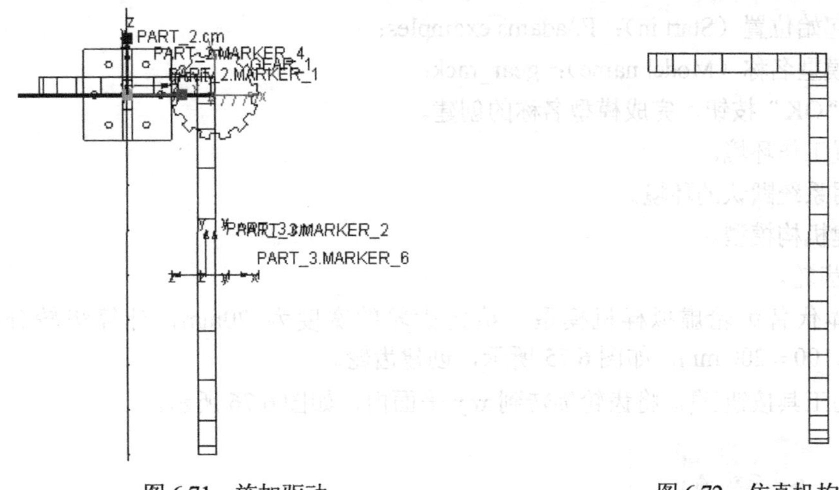

图 6.71 施加驱动　　　　图 6.72 仿真机构

6.1.6 齿轮齿条机构

例 如图 6.73 所示的齿轮齿条机构，已知齿轮模数 $m = 2\,\text{mm}$，齿数 $z_1 = 100$，齿轮转速 $\omega_1 = 30$ (°)/s，试建立该机构的虚拟样机模型，并仿真齿轮旋转 6s 的过程中机构的动作过程。

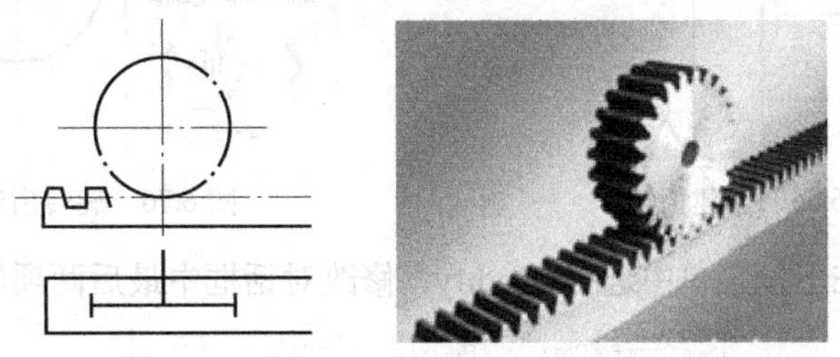

图 6.73 齿轮齿条机构

齿轮齿条机构的建模及仿真过程如下。

（1）启动 ADAMS，创建模型名称。

双击桌面上的图标，启动 ADAMS/View。按照图 6.74 所示的步骤完成模型名称的创建：

图 6.74 创建模型名称

- 选择创建新的模型（How would you like to proceed）：Create a new model；

- 设置起始位置（Start in）：F:\adams examples；
- 输入模型名称（Model name）：gear_rack；
- 单击“OK”按钮，完成模型名称的创建。

（2）设置工作环境。

本例使用系统默认的环境。

（3）创建机构模型。

① 创建齿轮。

用圆柱体代替齿轮虚拟样机模型，给定齿轮的宽度为 20mm，计算齿轮分度圆直径 $d_1 = mz_1 = 2 \times 100 = 200$ mm，如图 6.75 所示，创建齿轮。

使用移动工具按钮，将齿轮旋转到 *xoy* 平面内，如图 6.76 所示。

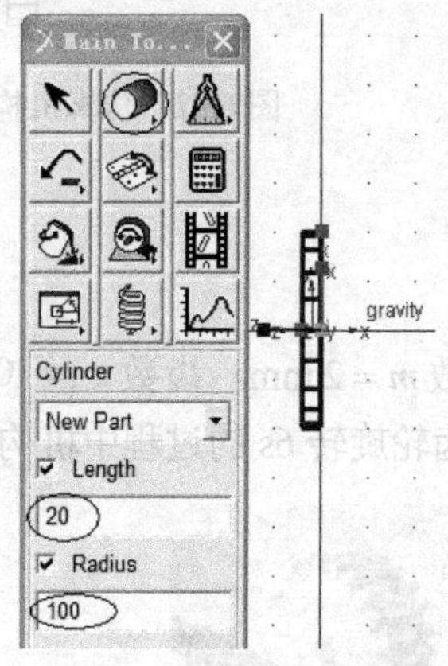

图 6.75　创建齿轮

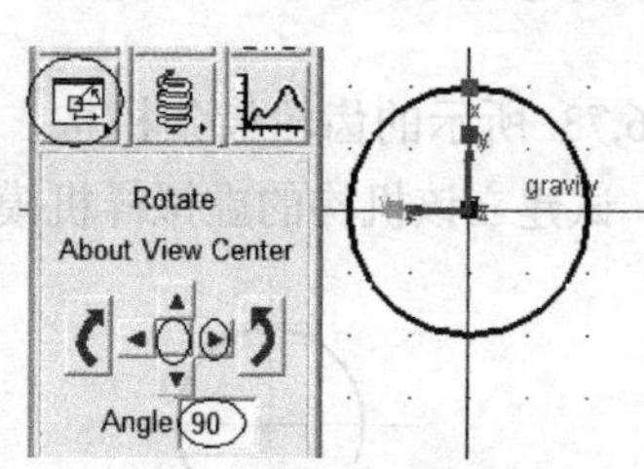

图 6.76　旋转齿轮

右键单击齿轮，在下拉菜单中选择 Modify，修改对话框中最后两项属性，如图 6.77 所示。

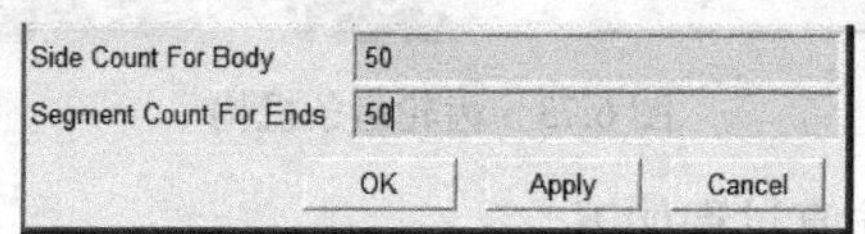

图 6.77　修改齿轮特性

② 创建齿条。

可用长方体代替齿条，按图 6.78 所示的尺寸创建齿条，初始时的齿条位置如图 6.78 所示。

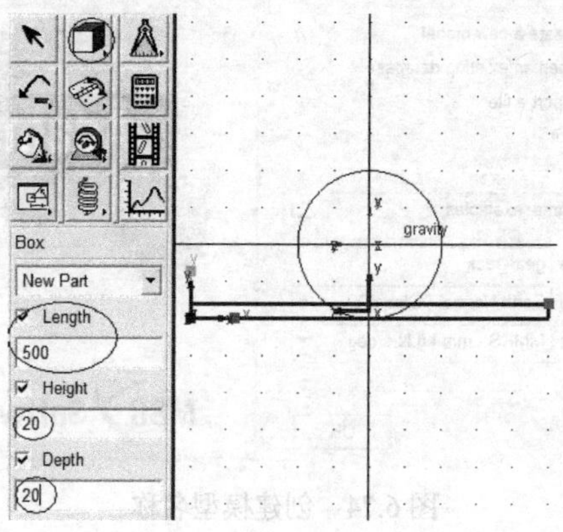

图 6.78　创建齿条

使用移动工具按钮移动齿条，使其与齿轮相切，如图 6.79 所示。

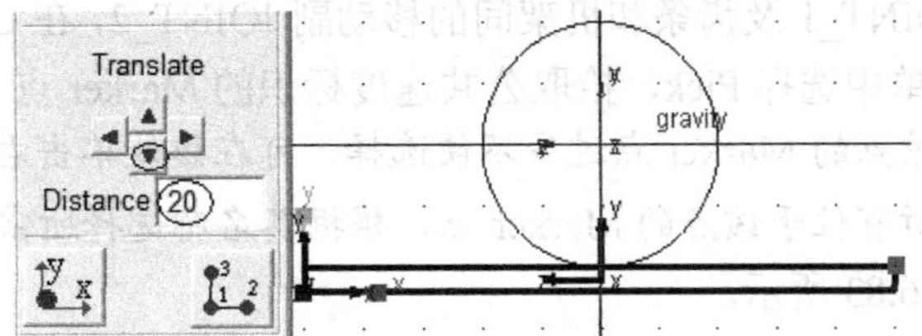

图 6.79　移动齿条

（4）施加约束。

分别选择约束工具按钮及，为齿轮和机架间及齿条和机架间施加转动副及移动副，如图 6.80 所示，必须按先选择齿轮再选择机架，先选择齿条再选择机架的顺序进行。

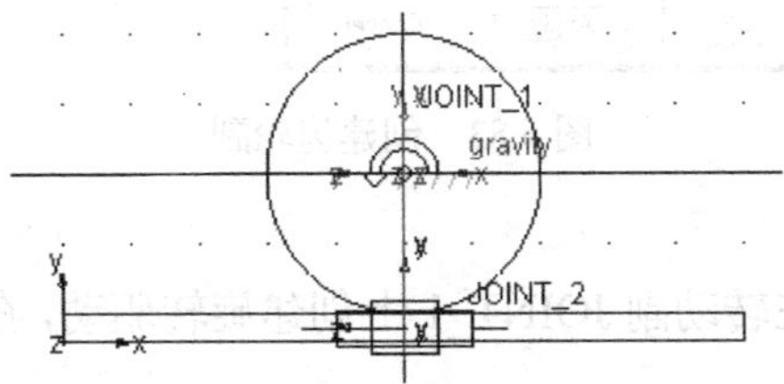

图 6.80　添加约束

在齿轮齿条的啮合点施加一个位于机架上的 Marker 点，如图 6.81 所示。

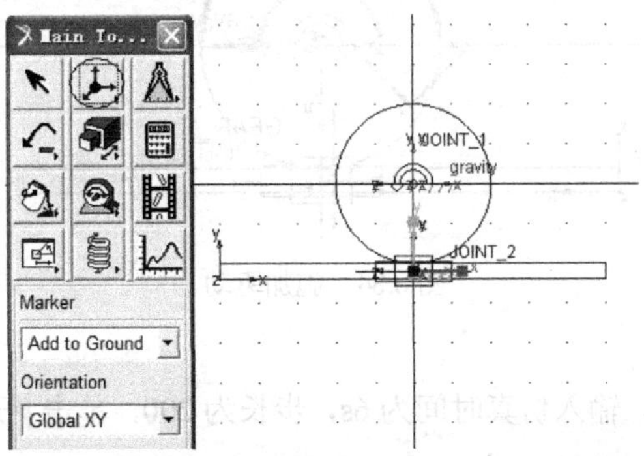

图 6.81　添加 Marker 点

选择移动工具按钮，将 Marker 点移动到啮合点上，并将其 z 轴转到水平方向（齿轮齿条在啮合点的公共线速度方向），如图 6.82 所示。

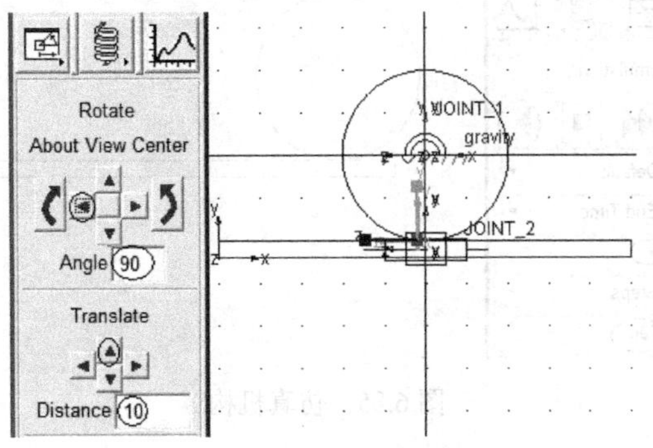

图 6.82　移动及旋转 Marker 点

选择约束工具按钮，右键单击 Joint Name，在弹出的对话框中选择 Pick，分别拾取齿轮和机架间的转动副 JOINT_1 及齿条和机架间的移动副 JOINT_2，在 Common Velocity Marker 中单击右键，在下拉菜单中选择 Pick，拾取公共速度标识的 Marker 点。

注：此时，若位于该点的 Marker 点过多不便选择，可在该处单击右键，则会弹出一个对话框，该对话框中将罗列所有位于该点的 Marker 点，根据其名称选择所需要的 Marker 点。

创建的齿轮副如图 6.83 所示。

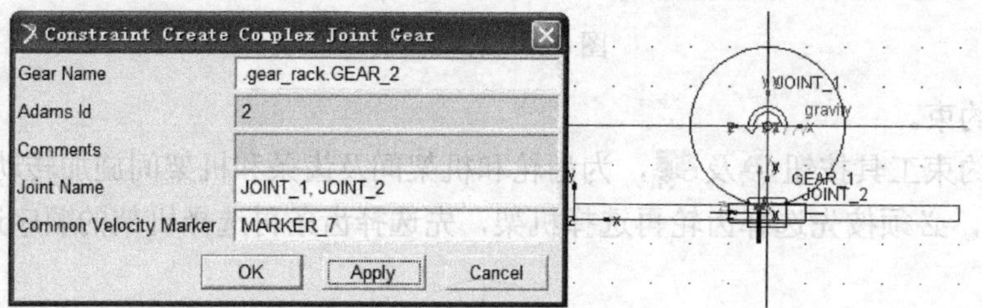

图 6.83　创建齿轮副

（5）施加驱动。

单击旋转驱动按钮，在转动副 JOINT_1 上创建旋转驱动，在 Speed 中输入 30，如图 6.84 所示。

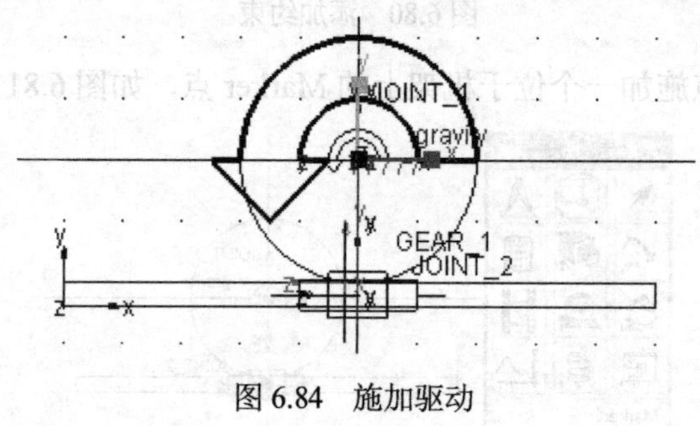

图 6.84　施加驱动

（6）仿真机构。

单击仿真工具按钮，输入仿真时间为 6s，步长为 200，单击▶开始仿真，如图 6.85 所示。

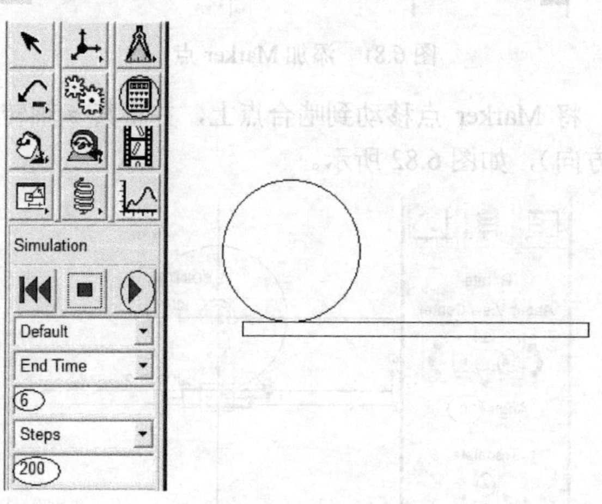

图 6.85　仿真机构

6.1.7 定轴轮系

例 试建立如图 6.86 所示定轴轮系的虚拟样机模型，已知模数 $m = 4\,\text{mm}$，$z_1 = 30$，$z_2 = 50$，$z_3 = 60$，主动齿轮 1 以匀角速度 $\omega_1 = 60$（°）/s 逆时针转动，试分析主动齿轮 1 回转 2 周时，从动齿轮 2、3 的角速度。

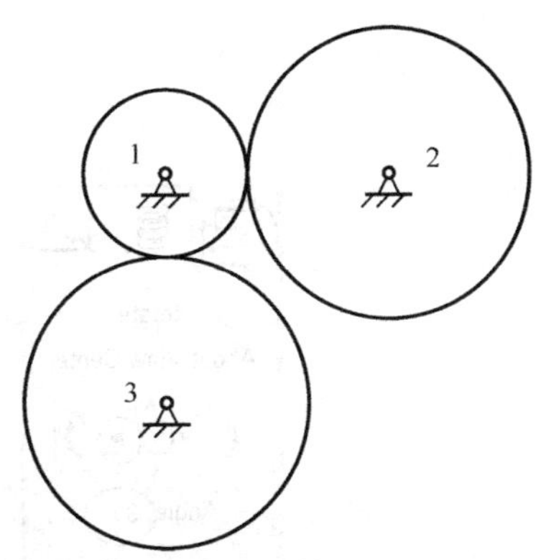

图 6.86 定轴轮系

定轴轮系的建模及仿真过程如下。

（1）启动 ADAMS，创建模型名称。

双击桌面上的图标，启动 ADAMS/View，按照图 6.87 所示步骤完成模型名称的创建。

- 选择创建新的模型（How would you like to proceed）：Create a new model；
- 设置起始位置（Start in）：F:\adams examples；
- 输入模型名称（Model name）：fixed_gears；
- 单击“OK”按钮，完成模型名称的创建。

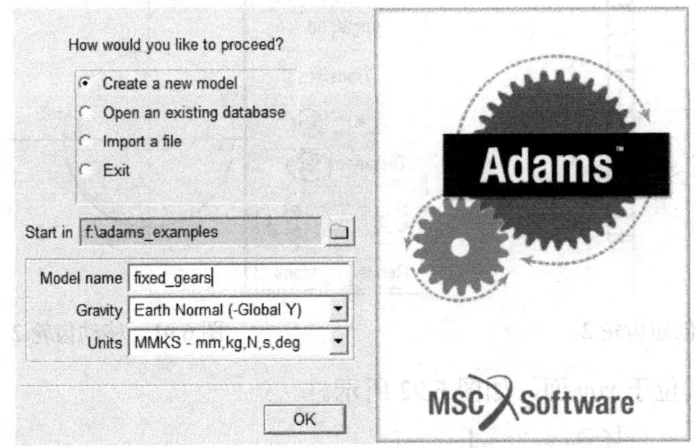

图 6.87 创建模型名称

（2）设置工作环境。

本例中，使用系统默认单位及栅格。

（3）创建模型。

本例中继续用圆柱体代替齿轮，选择齿轮宽度均为 20mm，根据题目给定的数据计算各齿轮的分度圆直径如下：$d_1 = mz_1 = 4 \times 30 = 120$ mm；$d_2 = mz_2 = 4 \times 50 = 200$ mm；$d_3 = mz_3 =$

$4\times60=240$ mm。

将齿轮 1 的轮心置于坐标原点，使用几何建模工具创建齿轮 1，并修改齿轮的特性参数，使其曲线更加光滑，如图 6.88 所示。

使用移动工具按钮将齿轮 1 旋转到 *xoy* 面，如图 6.89 所示。

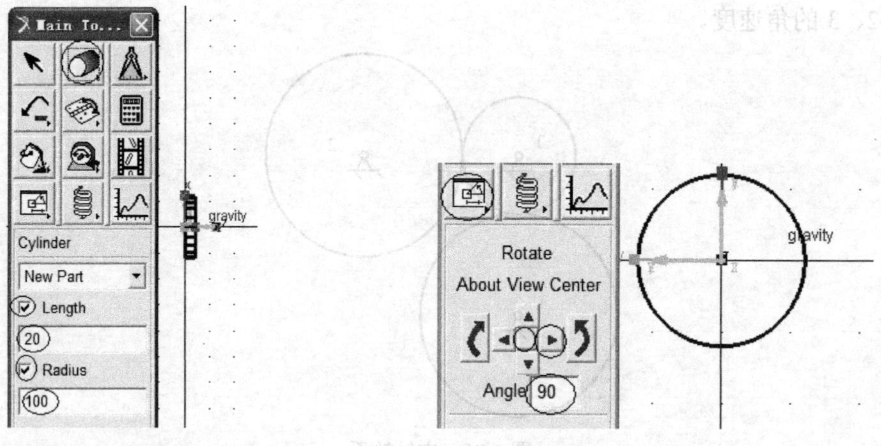

图 6.88　创建齿轮 1　　　　图 6.89　旋转齿轮 1

计算齿轮 1 和齿轮 2 的中心距 $a_{12}=\dfrac{d_1+d_2}{2}=160$ mm，创建齿轮 2 时可先将其轮心置于坐标原点，如图 6.90 所示，修改其属性使其更加光滑。

选择移动工具按钮，将齿轮 2 向右移动 160mm，如图 6.91 所示。

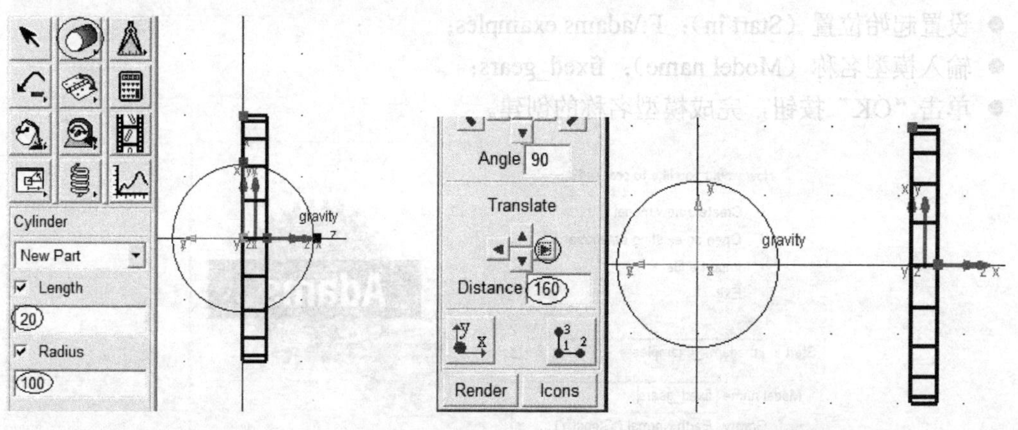

图 6.90　创建齿轮 2　　　　图 6.91　移动齿轮 2

旋转齿轮 2 使其位于 *xoy* 面，如图 6.92 所示。

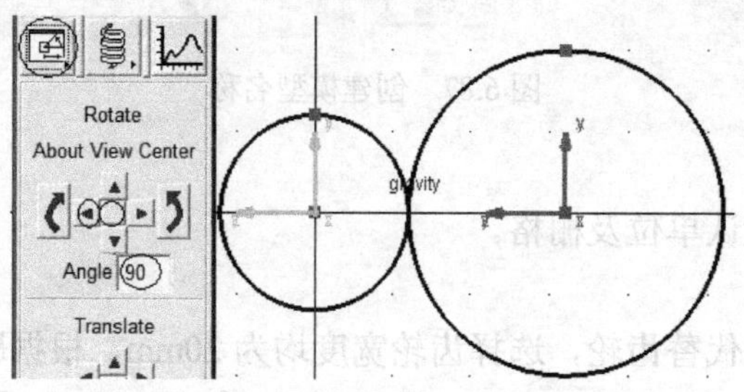

图 6.92　旋转齿轮 2

计算齿轮 1 和齿轮 3 的中心距 $a_{13}=\dfrac{d_1+d_3}{2}=180\ \text{mm}$。同理（修改其属性、移动、旋转操作）创建齿轮 3，如图 6.93 所示。

（4）施加约束。

① 施加转动副。

单击约束工具按钮，分别在三个齿轮和机架间施加转动副。

注意：施加三个转动副时均按“先齿轮后机架”的顺序创建，如图 6.94 所示。

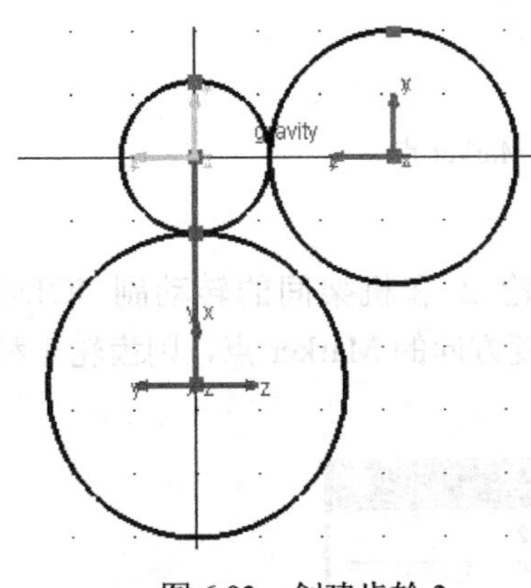

图 6.93　创建齿轮 3

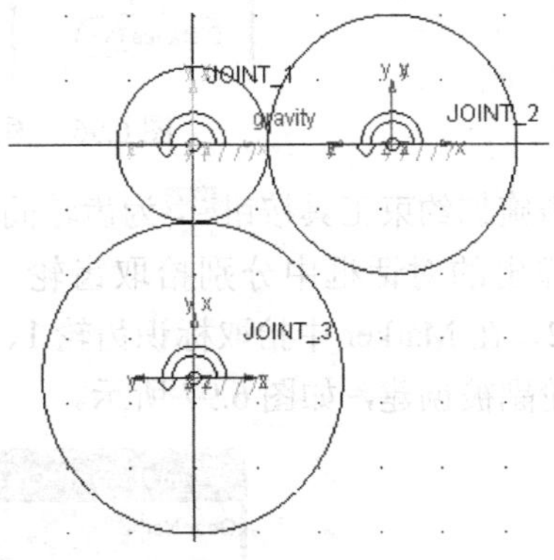

图 6.94　施加转动副

② 施加齿轮副。

本例中，齿轮 1 和齿轮 2 间、齿轮 1 和齿轮 3 间均为齿轮副，但齿轮两两啮合时其公共线速度方向是不同的，这是本例的关键点，也是创建轮系时需要特别注意的问题，即创建标识两轮啮合点公共线速度方向的 Marker 点时需要处理各 Marker 点的 z 轴方向，使其分别沿着公共线速度方向。

如图 6.95 所示创建齿轮 1 和 2 啮合时其啮合点的 Marker 点，可将 MARER 点先置于齿轮 1 的轮心处，然后向右移动 60mm，指定 Marker 点的所在位置为旋转中心，将该 Marker 点旋转 90° 使其 z 轴位于竖直方向（此时 1、2 齿轮的啮合点公共线速度方向为竖直）。

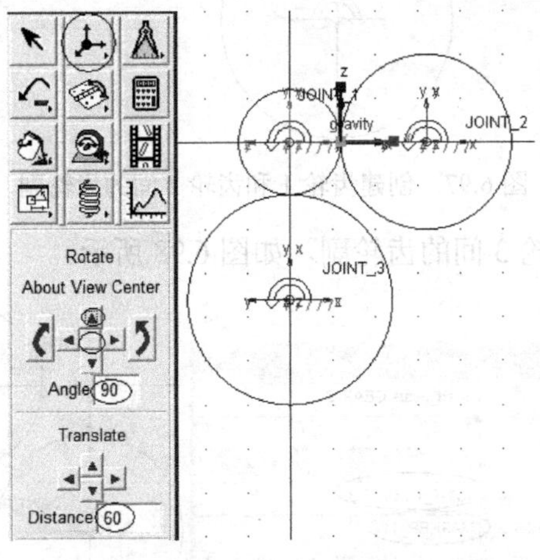

图 6.95　添加齿轮 1、2 间的 Marker 点

同理，创建齿轮 1 和齿轮 3 间的 Marker 点，将 Marker 点移动旋转为图 6.96 所示的位姿。

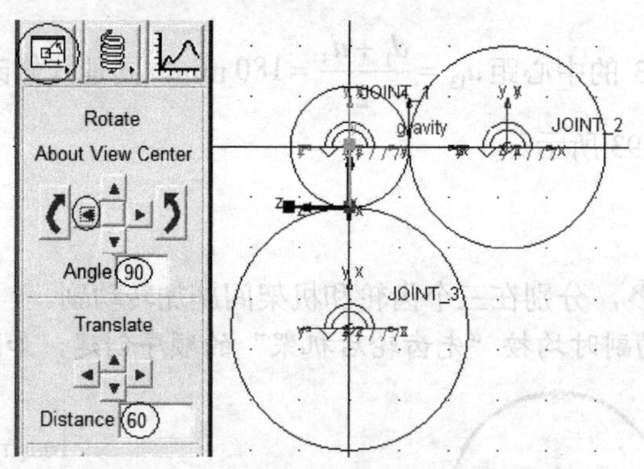

图 6.96　添加齿轮 1、3 间的 Marker 点

单击施加约束工具按钮 为齿轮间添加齿轮副。

在弹出的对话框中分别拾取齿轮 1 和机架及齿轮 2 和机架间的转动副 JOINT_1 及 JOINT_2，在 Marker 中拾取标识齿轮 1、2 间公共线速度方向的 Marker 点，则齿轮 1 和齿轮 2 间的齿轮副被创建，如图 6.97 所示。

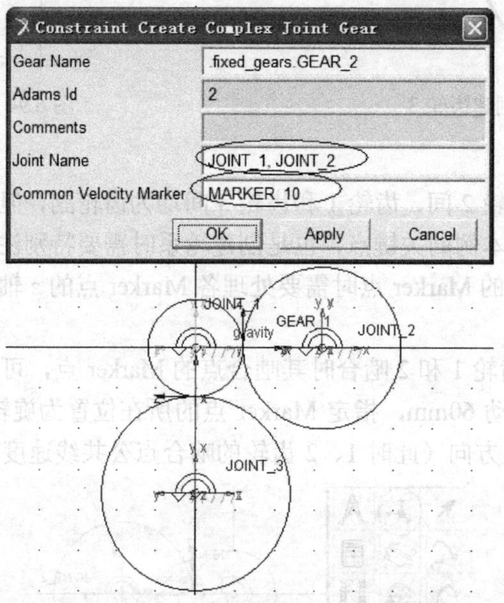

图 6.97　创建齿轮 1 和齿轮 2 间的齿轮副

同理，创建齿轮 1 和齿轮 3 间的齿轮副，如图 6.98 所示。

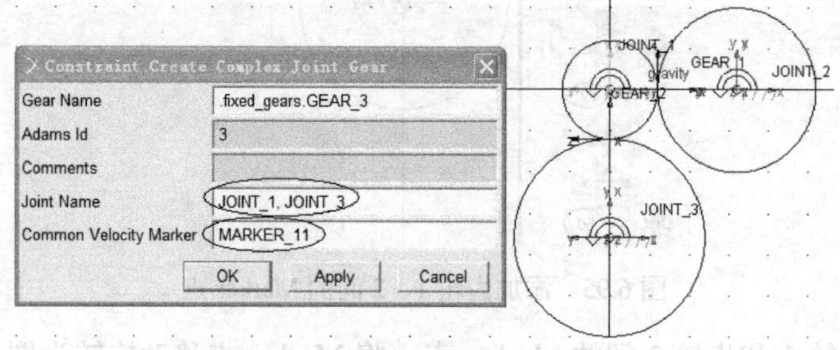

图 6.98　创建齿轮 1 和齿轮 3 间的齿轮副

（5）施加驱动。

单击旋转驱动按钮，在转动副 JOINT_1 上创建旋转驱动，在 Speed 中输入 60，如图 6.99 所示。

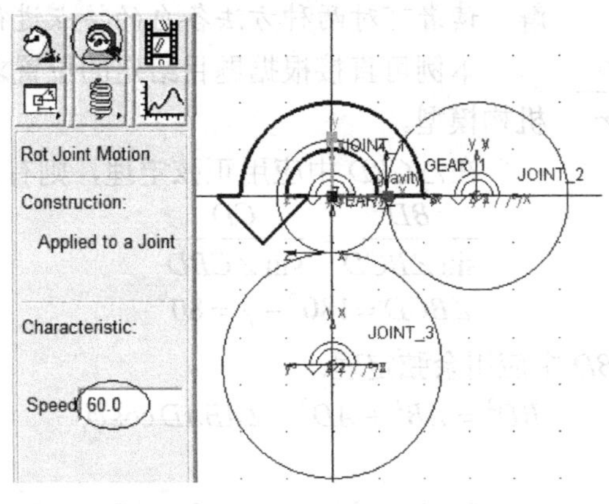

图 6.99　施加驱动

（6）仿真机构。

单击仿真工具按钮，输入仿真时间为 12s，步长为 200，单击开始仿真，如图 6.100 所示。

注意： 若此时齿轮的旋转运动不明显，可选择按钮在齿轮上的任意位置打孔以使其旋转运动能够更鲜明地呈现，如图 6.101 所示。

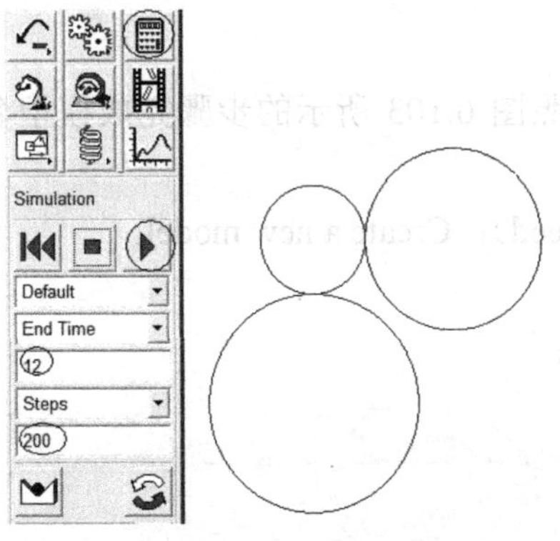

图 6.100　仿真机构

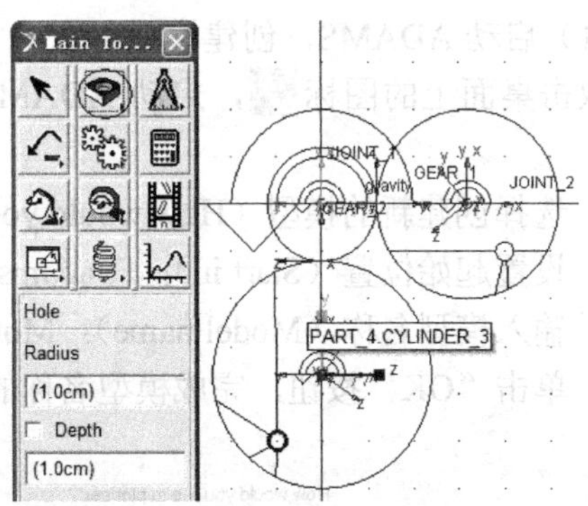

图 6.101　在齿轮内部打孔

6.2　基于 ADAMS 机械原理的常见问题求解

6.2.1　机构的速度及加速度分析（对照矢量方程图解法）

例　如图 6.102 所示为一平面四杆机构，设已知各构件的尺寸为：$l_{AB}=24\,\text{mm}$，$l_{AD}=78\,\text{mm}$，$l_{CD}=48\,\text{mm}$，$\gamma=100^\circ$；原动件 1 以等角速度 $\omega_1=10\,\text{rad/s}$ 沿逆时针方向回转。试求机构在 $\varphi_1=60^\circ$ 时，构件 2 和构件 3 的角速度和角加速度。

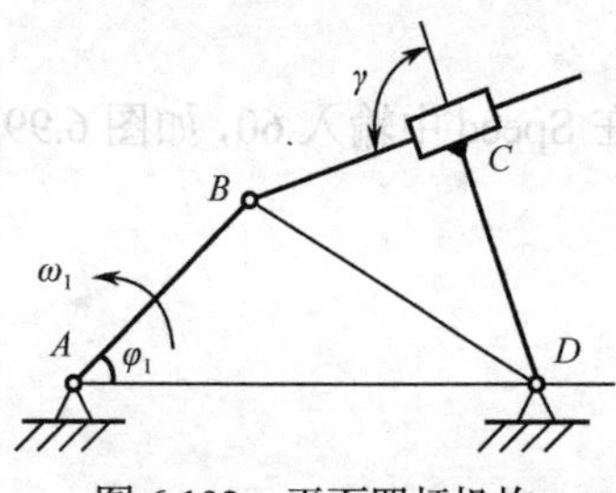

图 6.102　平面四杆机构

注：本例为《机械原理（第七版）》（孙桓主编）平面机构运动分析章节中的例题，书中所用方法为矢量方程图解法，请参阅该书第 34～36 页的求解过程。本书采用仿真分析的方法进行求解，读者可对两种方法各自的特点进行比较。

本例可直接根据题目给定的位置求解各关键角度，从而创建机构模型。

在△CBD 中应用正弦定理，则有：

$$\frac{BD}{\sin\angle BCD}=\frac{CD}{\sin\angle CBD} \tag{6-1}$$

$$\angle BCD=180^\circ-\gamma=80^\circ$$

BD 的求解需要在△ABD 中应用余弦定理：

$$BD^2=AB^2+AD^2-2ABAD\cos\varphi_1 \tag{6-2}$$

解得 $BD=69\,\text{mm}$

代入式（6-1）解得 $\angle CBD=43^\circ$，则 $\angle BDC=180^\circ-80^\circ-43^\circ=57^\circ$

为了后续建模方便，可在△ABD 中应用正弦定理求出 $\angle ADB$：

$$\frac{BD}{\sin\angle BAD}=\frac{AB}{\sin\angle ADB} \tag{6-3}$$

解得 $\angle ADB=18^\circ$

则 $\angle ADC=\angle ADB+\angle BDC=18^\circ+57^\circ=75^\circ$

该平面机构的仿真分析过程如下。

（1）启动 ADAMS，创建模型名称。

双击桌面上的图标，启动 ADAMS/View，按照图 6.103 所示的步骤完成模型名称的创建：

- 选择创建新的模型（How would you like to proceed）：Create a new model；
- 设置起始位置（Start in）：F:\adams examples；
- 输入模型名称（Model name）：Motion_analysis；
- 单击“OK”按钮，完成模型名称的创建。

图 6.103　创建模型名称

（2）设置工作环境。

本例中的构件尺寸较小，因而需要设置工作环境。打开菜单项 Settings→Working Grid，如图 6.104 所示。

在打开的 Working Grid Setting 对话框中修改栅格间距 Spacing 为 10mm，如图 6.105 所示。

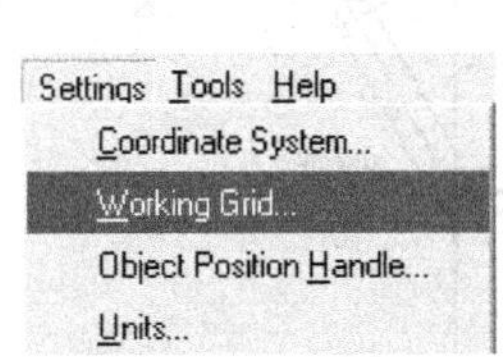

图 6.104 选择栅格设置

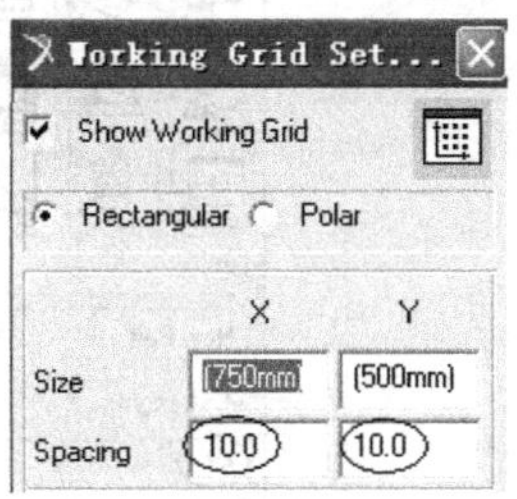

图 6.105 设置栅格大小

如图 6.106 所示打开菜单项 Settings→Icons，打开图标修改对话框。

在打开的图标修改对话框中修改图标为原尺寸的 1/5，即在 New Size 中输入 10，如图 6.107 所示。

同理，打开 Setting→Units 菜单项，修改角度的单位为 rad（与题目给定的单位一致），如图 6.108 所示。

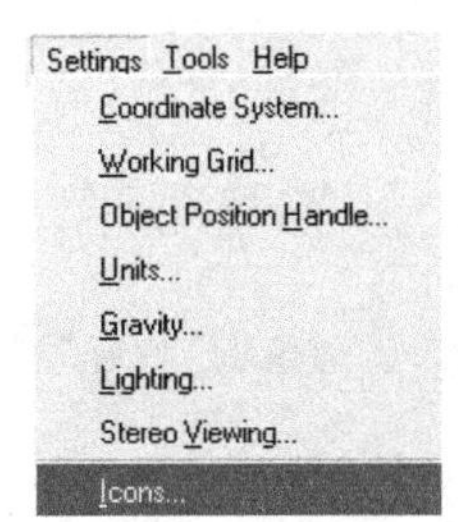

图 6.106 设置图标选择

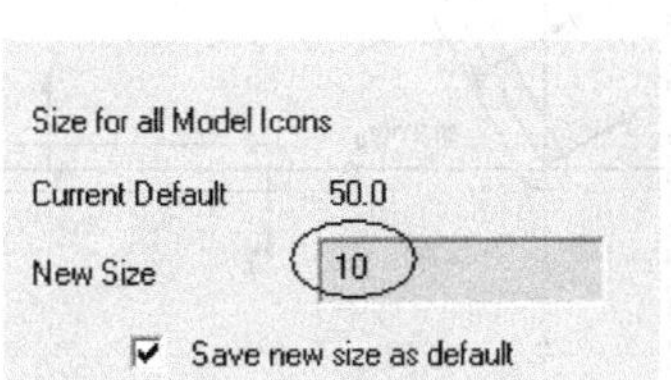

图 6.107 修改图标尺寸

图 6.108 更改系统单位

（3）创建机构模型。

如图 6.109 所示，设置构件 Width 及 Depth 均为 5mm，创建曲柄（先使其水平放置）。

按题目给定的初始角度将曲柄逆时针旋转 60°，如图 6.110 所示。

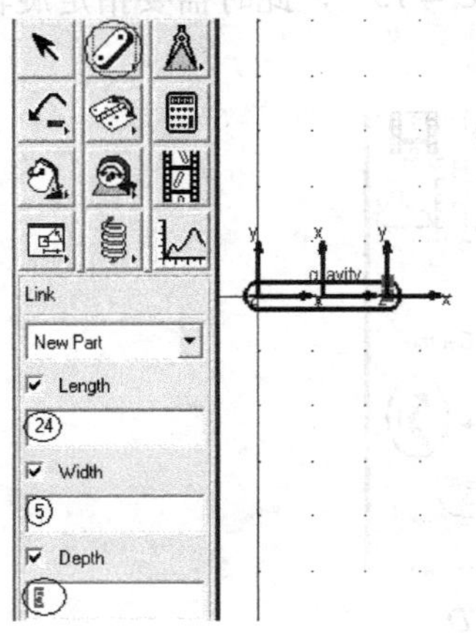

图 6.109 创建曲柄

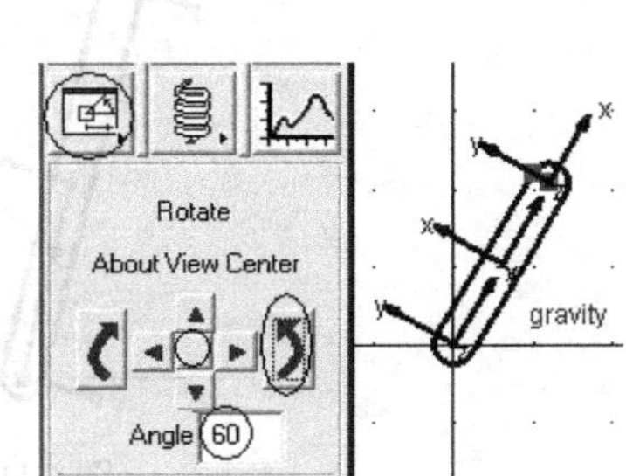

图 6.110 旋转曲柄

按如图 6.111 所示的尺寸设置创建构件 *CD*，可先将构件置于如图 6.111 所示的位姿，使 *D* 点位于坐标原点。

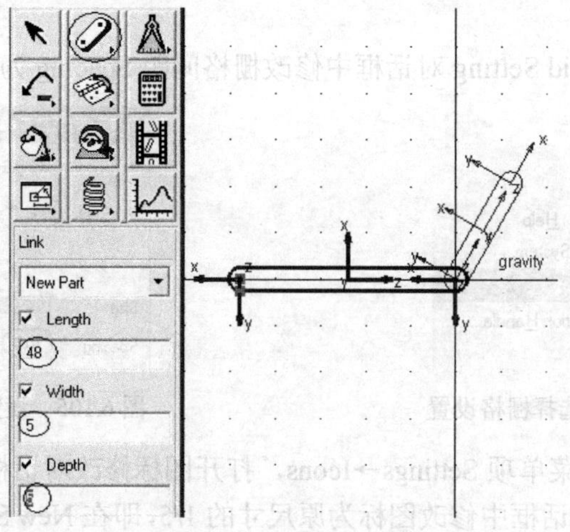

图 6.111　创建构件 *CD*

使用移动工具按钮将 *CD* 杆向右移动 78mm（题目给定的机架 *AD* 的长度），如图 6.112 所示。

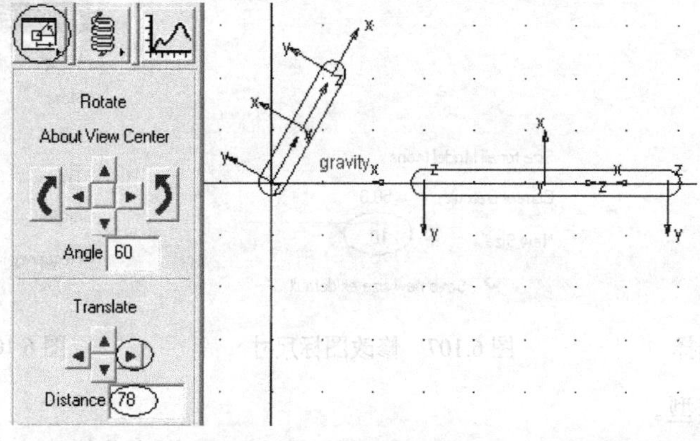

图 6.112　移动构件 *CD*

继续使用旋转工具按钮将 *CD* 杆绕 *D* 点转动 $\angle ADC = 75°$，此时需要指定旋转中心，如图 6.113 所示。

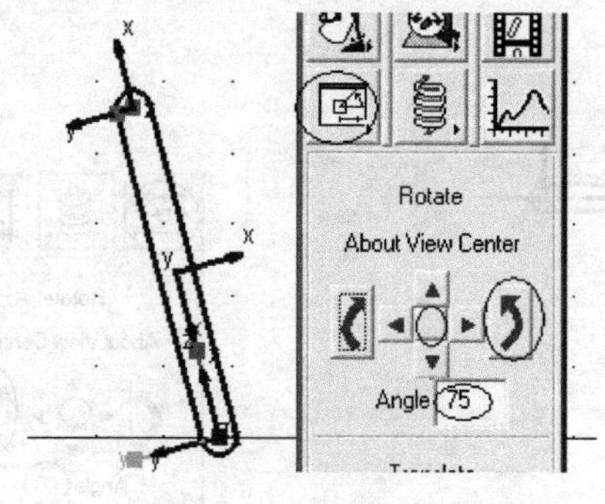

图 6.113　旋转构件 *CD*

连杆的长度可以根据机构的结构自定，取消 Length 前的√，则可按照给定的 Width 及 Depth 随意拖动杆长，如图 6.114 所示。

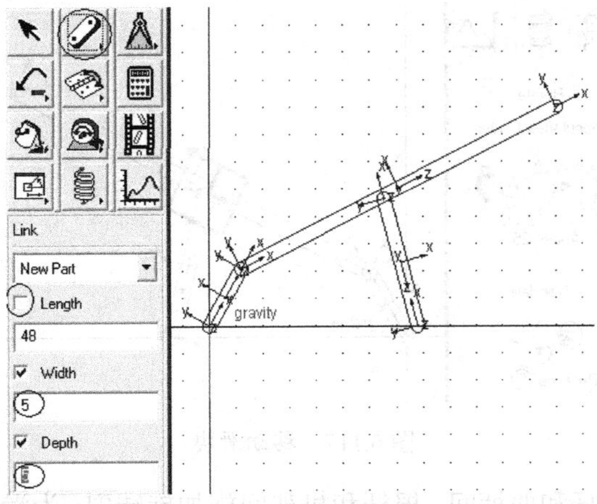

图 6.114　创建构件 *BC*

给定滑块尺寸为 20mm×20mm×10mm，创建滑块，如图 6.115 所示。

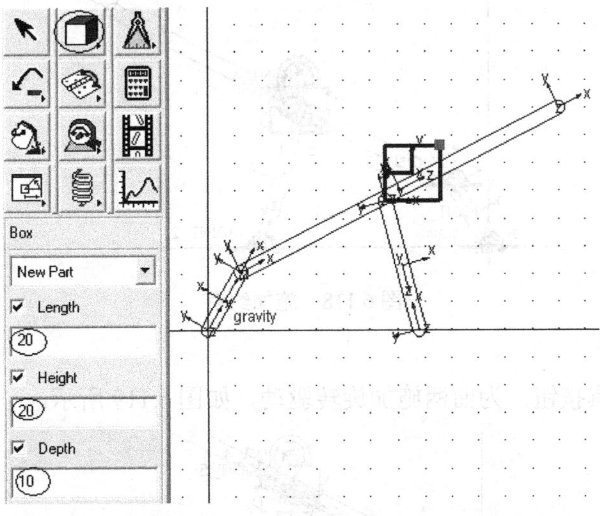

图 6.115　创建滑块

使用旋转工具按钮，使滑块绕自身中心旋转 25°，如图 6.116 所示。

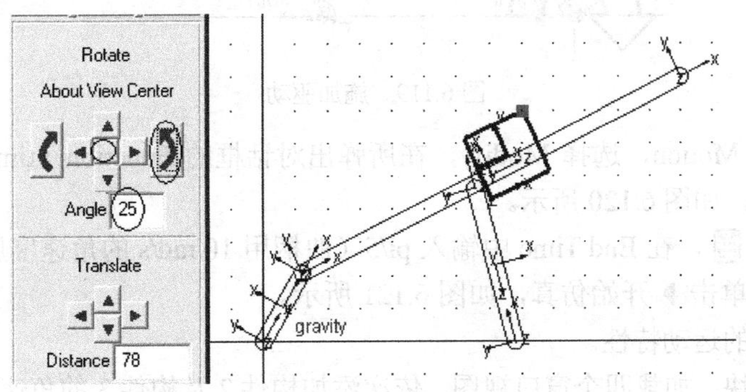

图 6.116　旋转滑块

使用移动工具按钮以 5mm 的间距向下和向左移动滑块，使其位于合适位置，如图 6.117 所示。

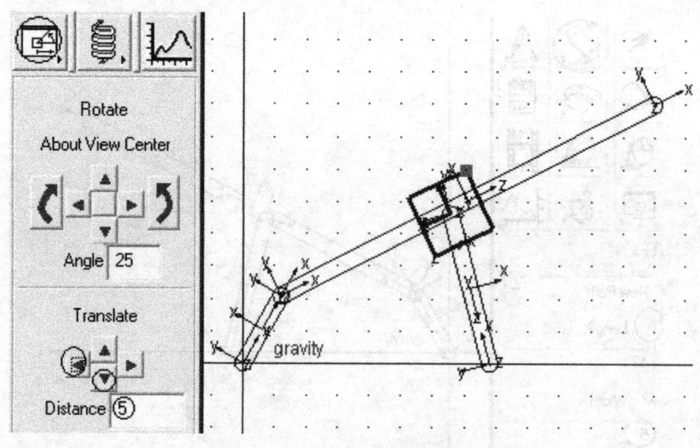

图 6.117　移动滑块

为曲柄和机架间、连杆和曲柄间、摇杆和机架间施加旋转副，为滑块和连杆间施加移动副，将滑块和摇杆固定，如图 6.118 所示。

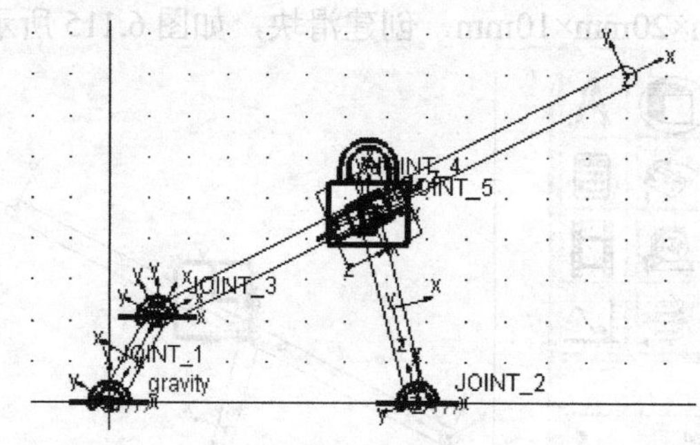

图 6.118　施加约束

（4）施加驱动。

选择旋转驱动工具按钮，为曲柄施加旋转驱动，如图 6.119 所示。

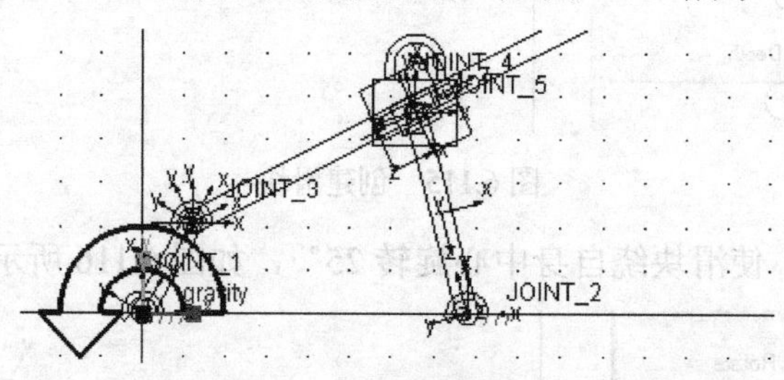

图 6.119　施加驱动

右击旋转驱动 Motion，选择 Modify，在所弹出对话框的 Function（time）中输入 10（题目给定的 10 rad/s），如图 6.120 所示。

单击仿真按钮，在 End Time 中输入 pi/5（曲柄用 10 rad/s 的角速度旋转一周即 2π，所用时间为 2π/10），单击 ▶ 开始仿真，如图 6.121 所示。

（5）获取构件的运动特性。

进入后处理模块，加载四个窗口视图，依次添加构件 2 及构件 3 的角速度及角加速度，如图 6.122 所示。可见构件 2 和构件 3 具有相同的角速度及角加速度，这与教材上的分析相吻合。

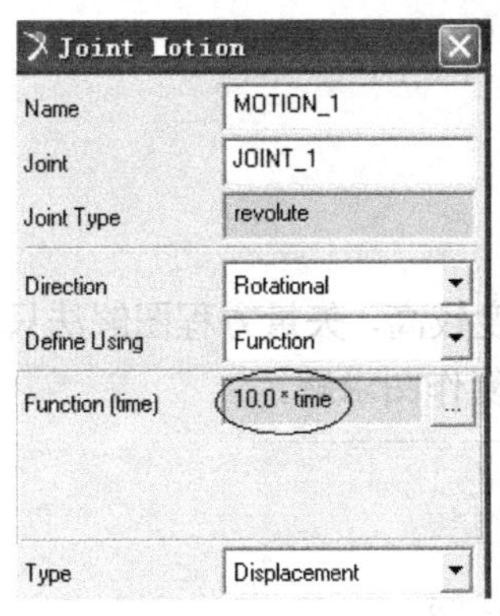

图 6.120　修改驱动

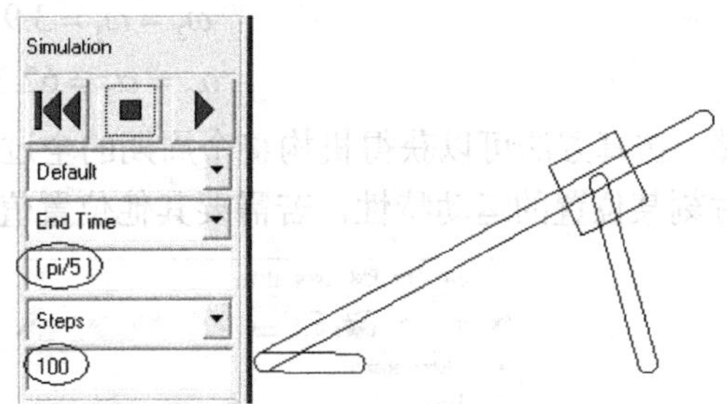

图 6.121　机构仿真

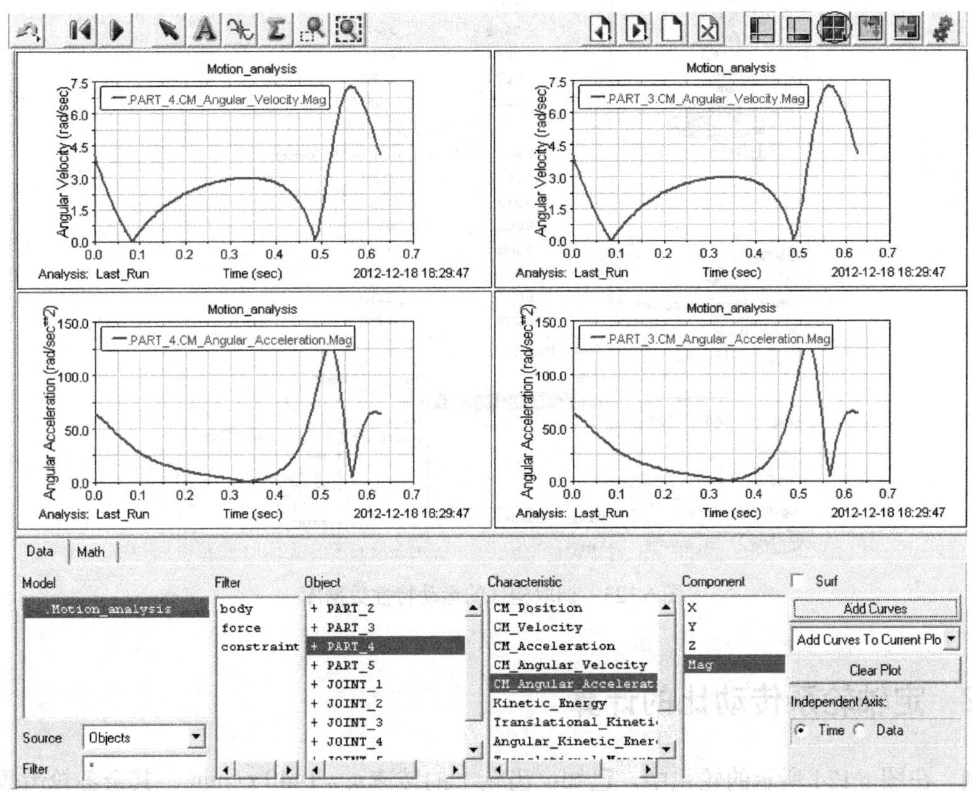

图 6.122　后处理模块获取构件的运动特性

此时，为获得构件 2 和构件 3 在给定位置角速度及角加速度的具体值，可以通过调用曲线数据表的方式来获取。

如图 6.123 所示，选择构件 2（或构件 3）的角速度曲线图，则在左边一栏里显示 plot1；点选 plot1，则在本栏的左下角出现 Table 选项；勾选该选项，则会在原来显示构件 2 角速度的视图窗口显示数据表，数据表中数据的个数为步长数，时间间隔为总仿真时间与步长的比值。

题目所求的为当主动曲柄与机架夹角为 60° 时构件 2 及构件 3 的角速度及角加速度，此位置为机构的起始位置或终止位置，即当时间 $t=0$ 或 $t=\mathrm{pi}/5$ 时数据表中所对应的值。由数据表通过仿真获得：

$$\omega_2=\omega_3=4.0364\,\mathrm{rad/s}$$

$$\alpha_2 = \alpha_3 = 63.817\ \text{rad/s}^2$$

《机械原理》教材中，通过矢量方程图解法求得：

$$\omega_2 = \omega_3 = 3.91\ \text{rad/s}$$

$$\alpha_2 = \alpha_3 = 62.3\ \text{rad/s}^2$$

显然，仿真方法可以获得机构整个周期的全过程值且精度较高，矢量方程图解法只能获取机构某时刻某位置的运动特性，若需要其他位置值，则需重复作图求解。

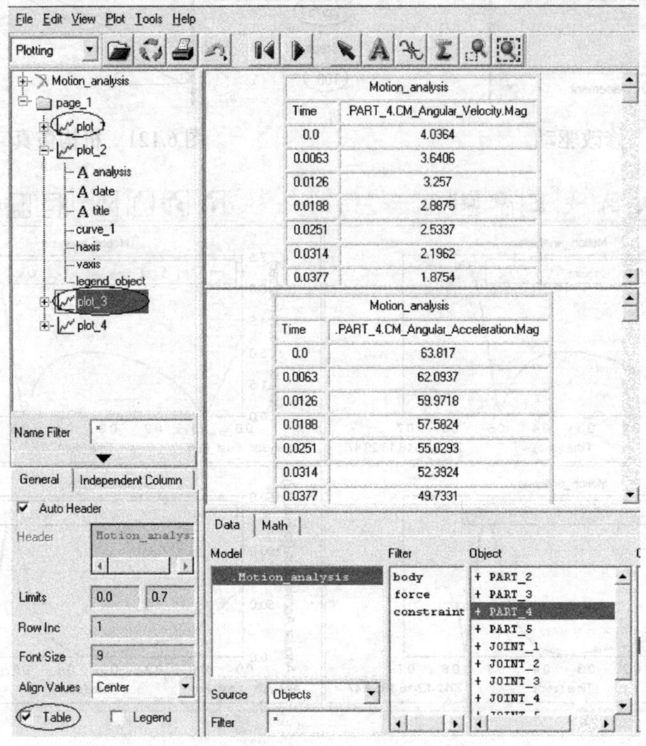

图 6.123　调取构件的运动特性数据库

6.2.2　定轴轮系传动比的计算

例　在图 6.124 所示的轮系中，已知：齿轮 1 的转速 $n_1 = 1440\ \text{r/min}$，其余各轮齿数分别

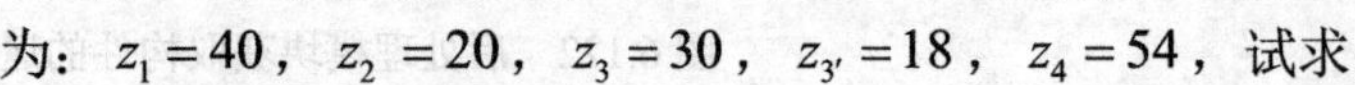
为：$z_1 = 40$，$z_2 = 20$，$z_3 = 30$，$z_{3'} = 18$，$z_4 = 54$，试求：

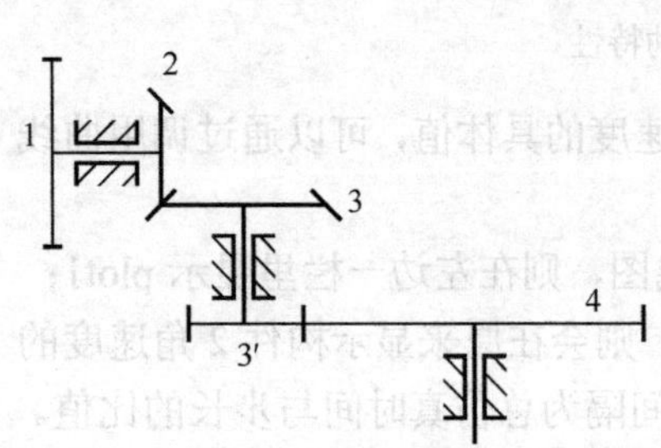

图 6.124　定轴齿轮机构

（1）齿轮 4 的转速 n_4。

（2）传动比 i_{14}。

借助 ADAMS 仿真分析进行定轴轮系传动比的计算过程如下。

（1）计算各轮分度圆的直径。

传动比大小与模数没有直接关系，故任取模数 $m = 5\ \text{mm}$，则各轮的分度圆直径分别为：

$$d_1 = mz_1 = 5 \times 40 = 200\ \text{mm}$$

$$d_2 = mz_2 = 5 \times 20 = 100\ \text{mm}$$

$$d_3 = mz_3 = 5\times30 = 150\,\text{mm}$$
$$d_{3'} = mz_{3'} = 5\times18 = 90\,\text{mm}$$
$$d_4 = mz_4 = 5\times54 = 270\,\text{mm}$$

（2）启动 ADAMS，创建模型名称。

双击桌面上的图标，启动 ADAMS/View。按照图 6.125 所示的步骤完成模型名称的创建：

- 选择创建新的模型（How would you like to proceed）：Create a new model；
- 设置起始位置（Start in）：F:\adams examples；
- 输入模型名称（Model name）：fixed_axis_gear_train；
- 单击“OK”按钮，完成模型名称的创建。

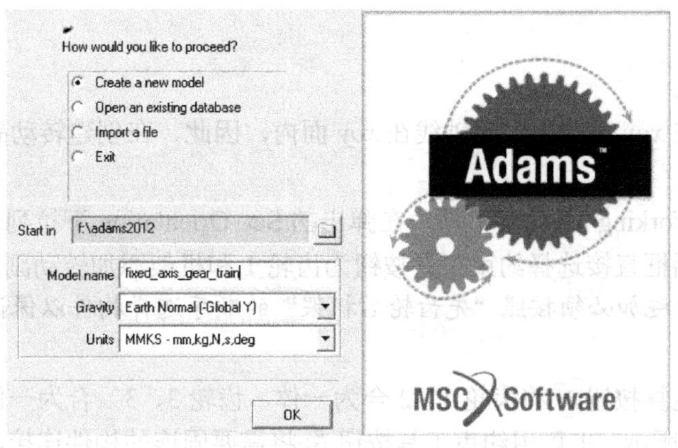

图 6.125　创建模型名称

（3）设置工作环境。

本例中将角度的单位修改为 rad，其他使用系统默认的工作环境。

（4）创建各齿轮的模型。

根据计算所得各齿轮的分度圆直径，取齿轮宽度 $B = 20\,\text{mm}$，用圆柱体代替齿轮，选择几何建模工具按钮，创建各齿轮，取轴的半径为 10mm，轴长为 50mm。在建模过程中，若不能直接将齿轮置于合适位置，则可以就近捕捉一个特殊位置，然后用移动工具按钮进行移动。如图 6.126 所示的齿轮 4，可先将其轮心和齿轮 3′ 轮心重合。

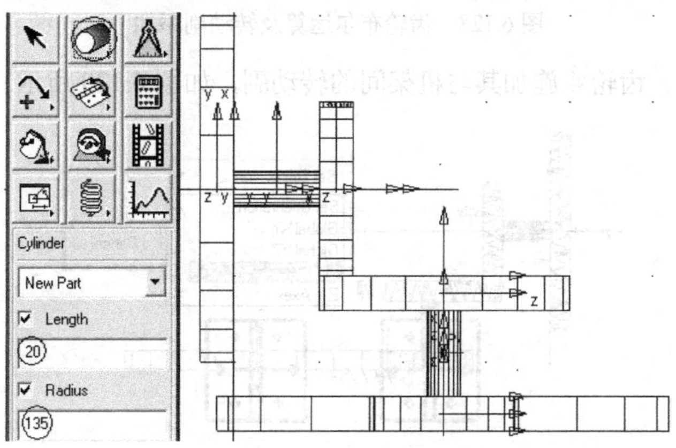

图 6.126　创建各齿轮

单击移动工具按钮将齿轮 4 向右移动，两轮的中心距 $a_{3'4} = 45 + 135 = 180\,\text{mm}$，如图 6.127 所示。

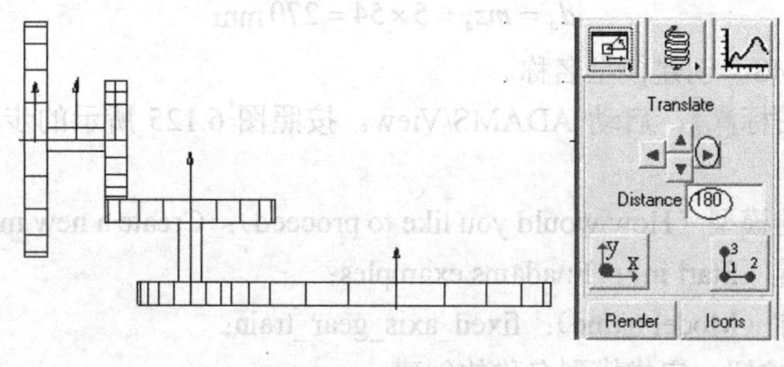

图 6.127　移动齿轮 4

（5）施加约束。

① 施加转动副。

齿轮的端面不在 *xoy* 平面内，而轴线在 *xoy* 面内，因此，在创建转动副时，需要变换栅格坐标。

选择 Setting→Working Grid 菜单项，在弹出的 Set Orientation 下拉列表中选择 Global YZ 项，可不关闭该对话框直接选择约束工具按钮为齿轮 1 和机架添加转动副。

注意：转动副的施加必须按照“先齿轮后机架”的顺序选择构件以保证后续齿轮副的成功施加。

同时用布尔加运算按钮将齿轮 1、2 合为一体，齿轮 3、3′ 合为一体，各齿轮与其轴合为一体，如图 6.128 所示。也可用约束工具按钮将需要固连的构件连接，但这样增加了运动副的数目，对初学者来讲，在施加齿轮副时容易混淆。

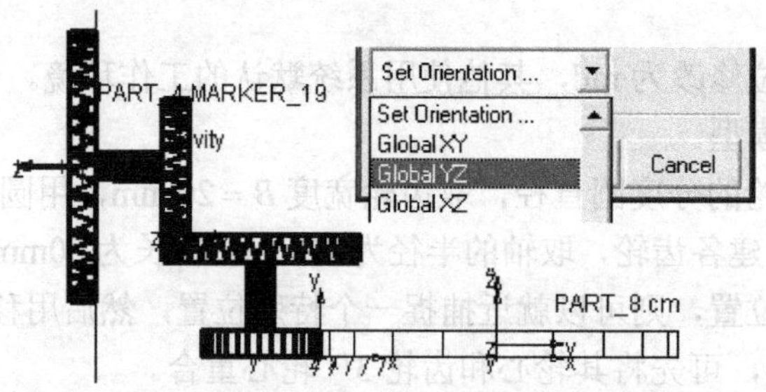

图 6.128　齿轮布尔运算及转动副添加

同理，为齿轮 3、齿轮 4 施加其与机架间的转动副，如图 6.129 所示。

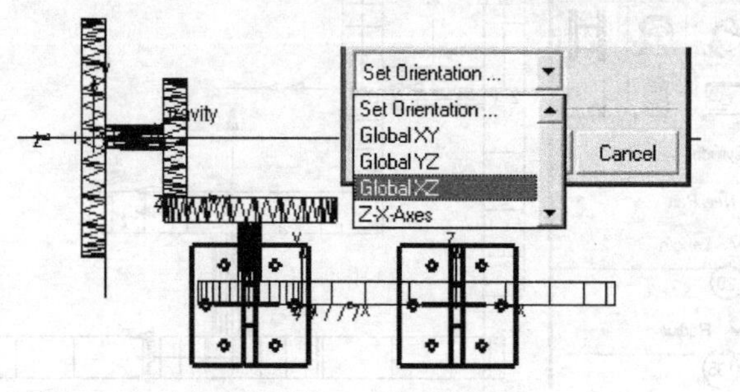

图 6.129　转动副的施加

② 施加齿轮副。

齿轮副的施加需要 Marker 点辅助，对于定轴轮系，Marker 点添加在 Ground 上且其 z 轴须沿着两齿轮啮合点公共线速度的方向，如图 6.130 所示，可使用移动工具辅助移动点。

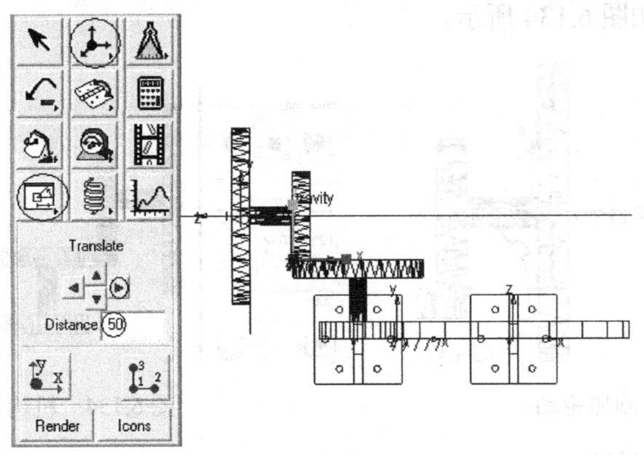

图 6.130 Marker 点的添加

图 6.130 中包含施加在齿轮 2、齿轮 3 啮合点的 MARKER_17 及施加在齿轮 3′ 和齿轮 4 的啮合点的 MARKER_18 点。

选择齿轮副约束工具按钮，弹出齿轮约束对话框，在 Joint 中单击右键选择 Pick，鼠标移至绘图区域选择齿轮 1、2 和机架间的转动副 JOINT_1 及齿轮 3、3′ 和机架间的转动副 JOINT_2，在 Marker 中拾取 MARKER_17，则齿轮副被创建，如图 6.131 所示。

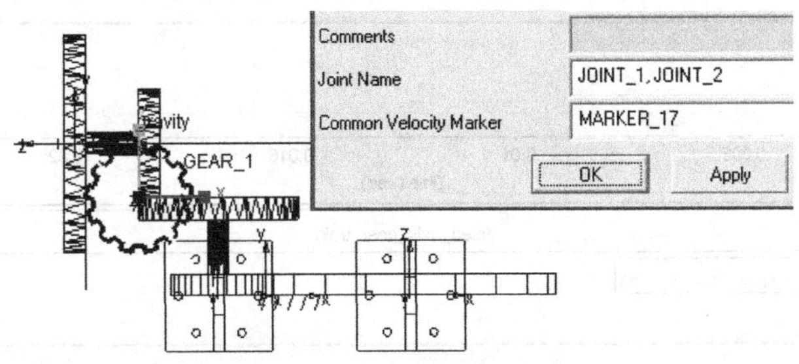

图 6.131 齿轮副 1 的创建

同理创建齿轮 3′ 和齿轮 4 间的齿轮副，相关选择如图 6.132 所示。

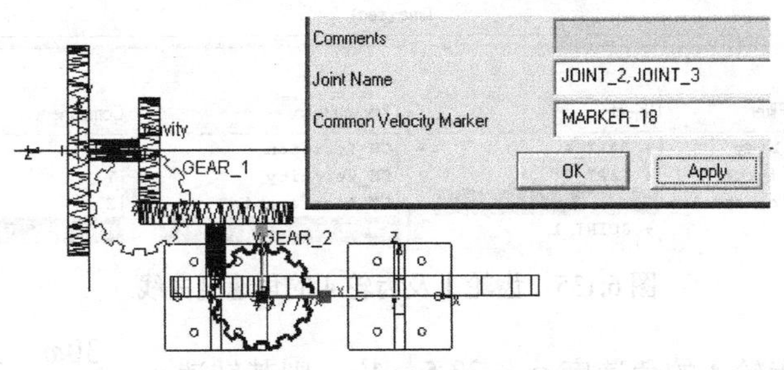

图 6.132 齿轮副 2 的创建

（6）施加驱动。

在 Joint 上施加旋转驱动，齿轮 1 的角速度 $\omega_1 = \dfrac{n_1\pi}{30} = \dfrac{1440 \times 3.14}{30} = 150.72$ rad/s，在 Speed

中输入 150.72，如图 6.133 所示。

（7）仿真机构。

单击仿真工具按钮，在 End Time 中输入 2*pi/150.72，Steps 中输入 200，单击开始按钮▶，进行机构仿真，如图 6.134 所示。

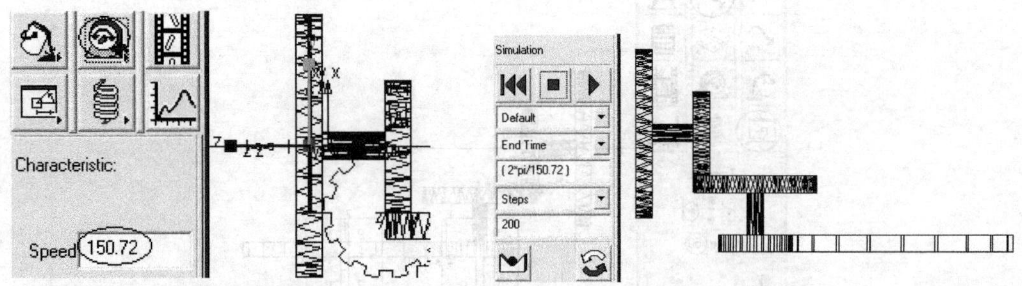

图 6.133　施加驱动　　　　图 6.134　机构仿真

（8）计算齿轮 4 的转速 n_4。

右键单击齿轮 1 及齿轮 4，获取其构件名分别为 PART_4 及 PART_8，单击进入后处理模块，选择两个视图窗口，加载两构件的角速度，如图 6.135 所示。

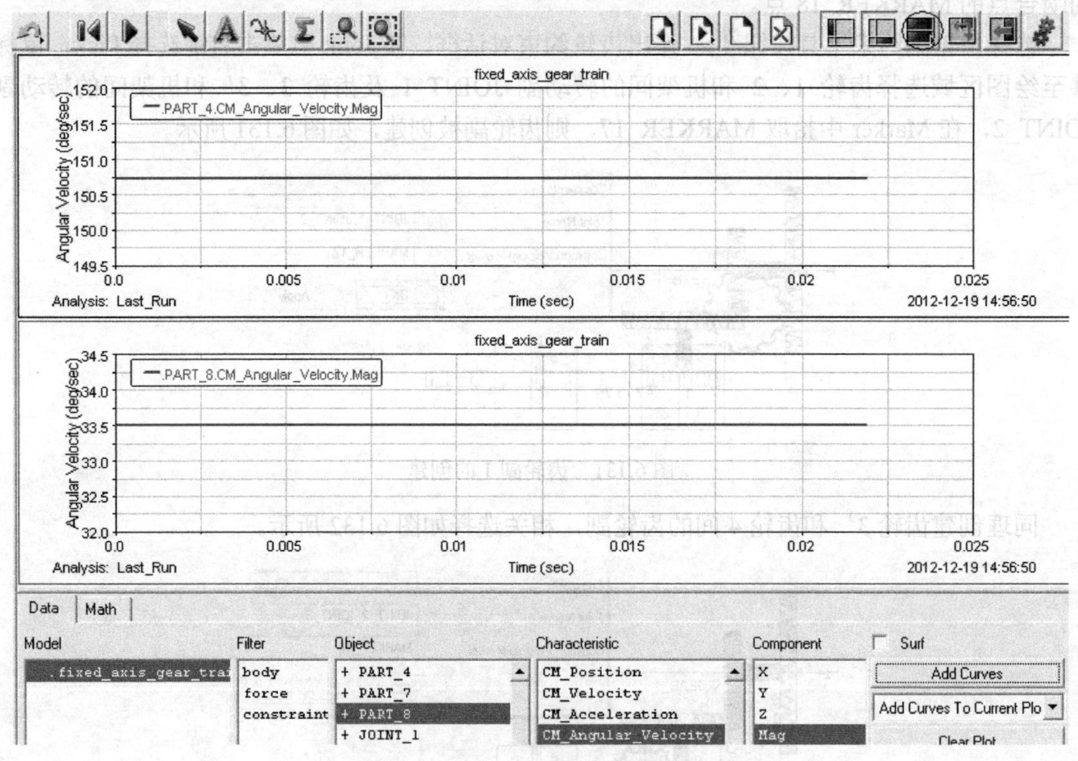

图 6.135　齿轮 1 及齿轮 4 的角速度曲线

由图 6.135 可得齿轮 4 的角速度 $\omega_4 = 33.5\,\text{rad/s}$，则其转速 $n_4 = \dfrac{30\omega}{\pi} = 320\,\text{r/min}$。

（9）传动比 i_{14}。

$$i_{14} = \frac{n_1}{n_4} = \frac{1440}{320} = 4.5$$

理论计算：

$$i_{14}=\frac{n_1}{n_4}=\frac{z_3z_4}{z_2z_{3'}}=\frac{30\times 54}{20\times 18}=4.5$$

$$n_4=\frac{n_1}{i_{14}}=\frac{1440}{4.5}=320\ \text{r/min}$$

可见，仿真结果和理论计算相吻合。

6.2.3 行星轮系传动比的计算

例 如图 6.136 所示为一行星轮系，已知各齿轮的齿数为$z_1=60$，$z_2=40$，$z_3=160$，试求传动比i_{H1}。

行星轮系的建模及仿真过程如下。

（1）启动 ADAMS，创建模型名称。

双击桌面上的图标，启动 ADAMS/View，按照图 6.137 所示的步骤完成模型名称的创建：

- 选择创建新的模型（How would you like to proceed）：Create a new model；
- 设置起始位置（Start in）：F:\adams examples；
- 输入模型名称（Model name）：epicyclic_gear_train；
- 单击“OK”按钮，完成模型名称的创建，如图 6.137 所示。

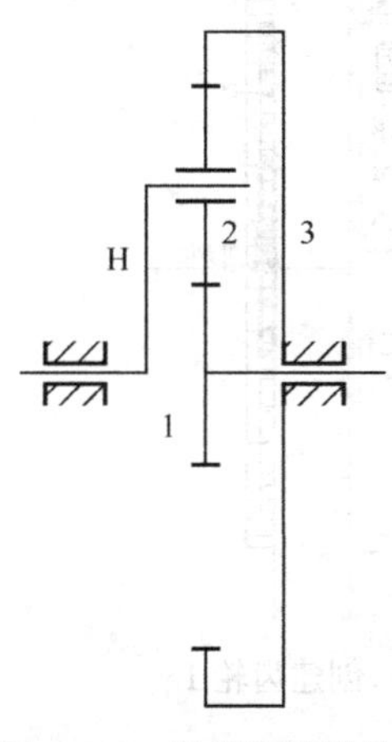

图 6.136 行星齿轮机构

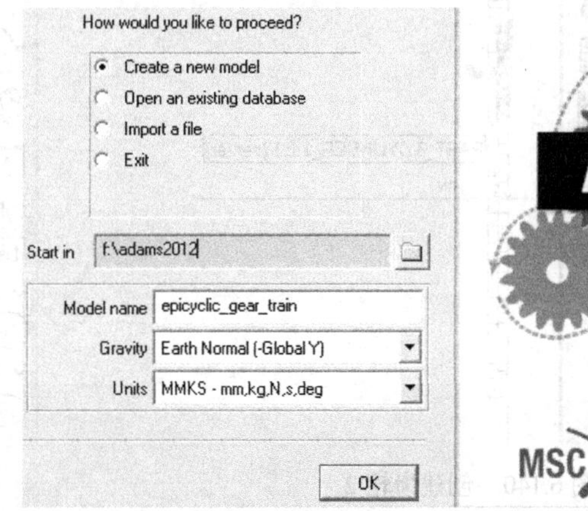

图 6.137 创建模型名称

（2）创建齿轮机构模型。

取齿轮模数$m=5$ mm，计算各齿轮的分度圆直径为：

$$d_1=mz_1=5\times 60=300\text{mm}$$

$$d_2=mz_2=5\times 40=200\text{mm}$$

$$d_3=mz_3=5\times 160=800\text{mm}$$

用圆柱代替齿轮，建立齿轮 3，如图 6.138 所示。

单击左视图工具按钮，在圆柱体上打孔，使其成为内齿轮，如图 6.139 所示。

单击主视图工具按钮，创建齿轮 2，如图 6.140 所示。

同理，按图 6.141 所示尺寸创建齿轮 1。

选择几何建模工具按钮，连接齿轮 1、齿轮 2 的轮心，形成系杆，如图 6.142 所示。

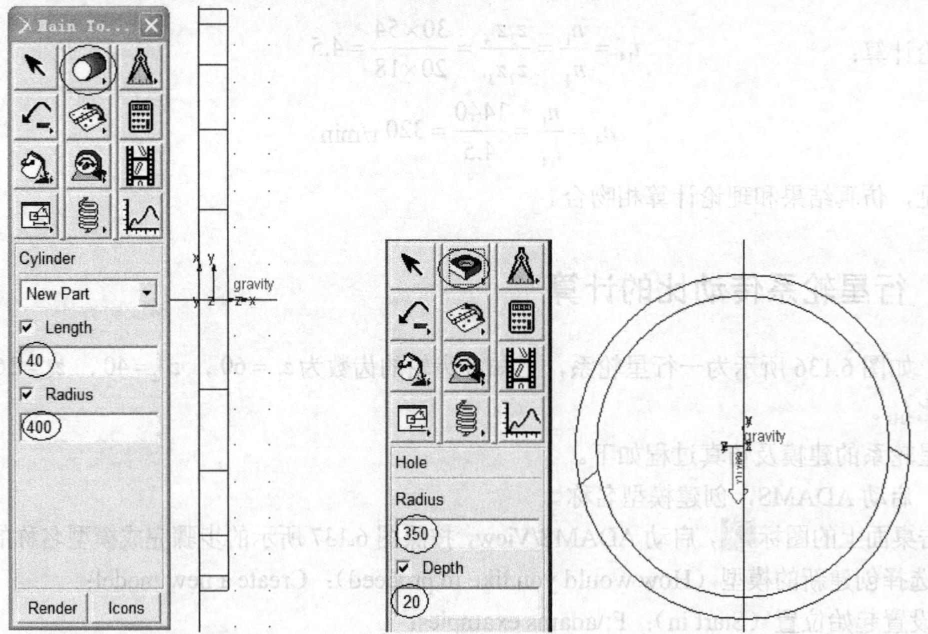

图 6.138　创建齿轮 3　　　　图 6.139　创建内齿轮

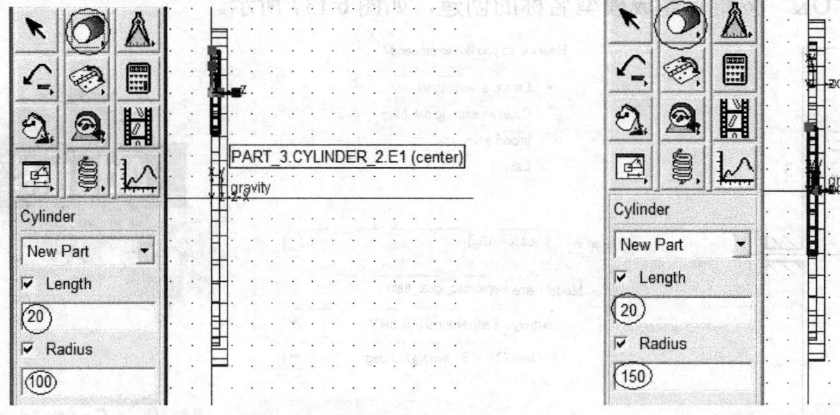

图 6.140　创建齿轮 2　　　　图 6.141　创建齿轮 1

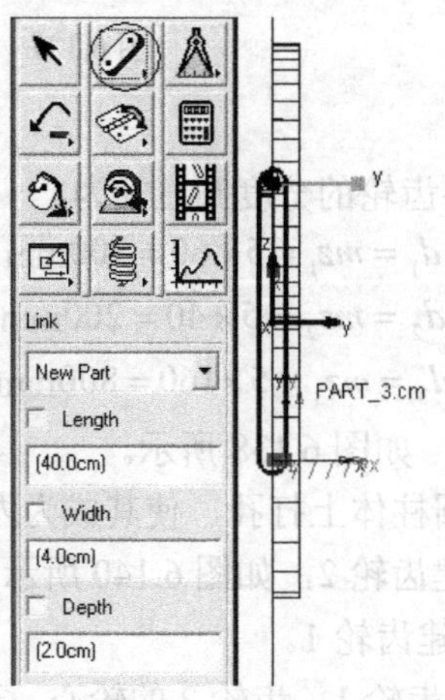

图 6.142　创建系杆

（3）施加约束。

本例的关键是创建齿轮副，而齿轮副的创建与各铰链的选择关系密切，因此在创建齿轮副之前，首先要理清各构件及约束间的关系。

各构件对应的模型名称为：3—PART_2；2—PART_3；1—PART_4；H—PART_5。

各构件间形成的约束如表 6.1 所示。

表 6.1 构件间的约束

构　　件	3 和机架	2 和 H	机架和 H	1 和机架	1 和 H
运动副类型	固定副	转动副	转动副	转动副	转动副
运动副名称	JOINT_1	JOINT_2	JOINT_3	JOINT_4	JOINT_5

打开 Setting→Working Grid 菜单项，选择 Set Orientation 下拉选项 GlobalYZ，按表 6.1 所示添加约束，如图 6.143 所示。添加齿轮 2 和 H 间、机架和 H 间及齿轮 1 和 H 间的转动副时均要先选择齿轮或机架后选择系杆 H，才能保证后续齿轮副能够正确添加。

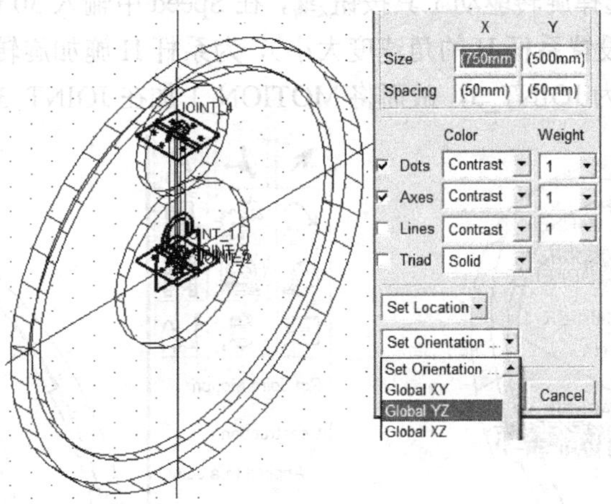

图 6.143 施加约束

创建位于系杆上的两个 Marker 点，并使 Marker 点的 z 轴沿着两轮啮合点的公共线速度方向，如图 6.144 所示的 PART_5.MARKER_18 及 PART_5.MARKER_19。

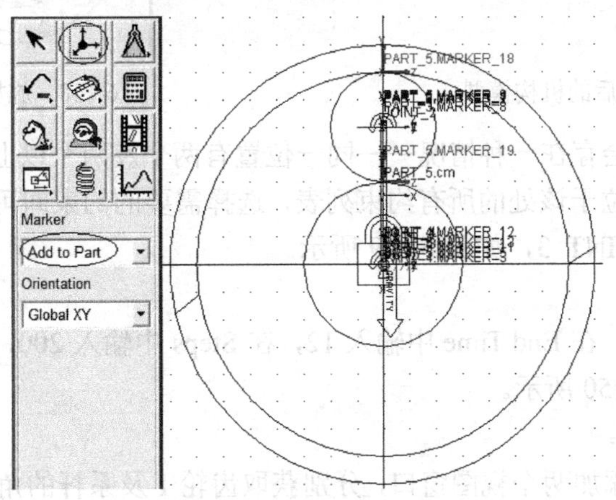

图 6.144 创建 Marker 点

选择齿轮约束按钮，拾取铰链及 MARKER_18 点，为齿轮 2 和齿轮 3 间创建齿轮副，如图 6.145 所示。

选择齿轮约束按钮，拾取铰链及 MARKER_19 点，为齿轮 1 和齿轮 2 间创建齿轮副，如图 6.146 所示。

图 6.145　创建齿轮 2 和齿轮 3 间的齿轮副

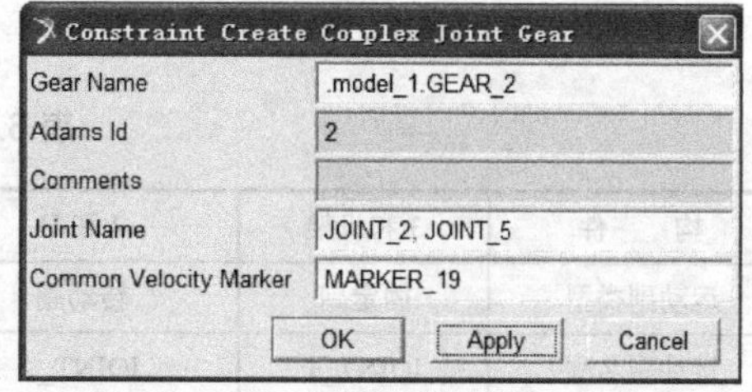

图 6.146　创建齿轮 1 和齿轮 2 间的齿轮副

选择视图工具按钮，可见两个齿轮副均已添加完毕，如图 6.147 所示。

（4）施加旋转驱动。

如图 6.148 所示，选择旋转驱动工具按钮，在 Speed 中输入 30（因题目所求两轮的传动比为一比值，故可任意设置系杆 H 的角速度大小），为系杆 H 施加旋转驱动，查看表 6.1 可知，系杆与机架间的转动副为 JOINT_3，故而将 MOTION_1 加在 JOINT_3 上。

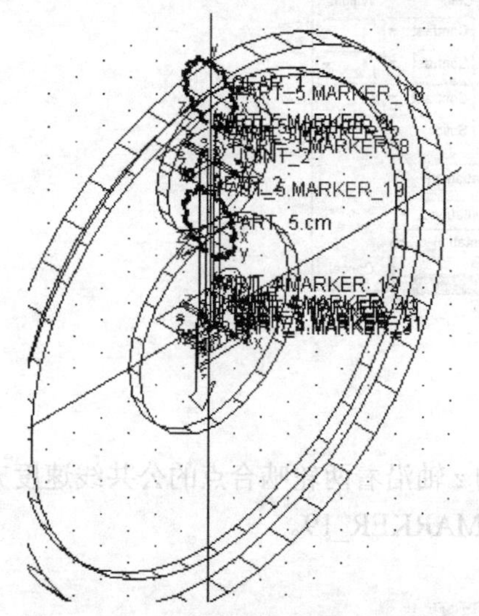

图 6.147　约束施加完成后的机构模型

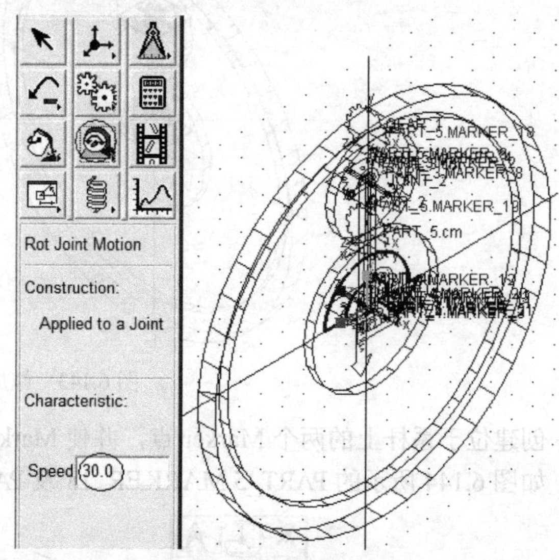

图 6.148　施加驱动

在拾取转动副时，会存在一种情况——同一位置有两个及两个以上的运动副，可在该处单击鼠标右键，则会弹出位于该处的所有约束列表，选择需要的约束即可。本例在施加约束时辅助右键约束列表选择 JOINT_3，如图 6.149 所示。

（5）仿真机构。

单击仿真工具按钮，在 End Time 中输入 12，在 Steps 中输入 200，选择开始按钮，则行星轮系开始仿真，如图 6.150 所示。

（6）获取传动比 i_{H1}。

进入后处理模块，添加两个视图窗口，分别获取齿轮 1 及系杆的角速度，如图 6.151 所示。

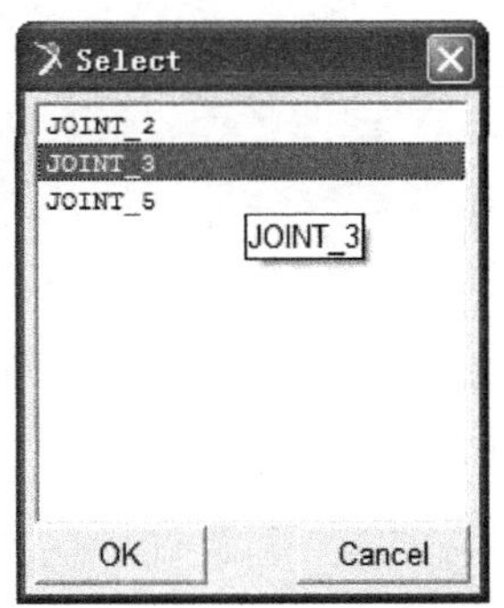

图 6.149　辅助选择窗口

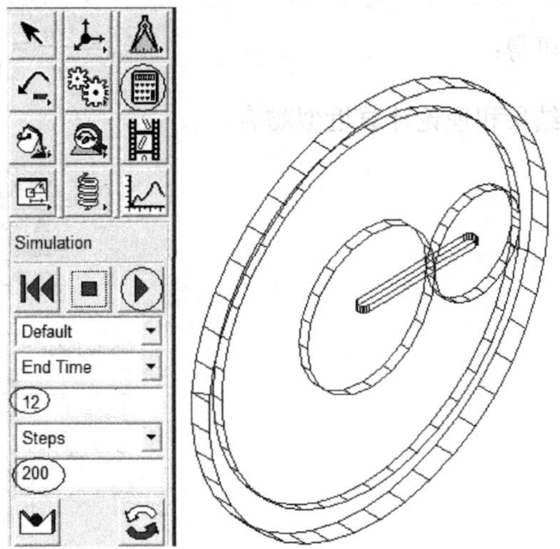

图 6.150　仿真机构

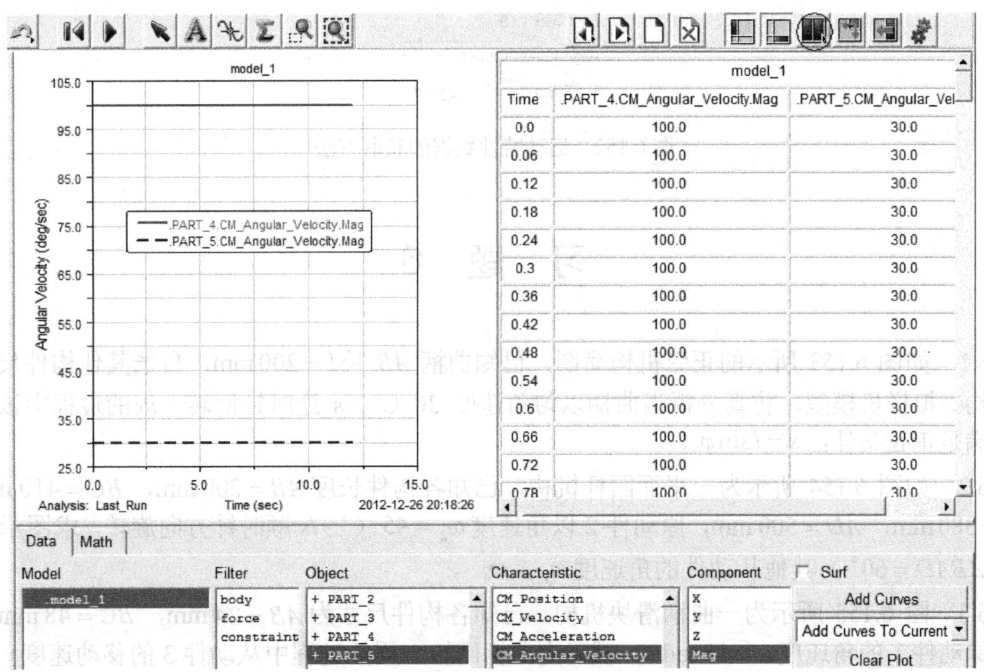

图 6.151　获取齿轮 1 及系杆的角速度

注：*右侧窗口中的数据列表可通过如下方式获得。*

先在该视图窗口中添加两构件的角速度曲线，在左例列表中选择 plot_2，则在下方弹出 Table 项，勾选 Table，如图 6.152 所示。

由图 6.151 可知：

传动比：

$$i_{\mathrm{H}1}=\frac{\omega_{\mathrm{H}}}{\omega_1}=\frac{30}{100}=0.3$$

理论计算：

$$i_{13}^{\mathrm{H}}=\frac{\omega_1-\omega_{\mathrm{H}}}{\omega_3-\omega_{\mathrm{H}}}=-\frac{z_2z_3}{z_1z_2}=-\frac{160}{60}=\frac{8}{3}$$

由图 6.136 可知：

$$\omega_3=0$$

可得：

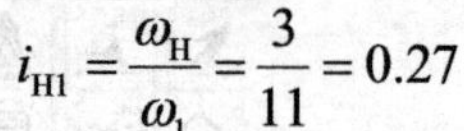

$$i_{\mathrm{H1}} = \frac{\omega_{\mathrm{H}}}{\omega_1} = \frac{3}{11} = 0.27$$

仿真结果和理论计算近似吻合。

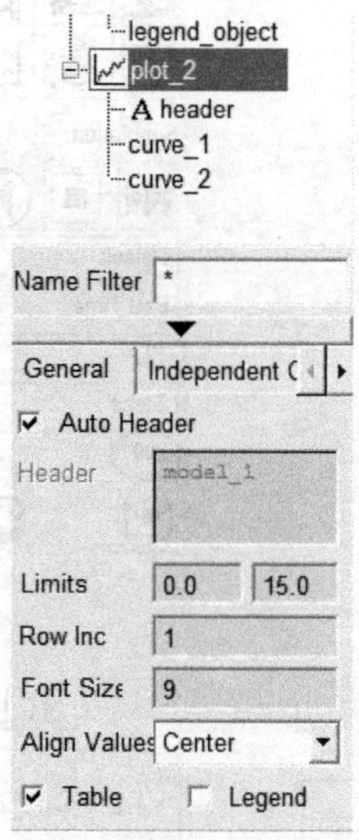

图 6.152　运动特性数据的获取方法

习　题　6

6.1　如图 6.153 所示的正弦机构简图，已知曲柄 AB 长 $l = 200\,\text{mm}$，自选其他构件尺寸建立机构虚拟样机模型，仿真分析当曲柄以匀角速度 30（°）/s 逆时针回转一周的过程中该机构是否满足正弦条件：$s = l\sin\phi$。

6.2　如图 6.154 所示为一平面四杆机构，已知各构件长度 $AB = 200\,\text{mm}$，$BC = 410\,\text{mm}$，$CD = 380\,\text{mm}$，$AD = 500\,\text{mm}$，原动件 2 以角速度 $\omega_2 = 45$（°）/s 顺时针方向旋转，求图示位置时（$\angle BAD = 60°$）其他从动件的角速度 ω_3、ω_4。

6.3　图 6.155 所示为一曲柄滑块机构，已知各构件尺寸为 $AB = 24\,\text{mm}$，$BC = 48\,\text{mm}$，又已知原动件 1 的角速度 $\omega = 15\,\text{rad/s}$，试确定曲柄回转一周的过程中从动件 3 的移动速度 v_3。

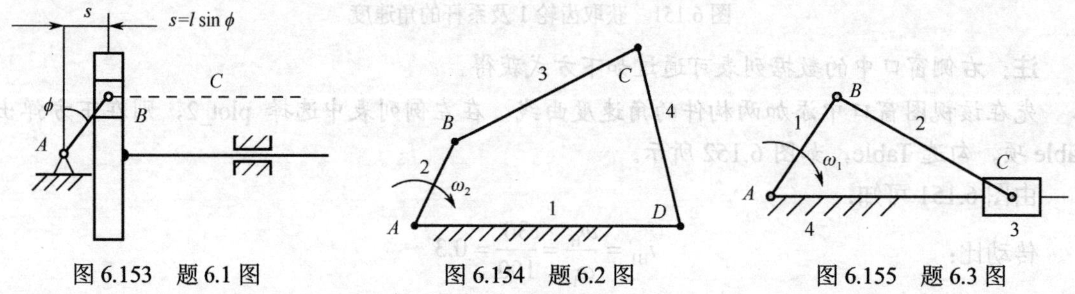

图 6.153　题 6.1 图　　图 6.154　题 6.2 图　　图 6.155　题 6.3 图

6.4　如图 6.156 所示的定轴轮系，已知各轮齿数为 z_1=24，z_2=80，z_3=30，z_4=30，z_5=40，试求传动比 i_{15}。

6.5　如图 6.157 所示的行星轮系中，已知 $z_1 = z_2 = 48$， $z_{2'} = 18$， $z_3 = 24$， $\omega_1 = 250\ \text{rad/s}$， $\omega_3 = 100\ \text{rad/s}$ ，方向如图 6.157 所示，求 ω_H 。

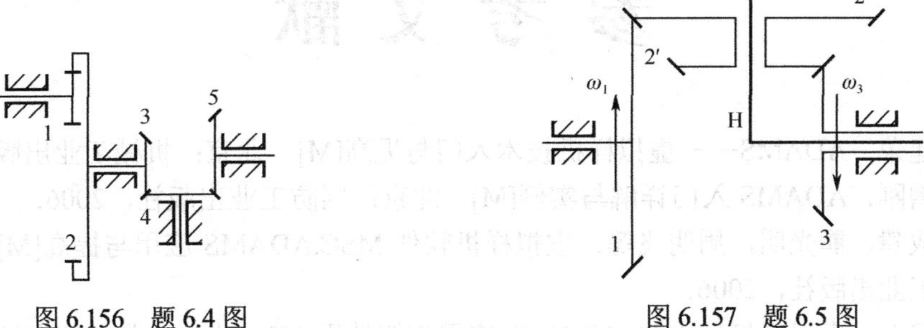

图 6.156　题 6.4 图　　　　图 6.157　题 6.5 图

参 考 文 献

[1] 郑建荣．ADAMS——虚拟样机技术入门与提高[M]．北京：机械工业出版社，2002.
[2] 李增刚．ADAMS 入门详解与实例[M]．北京：国防工业出版社，2006.
[3] 范成建，熊光明，周明飞等．虚拟样机软件 MSC.ADAMS 应用与提高[M]．北京：机械工业出版社，2006.
[4] 郭卫东．虚拟样机技术与 ADAMS 应用实例教程[M]．北京：北京航空航天大学出版社，2008.
[5] 孙桓，陈作模，葛文杰．机械原理（第七版）[M]．北京：高等教育出版社，2008.